家装电工现场通

阳鸿钧 等 编著

中国电力出版社
CHINA ELECTRIC POWER PRESS

内 容 提 要

如何能够快速地学习和掌握一门技能？有重点地、身临其境地学习实践性知识是最有效的。本书以现场实际“工作照”的形式，配以精简的讲解，介绍了电工与建筑基础知识、水电工材料与工具、装饰装修识图与家居电工工艺、线路与线槽，以及配电箱、开关与插座及接线盒、弱电、水管敷设、灯具与电器、调试与检验等。

全书对家装电工所需的知识与技能进行全面的提炼和总结，使读者直观、轻松、有效地学习和掌握技能，培养进入工作现场能够独当一面或多面的技术能手。

本书适合从事家居装饰装修行业的电工、水电工及业主阅读参考，同时也适合装饰公司、物业管理公司相关人员，以及相关院校师生阅读和参考。

图书在版编目（CIP）数据

家装电工现场通／阳鸿钧等编著. —北京：中国电力出版社，2014. 9（2015.4 重印）
ISBN 978-7-5123-5796-9

Ⅰ. ①家… Ⅱ. ①阳… Ⅲ. ①住宅—室内装修—电工—基本知识
Ⅳ. ①TU85

中国版本图书馆CIP数据核字（2014）第 075060 号

中国电力出版社出版、发行
（北京市东城区北京站西街 19 号　100005　http://www.cepp.sgcc.com.cn）
北京博图彩色印刷有限公司印刷
各地新华书店经售
*
2014 年 9 月第一版　　2015 年 4 月北京第二次印刷
850 毫米 × 1168 毫米　32 开本　9.75 印张　442 千字
印数 3001—6000 册　　定价 **49.00** 元

前言 Preface

现在的家装电工，已不再是纯粹的电工，不仅要懂强电，还要懂弱电；不仅要会电工技能操作，也要会管（水）工技能操作；此外，还要了解居民房屋建筑知识。因此，现实中的家居装饰电工，是既懂“电”又懂“水”的全能电工。

本书是针对家装电工的实战工作而编著的，全书由9章组成。各章的内容如下：

第1章介绍电工与建筑基础知识。通过本章学习，可以掌握电工必要的基础知识与家居建筑基础知识，从而为后续实际工作打下基础。

第2章介绍水电工材料与工具。通过本章学习，可以掌握电工材料的种类、选择技巧、安装要求以及工具的使用与配置。

第3章介绍装饰装修识图与家居电工工艺。通过本章学习，可以掌握识图技能。尽管有的家装DIY业主不需要识图，但是也要绘制草图，通过本章学习，还能学会怎样绘图。

第4章介绍线路与线槽及强电配电箱。通过本章学习，可以全面掌握剥线工艺、线与接线柱的连接、接线工艺、绝缘层的恢复、配线方式、线路与线槽的固定、接地、强电配电箱等知识。

第5章介绍开关与插座及接线盒。通过本章学习，可以全面掌握开关、插座、接线盒、底盒的操作规范与要求。

第6章介绍弱电。通过本章学习，可以全面掌握弱电箱、门禁系统与对讲系统、电缆电视系统、有线上网、无线上网、数字客厅、AV中心、红外遥控转发系统、弱电安装的有关规定和要求等知识。

第7章介绍水管敷设。通过本章学习，可以全面掌握PPR水管、铜水管、铝塑多层复合管、排水管、水管特效的安装操作与规范、要求。

第8章介绍灯具与电器。通过本章学习，可以全面掌握灯具的基本知识以及各种灯具和电器的特点与安装要求。

第 9 章介绍电、水管调试与检验。

附录主要介绍了相关尺寸与常用术语，供工作时查阅。

本书配以实际的“工作照”和简洁的文字进行讲解，突出实用、实效的特点。

本书适合有志于从事家居装饰装修的电工、水电工阅读。同时，也适合各类学校相关专业师生，以及家装自学者、DIY 爱好者、装饰装修公司设计师与水电工务工人员、学手艺就业人员、物业电工等阅读。

本书在编写的过程中参阅了一些珍贵的资料和文献，在此向这些资料和文献的作者致以最深的敬意和最衷心的感谢。另外，还得到了有关单位专家、同行和朋友无私的帮助，在此也致以最诚挚的谢意。

由于编者的经验和水平有限，书中有不尽如人意之处，敬请读者批评指正。

编 著 者

2014.8

目录 Contents

第1章

电工与建筑基础知识

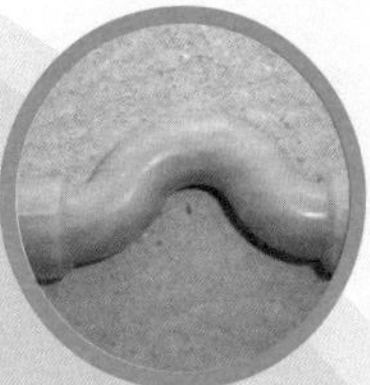

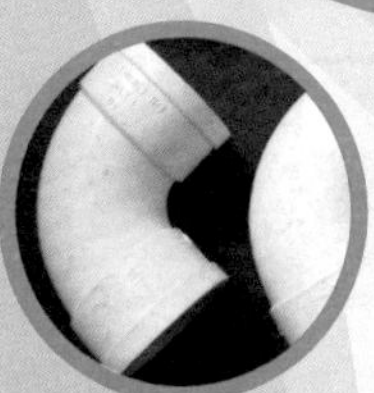

1.1 电工基础知识

1.1.1 基本概念与理论

俗话说“明枪易躲，暗箭难防”，作为装修中“隐蔽工程”的水电工程就是属于难防的那种。因此，水电的安全性与质量需要引起足够的重视。

无论是自装、水电工程 DIY 或者由装饰公司代装，涉及的水电工程一定要规范、合理，以免带来不必要的麻烦。因此，水电工程必须在设计、施工、选材、验收等多方面均做到位，而且能够随时接受业主或委托单位的“监理”。

作为装修中的电工应该掌握一些基本的电工概念与理论。电工概念与理论比较多，也比较抽象。为此，我们以图表文形式来介绍一些必要的知识，这样化抽象为具体、化难为易。常用的电工基本概念与理论见表 1-1。

表1-1　　常用的电工基本概念与理论

<table>
<tr><th>名称</th><th>图例与解说</th></tr>
<tr><td>电荷</td><td>

自然界一切物质都是由原子与分子组成。其中原子又分为原子核与核外电子。原子核所带的电为正电荷，核外电子为负电荷，核外电子在原子核的束缚下绕原子核运转，该结构好像地球绕太阳转动一样。核外电子分层排布模拟示意图如下：

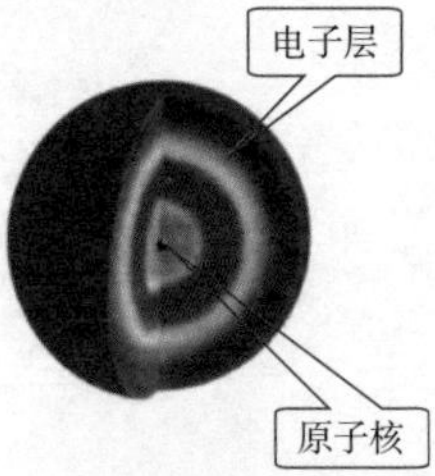
电子层
原子核
核外电子分层排布模拟立体图

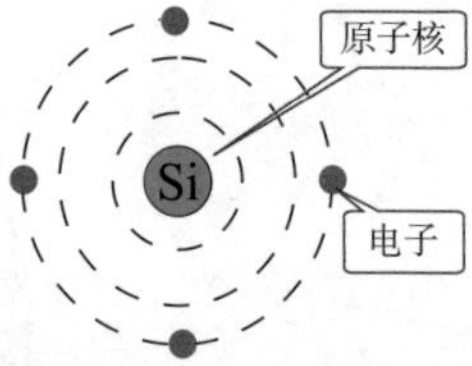
原子核
Si
电子
核外电子分层排布模拟平面图

平时，金属导体内的核外电子在原子核的束缚下绕原子核运转，在一定属性的力的作用下，原子核外层电子能够脱离原子核，成为自由电子。绝缘体内电子受原子核的束缚较强，因此，很难成为自由电子。

正、负电荷总称为电荷。正常状况下，正、负电荷数量相等，因此整个原子不呈电性，即不带电。如果失去电子，则带正电；得到电子，则带负电。例如，闪电中就存在负电荷中心与正电荷中心，图例如下：

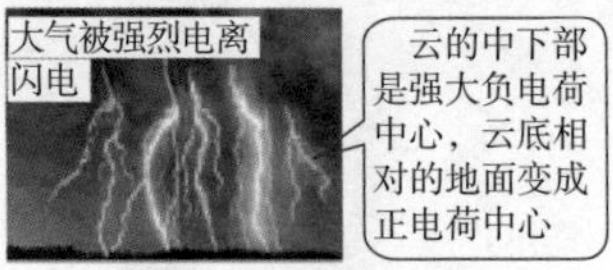
大气被强烈电离闪电
云的中下部是强大负电荷中心，云底相对的地面变成正电荷中心
闪电过程

</td></tr>
</table>

续表

<table>
<tr><th>名称</th><th>图例与解说</th></tr>
<tr><td>电荷</td><td>实战·理解　装修电工为什么要了解电荷？

理解与认识电荷，就是要明确装修中的材料为什么有的能够导电，有的不导电；电线平时为什么不带电等特点。
理解与认识电荷，有助于理解电工基本物理量——电流</td></tr>
<tr><td>点电荷、电量</td><td>几何线度直观来讲是指几何大小。线度一般指物体从各个方向来测量时的最大长（宽）度。
当带电体的几何线度远小于距离时，带电体可视为带电的“点”，即为点电荷。电量指电荷的多少。宏观物体带电量 $q=+ne$（$n=1,2,\cdots$），其中 $e=1.6\times10^{-19}$C，C 为电荷的单位，1C 大约是 625 亿亿个电子所带电量的总和。点电荷模拟图如下：
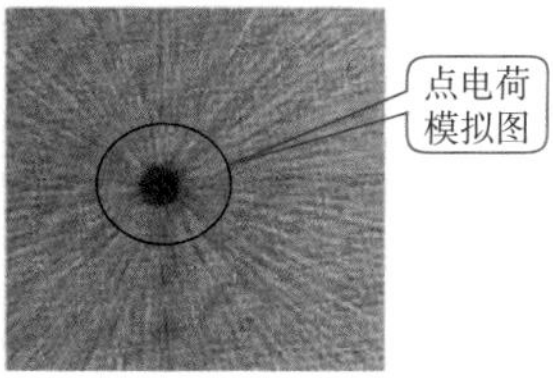点电荷
模拟图
点电荷模拟图

实战·理解　装修电工为什么要了解点电荷、电量？

理解与认识点电荷，就是要明确电荷是人眼看不见的，电荷是有多少的。进而了解家居所用的市电，也是人眼看不见的，而且也是有大小的，家庭中所用市电通常为 220V</td></tr>
<tr><td>电场、电场线</td><td>电场就是电荷周围空间存在的一种物质。有电荷就有电场，有电场就有电场力的作用。电场是一种看不见的物质。
电场线是为了形象地描述电场而假想的线。其中，相对于观察者为静止的带电体周围所存在的场具有：不为闭合回线，不中断，起于正电荷止于负电荷，场强大则电场线密，场强小则电场线疏，任何两条电场线不会在无电荷处相交等特点。其相关特性一些图例如下：
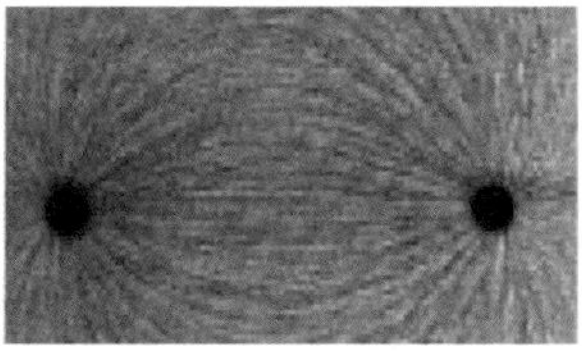
一对等量异种点电荷的电场线模拟图
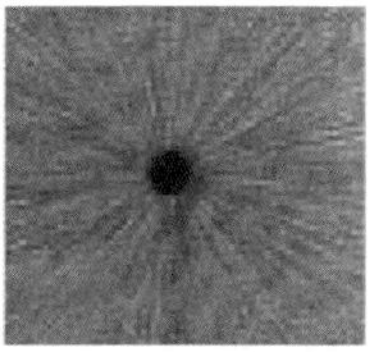
单个点电荷的电场线模拟图</td></tr>
</table>

续表

名称	图 例 与 解 说
电场、 电场线	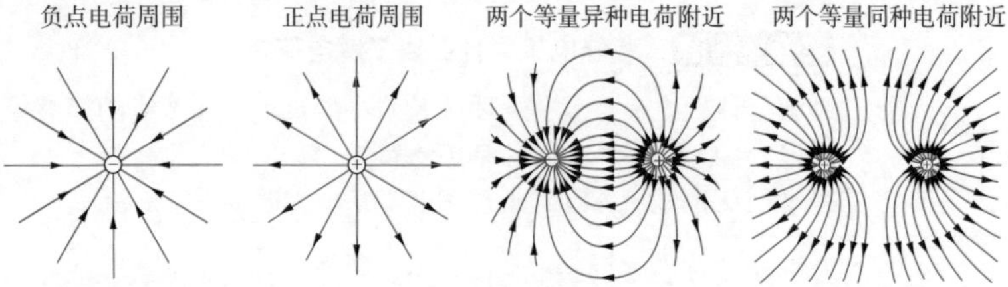 负点电荷周围 正点电荷周围 两个等量异种电荷附近 两个等量同种电荷附近 电荷的电场线 **实战·理解　装修电工为什么要了解电场、电场线？** 理解与认识电场、电场线，就能理解金属导线为什么能够导电。原因是在导体内部形成特定的电场时，其内部的核外层电子在绕核运动时受该电场力的作用，使得电子有足够的能量克服原子核的束缚，成为自由电子
电流	电流是指电荷的定向流动，一般为带电粒子（电子、离子等）的定向运动，图例如下： 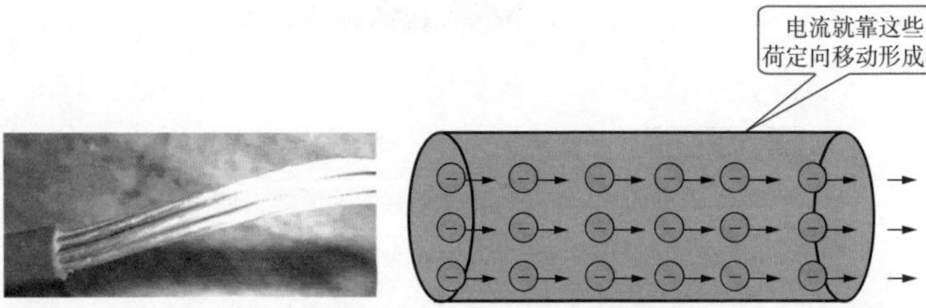 电流就靠这些电荷定向移动形成的 带电粒子（电子、离子等）的定向运动 电流是指流过导体横截面的电量与通过这些电量所需要的时间的比值，即 $I=Q/t$。也有的定义为检验电荷 Q，与它所受到电场力 F 之间的比值，即 $E=F/Q$。电流用 I 表示。国际单位为安培，简称安，符号为 A。另外，还有其他单位：kA（千安）、mA（毫安）、μA（微安）等。它们之间的换算如下：$1kA=10^3A$；$1mA=10^{-3}A$；$1\mu A=10^{-6}A$。 电流方向为正电荷定向运动的方向。恒定电流的形成条件：导体内必须有可以移动的电荷，导体两端有电势差即电压。 **实战·理解　通过人体的电流与危害的程度。** 通过人体的电流 I 与危害的程度如下： （1）$I < 0.7mA$，人体无感觉。

续表

名称	图例与解说
电流	（2）I 为 1mA，人体有轻微感。 （3）I 为 1 ~ 3mA，人体有刺激感。 （4）I 为 3 ~ 10mA，感到痛苦，但可自行摆脱。 （5）I 为 10 ~ 30mA，引起肌肉痉挛，短时间无危险，长时间有危险。 （6）I 为 30 ~ 50mA，强烈痉挛，时间超过 60s 即有生命危险。 （7）I 为 50 ~ 250mA，产生心脏房性纤颤，丧失知觉，严重危害生命。 （8）$I > 250$mA，短时间内造成心脏骤停，体内造成电灼伤。 **实战·概念** **电流的种类。** 电流可分为直流电流和交流电流。直流电流就是方向保持不变的电流，交流电流就是指大小与方向随时间作周期性变化的电流。家居照明所用的市电电流为交流电流。 **实战·概念** **什么是额定电流？** 额定电流就是指机器在正常工作时允许通过的电流值。家居中一些设备、电器、开关的选择，考虑的电流参数均是额定电流
电压	电压是为推动电流产生的，如同水泵推动水流的形成。电路中，任意两点间的电位差称为这两点的电压。电压一般用字母 U 表示，单位为伏特，简称伏，用符号 V 表示。高电压用 kV（千伏）、MV（兆伏）表示，低电压用 mV（毫伏）、μV（微伏）等表示。它们之间的换算如下：$1kV=10^3V$；$1MV=10^6V$；$1mV=10^{-3}V$；$1\mu V=10^{-6}V$。 家庭生活用电功率小，一般是单相交流 220V。一些常见的电压数值如下： （1）电视信号在天线上感应的电压约为 0.1mV。 （2）维持人体生物电流的电压约为 1mV。 （3）干电池两极间的电压为 1.5V。 （4）手持移动电话的电池两极间的电压为 3.6V。 （5）对人体安全的电压不高于 36V。 （6）动力电路的电压为 380V。 （7）电视机显像管的工作电压为 10kV 以上。 （8）发生闪电的云层间电压可达 10^3kV。 **实战·概念** **电压的种类。** 电压可分为直流电压和交流电压。直流电压就是方向保持不变的电压，交流电压就是指大小与方向随时间作周期性变化的电压。家居所用的市电电压为交流电压。

续表

<table>
<tr><th>名称</th><th>图例与解说</th></tr>
<tr><td>电压</td><td>

实战·概念 **什么是额定电压?**

额定电压就是指机器在正常工作时允许的电压值。家居中一些设备、电器、开关的选择，考虑的电压参数均是额定电压

</td></tr>
<tr><td>电阻</td><td>

导体中自由电荷定向移动时，会频繁与导体中粒子碰撞，这种碰撞会阻碍电荷的定向移动，即有阻碍作用。也可以这样理解“电阻是电荷间的相互碰撞”。因此，我们把这种阻碍的作用定义为电阻。常用的单位为 Ω(欧姆)、kΩ（千欧）、MΩ（兆欧）。人体电阻一般为 1000 ~ 2000Ω。

实战·应用 **电阻 R、电压 U、电流 I 的关系。**

表达式为 $U=RI$

实战·概念 **什么是绝缘电阻?**

绝缘电阻就是加直流电压于电介质，经过一定时间极化过程结束后，流过电介质的泄漏电流对应的电阻。

一些设备的绝缘电阻如下：

（1）常温下电动机、配电设备、配电线路的绝缘电阻不应低于 0.5MΩ。

（2）在比较潮湿的环境中低压电器及其连接电缆与二次回路的绝缘电阻不应低于 0.5MΩ。

（3）低压电器及其连接电缆与二次回路的绝缘电阻一般不应低于 1MΩ。

（4）Ⅰ类手持电动工具的绝缘电阻不应低于 2MΩ。

（5）二次回路小母线的绝缘电阻不应低于 10MΩ

</td></tr>
<tr><td>电源</td><td>

电源就是将正电荷从低电势处移到高电势处的装置。干电池就是一种直流电源，锌 - 锰干电池结构如下：

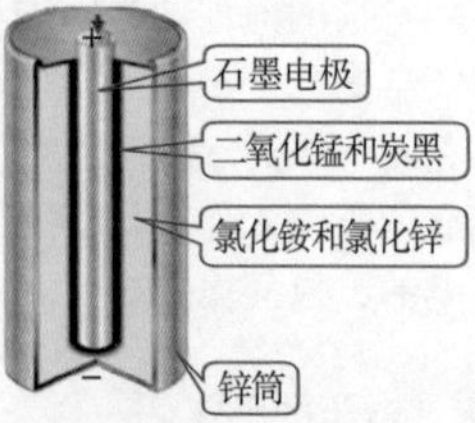
+
石墨电极
二氧化锰和炭黑
氯化铵和氯化锌
−
锌筒

锌 – 锰干电池结构

家居所用电源一般是交流电力电源，一般在房屋建设时，开发商已经把电源引入到了房屋内部

</td></tr>
</table>

续表

名称	图例与解说
低压配电系统	低压配电系统就是指电压等级在 1kV 以下的配电网络，为电力系统的组成部分。低压配电系统主要由配电线路、配电装置、用电设备等组成。用户通过该系统取得电压等级为 380V/220V 的电能。 家居所用电源就是低压配电系统的用户端
电路与回路	电路是电流流通的路径，它是由一些电气设备与元器件按一定方式连接而成的。复杂的电路呈网状，又称为电路网络、网络。电路与网络这两个术语是通用的。家庭用电电路的作用是实现电能的传输、转换等。 回路就是指同一个控制开关及保护装置引出的线路，包括相线、中性线或直流正、负 2 根电线，且线路自始端至用电设备之间或至下一级配电箱之间不再设置保护装置
功与电能	功与能量转化 / 转移密不可分。某种形式的能量转化成（或转移）到另一种形式的能量（或别处）时，均要通过做功或热传递才能够实现。 热功当量定律：4.2 焦（功）=1 卡（热量）。其中，功一般用 W 表示。 灯泡之所以能够发光，就是电能转化成了光能。电能就是指电以各种形式做功的能力。 电能的单位是焦耳，简称焦，用 J 表示。另外，日常生活习惯用度表示电能，1 度电就是 1kWh。电能的有关计算公式如下 电能 = 有功功率 × 时间 电能 = 电流 × 电压 × 通电时间 提到电能，自然会提到电能表。因为，它是测量电能的仪表，用于计量住宅内每户的用电量。家居中的电能表，一般在房屋建设时已经安装好。目前，基本上是一户一表制，而且电能表箱统一安装在户外，置于公共走道便于查看的适当位置。 电能表与电能表箱外形如下： 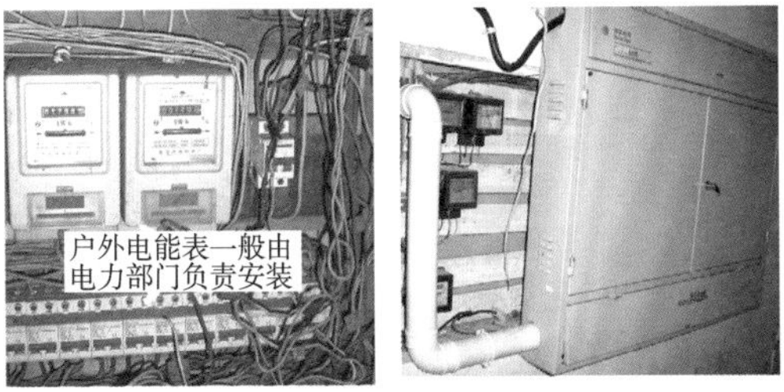 户外电能表一般由电力部门负责安装 电能表与电能表箱外形 目前，家居装饰电工一般不需要安装电能表，只是在施工时需要预先购电，以便后续工作中需要

续表

<table>
<tr><th>名称</th><th>图例与解说</th></tr>
<tr><td>功率</td><td>
功率就是指物体在单位时间内所做的功，即表示做功快慢的物理量，一般用 P 表示。
公式表示为
$$P=W/t=UI$$
功率的单位是瓦特，简称瓦，符号是 W。
功的单位是焦耳，简称焦，符号是 J。
时间的单位是秒，符号是 s。
另外，过去功率还用“马力”来表示：1 马力 =0.735kW。提到了“马力”，自然会想到“一匹马力”以及空调中所用到的“匹”。空调匹数，原指输入功率，因不同的品牌其具体的系统及电控设计差异，则输出的制冷量不同，因此，其制冷量一般以输出功率计算。一般而言，1 匹的制冷量大约为 2000cal，也就是 2324W（瓦表示制冷量）。它们之间的关系为
1 匹 =1 马力 =0.735kW

实战·应用 怎样选择空调?
一般家庭住宅，每平方米分配 220W 的制冷量，则购买的空调的制冷量 =220W × 房间面积。楼层特殊，则需要适当调整。空调的匹数对应的房屋适用面积见下表：
<table>
<tr><th>空调（匹）</th><th>适用面积（m²）</th><th>制冷量（W）</th></tr>
<tr><td>小 1</td><td>9 ~ 12</td><td></td></tr>
<tr><td>1</td><td>10 ~ 15</td><td>2200 ~ 2600</td></tr>
<tr><td>1.25</td><td>10 ~ 19</td><td></td></tr>
<tr><td>1.5</td><td>16 ~ 26</td><td>3200 ~ 3600</td></tr>
<tr><td>1.7</td><td>15 ~ 30</td><td></td></tr>
<tr><td>2</td><td>20 ~ 37</td><td>4500 ~ 5100</td></tr>
<tr><td>3</td><td>30 ~ 58</td><td></td></tr>
<tr><td>5</td><td>53 ~ 73</td><td></td></tr>
</table>
</td></tr>
</table>

续表

<table>
<tr><th>名称</th><th>图例与解说</th></tr>
<tr><td>功率</td><td>
一些电器与门窗消耗的制冷量见下表
<table>
<tr><th>项　目</th><th>消耗的制冷量</th></tr>
<tr><td>电视、电灯、冰箱</td><td>1W/W（每瓦电视、电灯、冰箱功率消耗制冷量为 1W）</td></tr>
<tr><td>东面门窗</td><td>150W/m²（每平方米东面门窗消耗制冷量为 150W）</td></tr>
<tr><td>西面窗</td><td>280W/m²（每平方米西面窗消耗制冷量为 280W）</td></tr>
<tr><td>南面窗</td><td>180W/m²（每平方米南面窗消耗制冷量为 180W）</td></tr>
<tr><td>北面窗</td><td>100W/m²（每平方米北面窗消耗制冷量为 100W）</td></tr>
</table>
</td></tr>
<tr><td>相线与中性线、地线</td><td>
交流电源线分为中性线与相线。相线与中性线保持呈正弦振荡式的压差，中性线是变压器中性点引出的线路，与相线构成回路对用电设备进行供电。中性线总与大地的电位相等。
家庭用电的电源线是由 3 根线组成的，分别为相线、中性线、地线。其中相线带电。家庭用电的相线与中性线间的电压为 220V。
家用两插孔的插座里一根相线、一根中性线。用试电笔能够测出带电的为相线，不带电的则为中性线。三插孔的插座里一根相线、一根中性线、一根地线。相线与中性线接反，会埋下用电安全隐患，因此，应正确连接。
地线就是与大地相连接的线，其实际连接图如下：

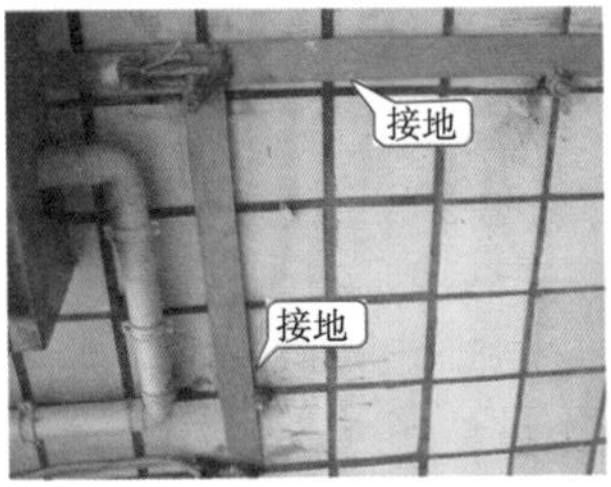
接地
接地

接地
</td></tr>
</table>

续表

<table>
<tr><th>名称</th><th>图例与解说</th></tr>
<tr><td>相线与中性线、地线</td><td>接地就是为防止发生电击危险而将裸露导电部件、外部导电部件、接地电极、接地装置等进行电气连接。
>>>>>>>>
实战·应用 相线、中性线、地线不能够直接相连接或者相碰触。
如果相线、中性线相连，则会引发短路，轻则引起断路器跳闸、熔断器烧坏，重则可能引发火灾等事故。因此，相线、中性线、地线严格采用分色电线，并且家居装饰中任何时候、任何地点不可将它们直接连接或者相碰触。
如果相线、地线相连，则会引发设备外壳带电，引发触电事故。
如果中性线、地线相连，如果在两孔插头插反时，则会引发设备外壳带电，引发触电事故</td></tr>
<tr><td>漏电</td><td>漏电就是线路、设备的某一个地方因某种原因使其绝缘性能下降，导致线与线、线与地有部分电流通过的一种现象。漏电时，如果人接触则会引发触电事故。另外，漏电也是导致电气火灾的重要原因之一，而且这种火灾比起短路等引起的火灾更具隐蔽性，危害性也就更大。杜绝漏电的措施有：施工操作规范、用质量过关的材料、增设漏电保护设备</td></tr>
<tr><td>短路</td><td>短路是指通过比较小的电阻或阻抗，偶然地或有意地对一个电路中处于不同电压下的两点或几点之间进行的连接。
短路主要原因是由于设备绝缘部分老化，设备本身有缺陷，设计、安装、维护不当所造成的，设备缺陷最终会发展成短路。
短路的危害表现：
（1）短路时有电弧产生，烧坏周围设备、人员等。
（2）造成导体过热甚至熔化，使导体变形或损坏。
（3）系统电压将大幅度下降，破坏用户的供电</td></tr>
<tr><td>断路</td><td>断路就是线路不正常断开，使电路中断。家庭用电发生的断路主要表现为电线断开、接头柱与电线端头没有充分连接等。如果出现断路现象，可能引发灯不亮、开关控制失效等情况</td></tr>
<tr><td>打火、起火</td><td>引发电气火灾的原因有多种多样，主要有短路、过负荷、接触不良、漏电、灯具与电热器具引燃可燃物等。因此，电工施工一定要规范，杜绝电气火灾事故的发生。
电气发生火灾时的注意事项如下：</td></tr>
</table>

续表

<table>
<tr><th>名称</th><th>图例与解说</th></tr>
<tr><td>打火、起火</td><td>（1）切断电源。
（2）灭火时不可将身体触及导线与电气设备。
（3）灭火时不可将灭火工具触及导线与电气设备。
（4）当发现电气设备、电缆等冒烟起火时，要尽快切断电源。
（5）忌用泡沫或水进行电气火灾的灭火，而应使用砂土、二氧化碳、四氯化碳等不导电灭火介质</td></tr>
<tr><td>触电与急救</td><td>

电流通过人体流向大地或通过心脏形成回路就是触电。触电主要原因是人的身体碰到带电物体绝缘不良的地方、带电体上或者存在跨步电位差的地方。

如果伤者呼吸、心跳微弱而不规则时，可作胸或背挤压式的人工呼吸。其中人工呼吸方法如下：不管是单纯人工呼吸或口对口人工呼吸，实施次数都是：成人每分钟 14 ～ 16 次，儿童 20 次，新生儿 30 次。每次人工呼吸均应作到使患者恢复自动呼吸为止；如作 60min 以上仍不见呼吸恢复，而心脏已见搏动者则需继续延长，直到完全恢复自动呼吸为止。对触电者进行人工呼吸必须越快越好，而每次维持的时间不得少于 60 ～ 90min，直到使触电者恢复呼吸心跳或确诊已无生还希望时为止。

人工呼吸操作方法图解如下：

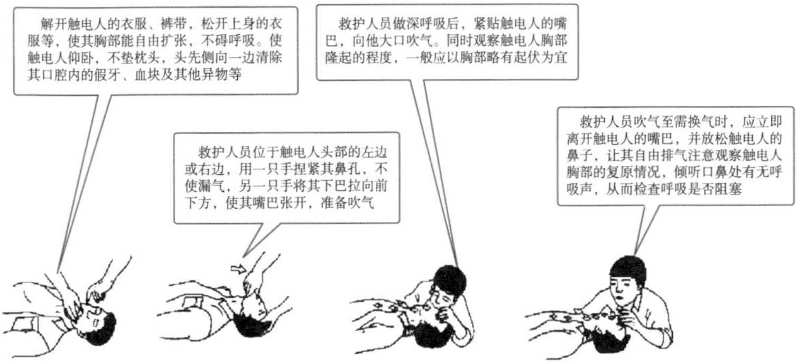
解开触电人的衣服、裤带，松开上身的衣服等，使其胸部能自由扩张，不碍呼吸。使触电人仰卧，不垫枕头，头先侧向一边清除其口腔内的假牙、血块及其他异物等
救护人员位于触电人头部的左边或右边，用一只手捏紧其鼻孔，不使漏气，另一只手将其下巴拉向前下方，使其嘴巴张开，准备吹气
救护人员做深呼吸后，紧贴触电人的嘴巴，向他大口吹气。同时观察触电人胸部隆起的程度，一般应以胸部略有起伏为宜
救护人员吹气至需换气时，应立即离开触电人的嘴巴，并放松触电人的鼻子，让其自由排气注意观察触电人胸部的复原情况，倾听口鼻处有无呼吸声，从而检查呼吸是否阻塞

人工呼吸操作方法

如果触电者一开始声音微弱，或心跳停止，或脉搏短缺而不规则，应立即做胸外心脏按压（即挤压）。这对触电时间已久或急救已晚的患者是十分必要的。胸外挤压时，不可用力过猛。每做 4 次心脏按压，做 1 次人工呼吸，持续时间以恢复心跳为止。胸外挤压操作方法图解如下：

</td></tr>
</table>

续表

<table>
<tr><th>名称</th><th>图例与解说</th></tr>
<tr><td>触电与急救</td><td>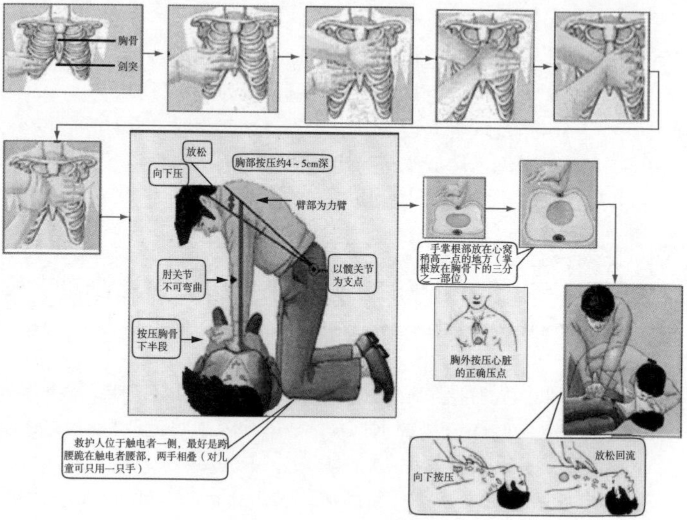
胸骨
剑突
放松
向下压
胸部按压约4～5cm深
臂部为力臂
肘关节不可弯曲
以髋关节为支点
按压胸骨下半段
手掌根部放在心窝稍高一点的地方（掌根放在胸骨下的三分之一部位）
胸外按压心脏的正确压点
救护人位于触电者一侧，最好是跨腰跪在触电者腰部，两手相叠（对儿童可只用一只手）
向下按压
放松回流
胸外挤压操作方法图解

若触电人伤害得相当严重，心脏与呼吸都已停止，人完全失去知觉，则需同时采用口对口人工呼吸与人工胸外挤压法。如果现场只有一个人抢救，则可交替使用这两种方法——先胸外挤压心脏 4 ～ 6 次，再口对口呼吸 2 ～ 3 次，然后再挤压心脏，依次反复循环进行操作</td></tr>
</table>

1.1.2 临时用电

装修期间，工人要用到一些电动机具或者临时照明，因此，需要临时用电。临时用电的搭建可以直接从房屋原配电箱中引出来，但要注意规范的要求，具体内容见表 1-2。

表1-2　临时用电的规范

<table>
<tr><th>项目</th><th>图例与解说</th></tr>
<tr><td>移动的电线注意保管</td><td>使用电动机具的电源线由于经常需要移动，请注意保管，不得使其发生断芯等现象，图例如下
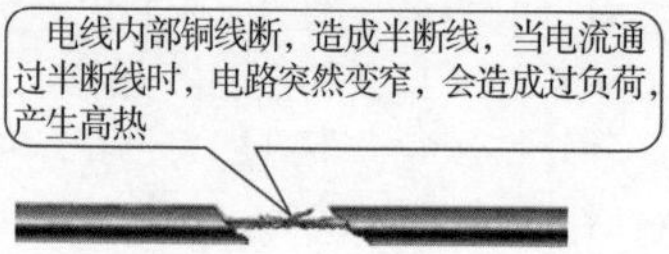
电线内部铜线断，造成半断线，当电流通过半断线时，电路突然变窄，会造成过负荷，产生高热</td></tr>
</table>

续表

<table>
<tr><th>项目</th><th>图 例 与 解 说</th></tr>
<tr><td>移动的电线不得捆绑</td><td>移动的电线不得捆绑、缠绕打结，图例如下
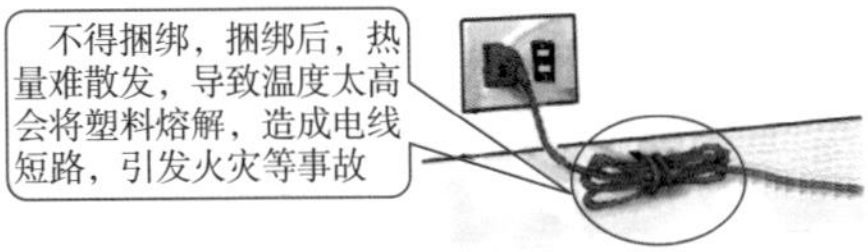
不得捆绑，捆绑后，热量难散发，导致温度太高会将塑料熔解，造成电线短路，引发火灾等事故</td></tr>
<tr><td>不要抓拉电线</td><td>不用电动机具时，拔下电源插头时，不能抓拉电线，而应该拔插头处。错误操作示意图如下
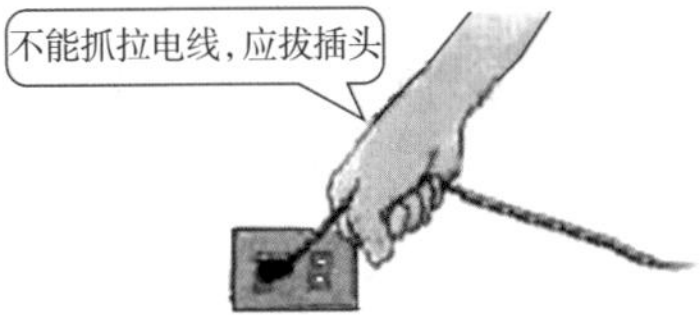
不能抓拉电线，应拔插头</td></tr>
<tr><td>其他要求、规范</td><td>装饰装修工程施工现场临时用电应符合以下规定：
（1）安装、维修或拆除临时施工用电系统，应由专业电工完成。
（2）临时施工供电开关箱中应装设完善的漏电保护器，已确保安全。
（3）临时施工进入开关箱的电源线不得用插销连接。
（4）临时用电线路应避开易燃、易爆物品堆放地。
（5）施工现场用电应从用户电能表以后设立临时施工用电系统。
（6）施工现场临时电源要求采用完整的插头、开关、插座等设备，示意图如下：
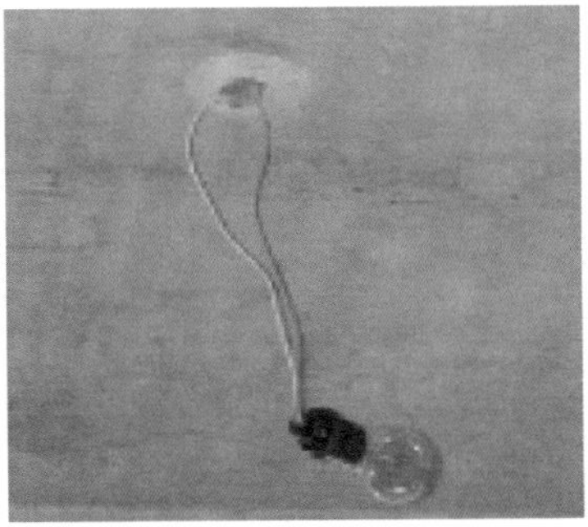
施工现场临时用电要规范
（7）临时用电线一般应采用电缆。
（8）暂停施工时应切断电源</td></tr>
</table>

1.2 建筑基础知识

1.2.1 民用建筑结构

建筑物就是指供人们从事工作、生活、活动用的房屋与场所，其中主要包括房屋。建筑物根据使用性质的不同，一般可分为工业建筑、农业建筑、民用建筑、商业建筑等类型。家居房屋属于民用建筑。民用建筑的一些结构和特点见表 1-3。

表1-3　　民用建筑的结构和特点

项目	图 例 与 解 说
概念与类型	民用建筑主要以居住为主，其种类较多，如楼房、平房、别墅等。别墅图例如下：  别墅区  别墅 民用建筑生活用电往往是从附近的变电站把电力线引入到了小区、楼盘变压器处，然后由变压器引入到各栋、各单元。 家居装修不得破坏小区、楼盘的公共设施
民用建筑结构	**1. 建筑结构体系** 建筑结构体系就是建筑中由若干构件连接而成的能承受作用的平面或空间体系。建筑结构体系的组成有：水平构件（梁、板等，用以承受竖向荷载）、竖向构件（柱、墙等，其作用是支承水平构件或承受水平荷载）、基础（其作用是将建筑物承受的荷载传至地基）等。民用建筑结构如下： 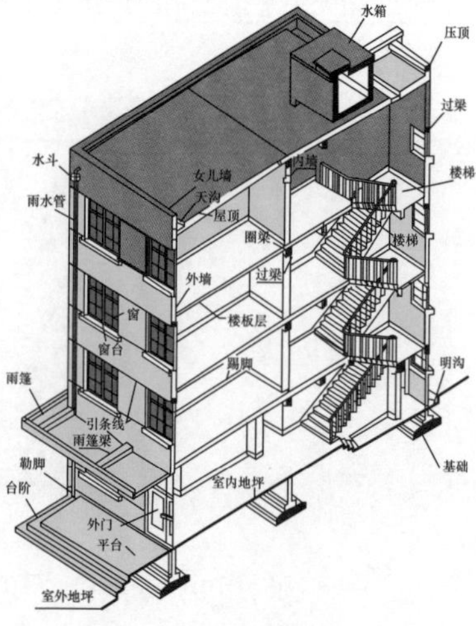 水箱 压顶 过梁 楼梯平 水斗 女儿墙 天沟 屋顶 内墙 雨水管 圈梁 楼梯 外墙 过梁 楼板层 窗 窗台 踢脚 明沟 雨篷 引条线 雨篷梁 基础 勒脚 台阶 室内地坪 外门 平台 室外地坪 民用建筑结构

续表

项目	图例与解说
民用建筑结构	从上图可以看出，家居装修不仅是每户的事情，也是整栋楼房的事情。家居装修不得破坏民用建筑结构。 建筑常用的结构体系有：框架结构、框架—剪力墙结构、剪力墙结构、筒体结构等。建筑结构种类如下： 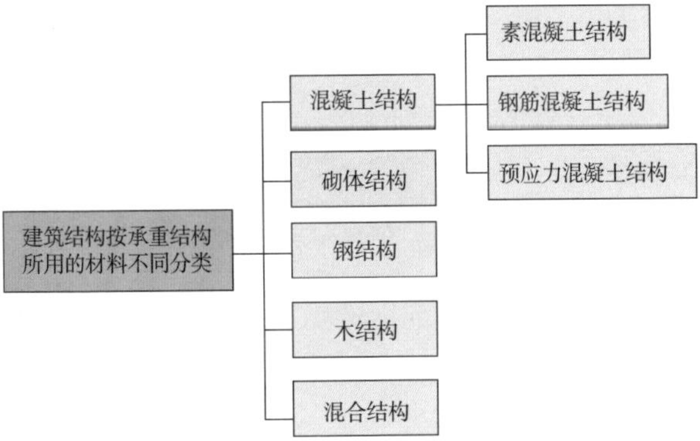 建筑结构按承重结构所用的材料不同分类 混凝土结构 素混凝土结构 钢筋混凝土结构 预应力混凝土结构 砌体结构 钢结构 木结构 混合结构 框架结构由横梁与立柱组成，具有平面布局灵活，易于设置大房间的需要，框架的抗侧刚度小，抵抗水平荷载能力较差。应用在非地震区，建15 ~ 20层，地震区则为建10层以下。其实例图如下：  框架结构

续表

项目	图例与解说
民用建筑结构	剪力墙结构由钢筋混凝土的墙体，组成房屋的结构体系。具有承受竖向荷载和水平荷载，有很大的抗侧刚度，不适用于需大空间的建筑物。应用在 15 ～ 50 层，例如高层住宅、旅馆、写字楼等。其实例图如下：  剪力墙结构 框架—剪力墙结构由若干框架与局部剪力墙组成，兼有框架体系和剪力墙体系的优点。应用在 15 ～ 30 层的办公楼、公寓等。 筒体结构由钢筋混凝土墙或框架柱（框筒）组成，一般用于 45 层左右甚至更高的建筑。 **2. 建筑内部单元结构** 城镇民用建筑内部单元结构就是常讲的几室几厅几厨几卫以及阳台、进户花园、储物间等，图例如下：  建筑内部单元结构 家居装修可以在相关规定的范围内以及针对实际情况下对建筑内部单元结构相应调整、改造

续表

<table>
<tr><th>项目</th><th>图 例 与 解 说</th></tr>
<tr><td>砖</td><td>

砖就是砌筑用的人造小型块材。其外形多为直角六面体，长度一般不超过 365mm，宽度不超过 240mm，高度不超过 115mm。

砖的类型有：红砖、青砖、空心黏土砖、烧结粉煤灰砖、蒸压粉煤灰砖、蒸压灰砂砖、烧结煤矸石砖、煤渣砖、烧结页岩砖等。一些砖的外形如下：

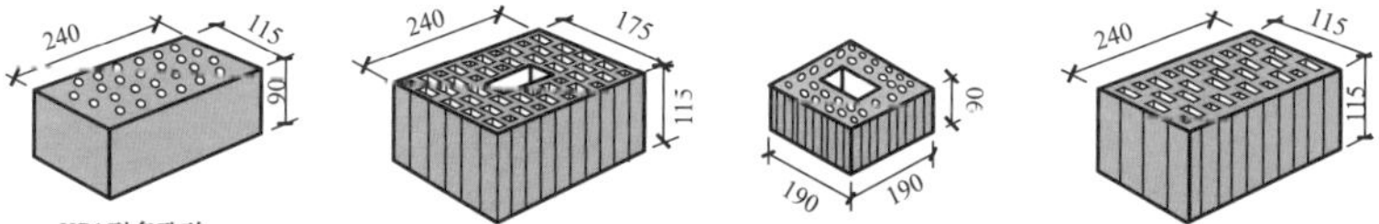
240
115
90
240
175
115
90
190
190
240
115
115

KP1型多孔砖　DP2型多孔砖　M型多孔砖　DP3型多孔砖

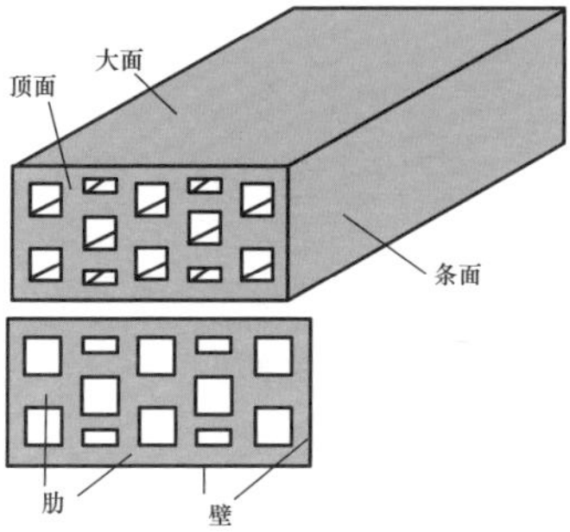
大面
顶面
条面
肋
壁

空心砖

水泥空心砖

红砖

砌墙砖——就是以黏土、工业废料或其他地方资源为主要原料，以不同工艺制成的在建筑中用于砌筑的承重用墙砖的统称。

烧结砖——就是以 SiO_2(二氧化硅) 与 Al_2O_3(三氧化二铝) 为主要成分的黏土质材料为主要原料，经成型及烧结所得的用于砌筑墙体的块体材料

</td></tr>
</table>

续表

<table>
<tr><th>项目</th><th>图 例 与 解 说</th></tr>
<tr><td>砂浆</td><td>砂浆由胶结材料（例如水泥、石灰、石膏、黏土等）与细骨料（例如砂、石屑等）用水搅拌而成。可以分为石灰砂浆、水泥砂浆、混合砂浆等类型。其中：
水泥砂浆——水泥与砂配合，常用级配（水泥：砂）有1:2、1:3等。
混合砂浆——水泥砂浆中加入石灰膏，常用级配（水泥:石灰:砂）有1:1:6、1:1:4等</td></tr>
<tr><td>墙壁的类型</td><td>

1. 概述

墙在建筑中起着承重、围护、分隔作用。墙体根据功能的不同分别具有足够的强度、稳定性、保温、隔热、隔声、防水、防潮、一定的经济性、耐久性等特点。

墙的类型如下：

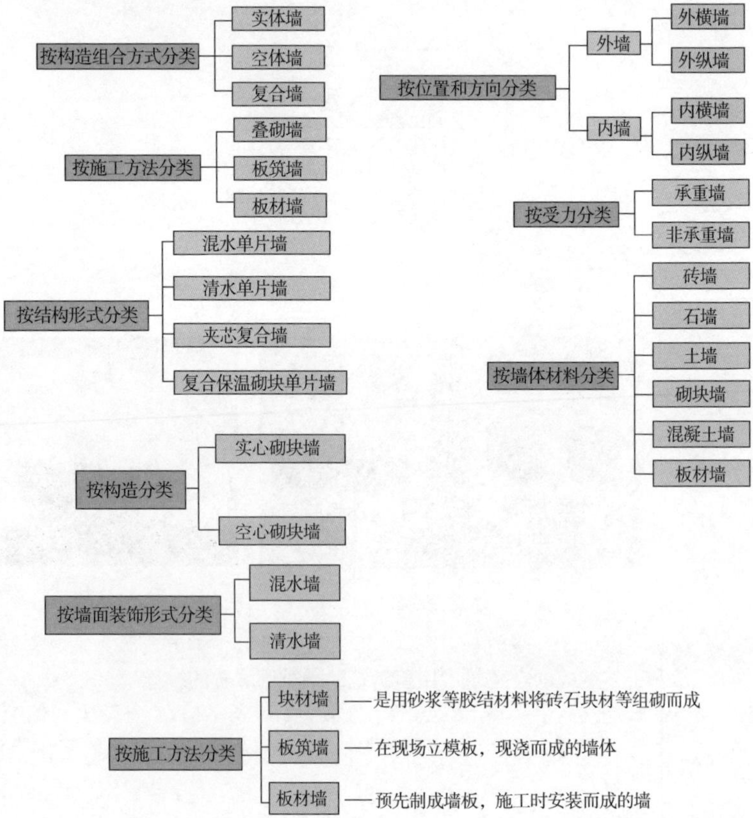

按构造组合方式分类
实体墙
空体墙
复合墙
按施工方法分类
叠砌墙
板筑墙
板材墙
按结构形式分类
混水单片墙
清水单片墙
夹芯复合墙
复合保温砌块单片墙
按构造分类
实心砌块墙
空心砌块墙
按墙面装饰形式分类
混水墙
清水墙
按位置和方向分类
外墙
外横墙
外纵墙
内墙
内横墙
内纵墙
按受力分类
承重墙
非承重墙
按墙体材料分类
砖墙
石墙
土墙
砌块墙
混凝土墙
板材墙
按施工方法分类
块材墙——是用砂浆等胶结材料将砖石块材等组砌而成
板筑墙——在现场立模板，现浇而成的墙体
板材墙——预先制成墙板，施工时安装而成的墙

</td></tr>
</table>

续表

<table>
<tr><th>项目</th><th>图 例 与 解 说</th></tr>
<tr><td>墙壁的类型</td><td>
红砖墙与青石墙图例如下：

红砖墙

青石墙
墙壁组砌原则为：砖缝横平竖直、错缝搭接、避免通缝、砂浆饱满、厚薄均匀。
2. 实心砖墙
实心砖墙一般是用普通实心砖砌筑的实体墙。常见的砌筑方式有全顺式（厚度有 115、178mm）、一顺一丁式、多顺一丁式（厚度有 240、370mm）、每皮丁顺相间式、两平一侧式等。实心砖墙具有的墙厚有 12、18、24、37、49mm 墙等。实心砖墙类型图例如下：

顺砖
全顺式
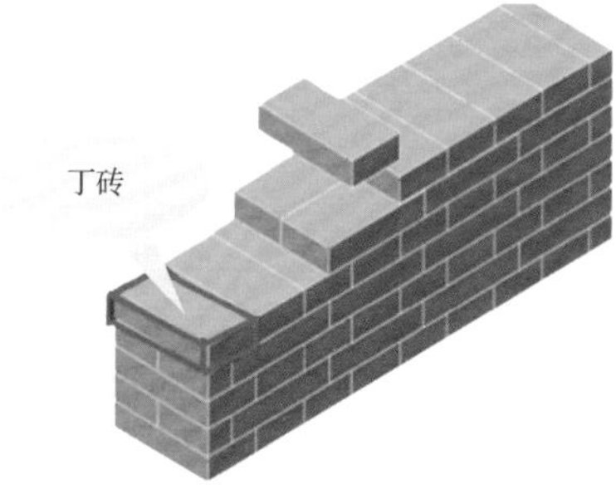
丁砖
一顺一丁式
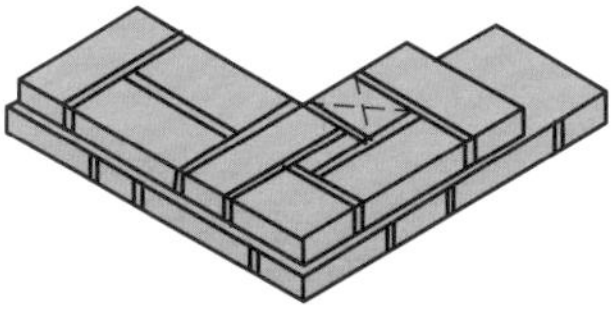
每皮丁顺相间式
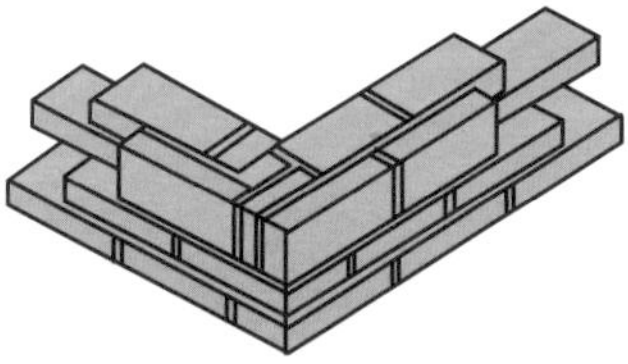
两平一侧式
实心砖墙类型
</td></tr>
</table>

续表

<table>
<tr><th>项目</th><th>图例与解说</th></tr>
<tr><td>墙壁的类型</td><td>

3. 空斗墙

空斗墙就是用实心砖侧砌，或平砌与侧砌相结合砌成的空体墙。空斗墙的方式有无眠空斗墙、有眠空斗墙，外形如下：

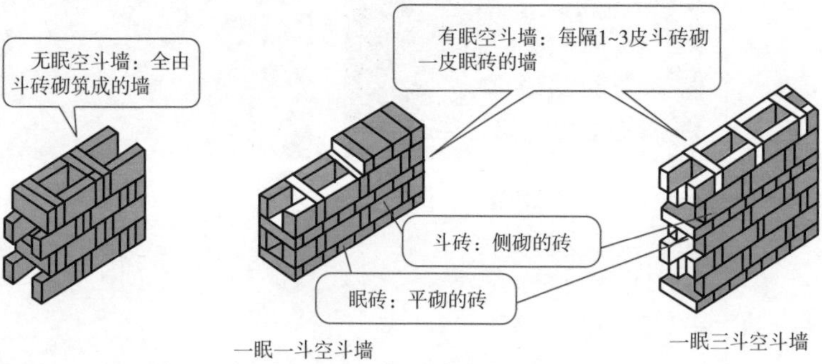
无眠空斗墙：全由斗砖砌筑成的墙
有眠空斗墙：每隔1~3皮斗砖砌一皮眠砖的墙
斗砖：侧砌的砖
眠砖：平砌的砖
一眠一斗空斗墙
一眠三斗空斗墙

空斗墙类型

4. 空心砖墙

空心砖墙就是用各种空心砖砌筑的墙体，具有承重与非承重等种类，其中砌筑承重空心砖墙一般采用竖孔的黏土多孔砖。空心砖墙具有全顺式、一顺一丁式、丁顺相间式等方式。所采用砖的类型具有 P 型多孔砖、M 型多孔砖。图例特征如下：

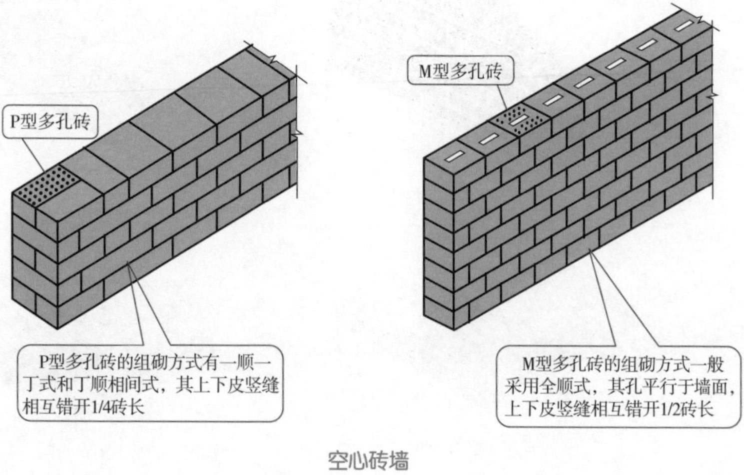
P型多孔砖
M型多孔砖
P型多孔砖的组砌方式有一顺一丁式和丁顺相间式，其上下皮竖缝相互错开1/4砖长
M型多孔砖的组砌方式一般采用全顺式，其孔平行于墙面，上下皮竖缝相互错开1/2砖长

空心砖墙

</td></tr>
</table>

续表

<table>
<tr><th>项目</th><th>图 例 与 解 说</th></tr>
<tr><td>墙壁的类型</td><td>
5. 外墙、横墙、纵墙
外墙就是位于建筑物四周的墙，通俗地讲就是在建筑物外面可以看到的建筑物墙面。外墙可以分为外横墙、外纵墙，如下图所示：

外墙：位于建筑物四周的墙
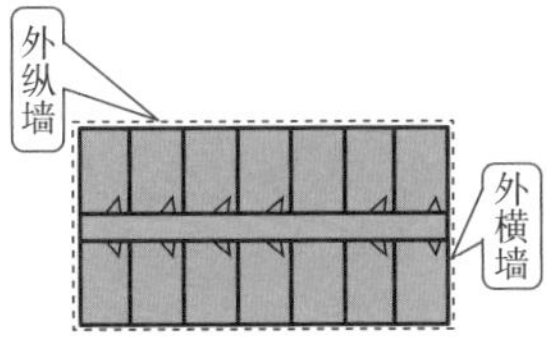
外纵墙
外横墙
横墙就是沿建筑物横向布置的墙，纵墙就是沿建筑物纵向布置的墙。两端的横墙通常称为山墙。
6. 内墙
内墙就是位于建筑物内部的墙，如下图所示：

内墙：位于建筑物内部的墙
</td></tr>
</table>

续表

项目	图例与解说
墙壁的类型	内墙可以分为内横墙、内纵墙。墙面装修的种类如下： 乳胶漆——用双飞粉与熟胶粉调拌打底批平，再涂饰乳胶漆。 墙纸——具有纸造墙纸、化纤墙纸、塑料墙纸等种类。 瓷砖——一般用湿贴法。 木板饰面——底板 + 饰面板，再打上蚊钉固定。 石材饰面——有湿贴法、干挂法等种类。 **7. 承重墙** 混合结构建筑中，根据墙体受力方式可以分为承重墙与非承重墙。其中，非承重墙又可分为自承重墙（不承受外来荷载，仅承受自身重量并将其传至基础）与隔墙（起分隔房间的作用，不承受外来荷载，并把自身重量传给梁或楼板）。承重墙分为横向承重墙、纵向承重墙、纵横向承重墙、部分框架承重墙等，示意图如下： 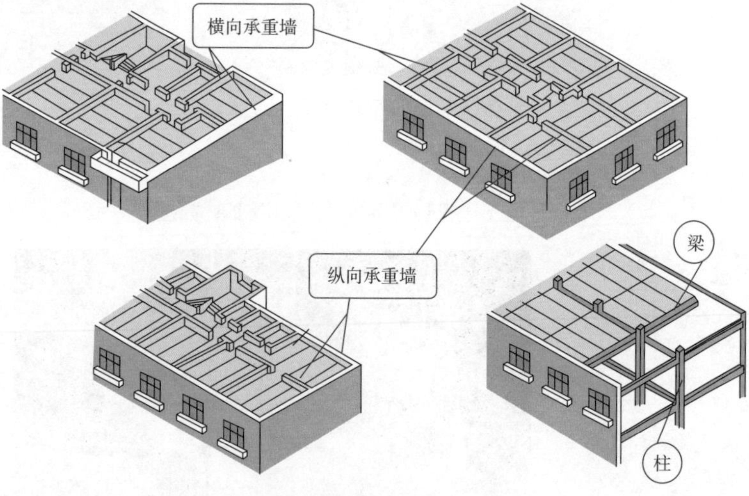 横向承重墙 纵向承重墙 梁 柱 承重墙的分类 装修中，不得拆卸承重墙。 **8. 隔墙** 隔墙就是起到隔断作用的墙壁，根据房屋结构特点，隔墙需要考虑承重性。装修中一般需要采用轻质隔墙。隔墙的种类如下

续表

项目	图例与解说
墙壁的类型	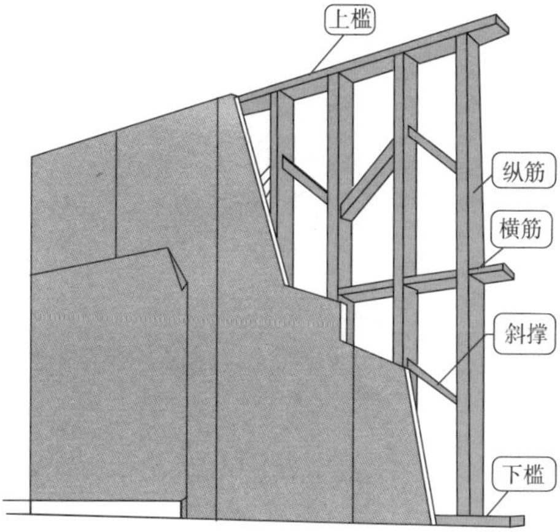上槛 纵筋 横筋 斜撑 下槛 立筋类轻隔墙龙骨构成 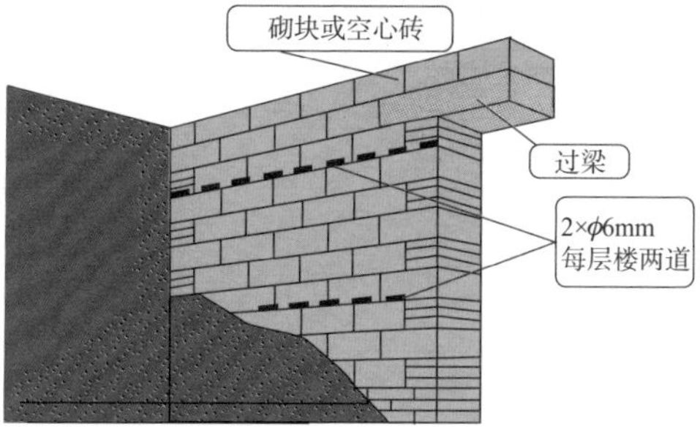砌块或空心砖 过梁 2×φ6mm 每层楼两道 砌块隔墙 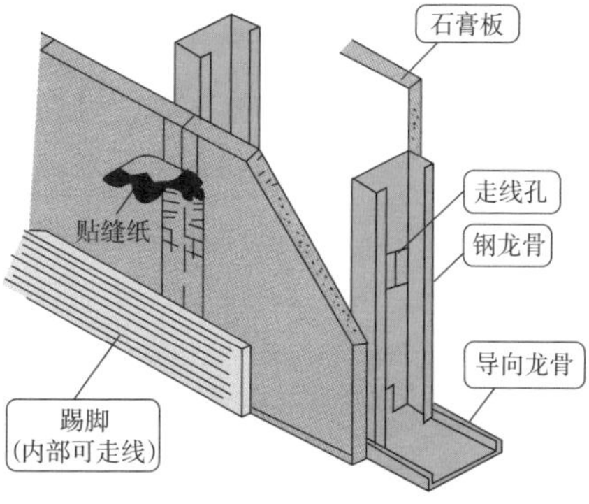石膏板 贴缝纸 走线孔 钢龙骨 导向龙骨 踢脚 (内部可走线) 轻钢龙骨石膏板隔墙

续表

<table>
<tr><th>项目</th><th>图 例 与 解 说</th></tr>
<tr><td>墙壁的类型</td><td>
石膏板隔墙</td></tr>
<tr><td>柱子</td><td>柱子在建筑中的主要作用是承受其上梁、板的荷载，附加在其上的其他荷载。柱子需要具有一定的强度、稳定性、耐久性等特点。柱子图例如下
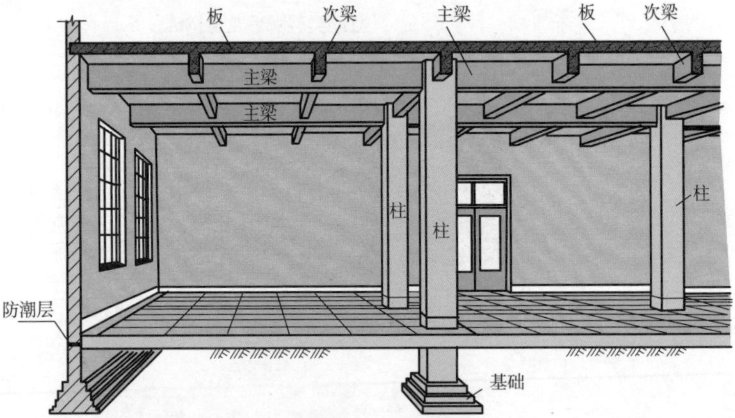
板
次梁
主梁
板
次梁
主梁
主梁
柱
柱
柱
防潮层
基础

打孔不要损坏这些“支柱”
柱子图例</td></tr>
</table>

续表

项目	图例与解说
圈梁	圈梁就是砌体结构房屋中，在砌体内沿水平方向设置封闭的钢筋混凝土梁。其中，在房屋基础上部连续的钢筋混凝土圈梁称为基础圈梁；在墙体上部，紧挨楼板的钢筋混凝土圈梁称为上圈梁。圈梁可以增强建筑物整体刚度与墙体的稳定性，减少由于地基不均匀沉降或较大震动荷载而引起的墙身开裂，提高建筑物的抗震能力等作用。 砌块建筑应在基础顶面，楼、屋盖处的所有纵、横墙上设置混凝土圈梁。圈梁图例如下 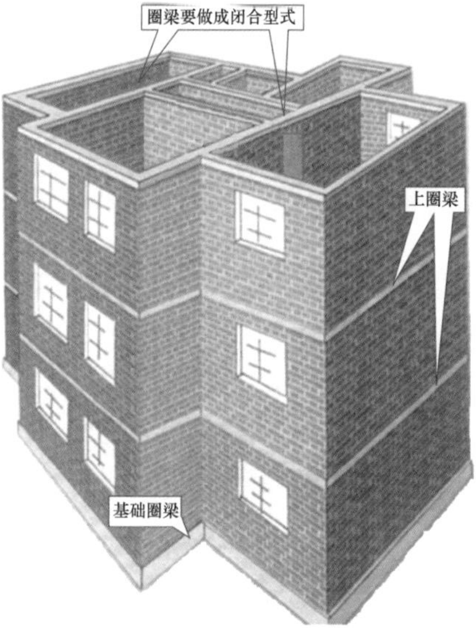 圈梁要做成闭合型式 上圈梁 基础圈梁 圈梁
过梁	过梁就是指在门窗洞口上设置的，主要支承洞口上部墙体荷载并将其传给洞口两侧窗间墙的横梁。过梁可以分为砖拱过梁、钢筋砖过梁、钢筋混凝土过梁等。 过梁图例如下  过梁

续表

项目	图 例 与 解 说
楼板层	**1. 概述** 楼面又称为楼板层，楼板层是楼房建筑水平方向的承重构件，其应具有一定的强度、刚度、隔声、防潮、防水等能力。常用的楼板层为钢筋混凝土楼板层。 楼板的分类如下： 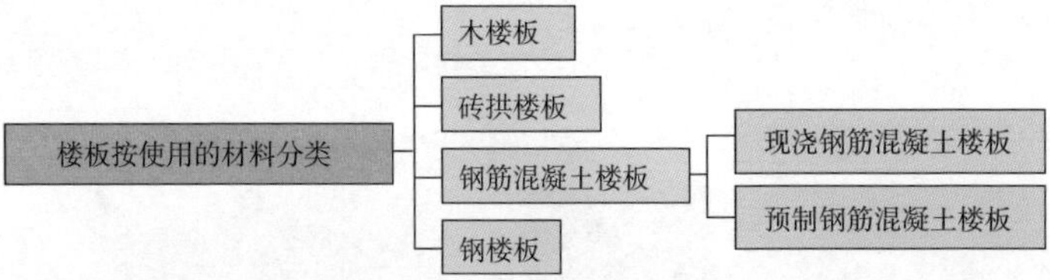楼板按使用的材料分类 木楼板 砖拱楼板 钢筋混凝土楼板 现浇钢筋混凝土楼板 预制钢筋混凝土楼板 钢楼板 现浇钢筋混凝土楼板是指在施工现场架设模板、绑扎钢筋、浇注混凝土，经养护达到一定强度后拆除模板而成的楼板。该类楼板具有整体性、抗震性好、刚度大耐久性等特点。现浇钢筋混凝土楼板根据结构类型分为以下几种： 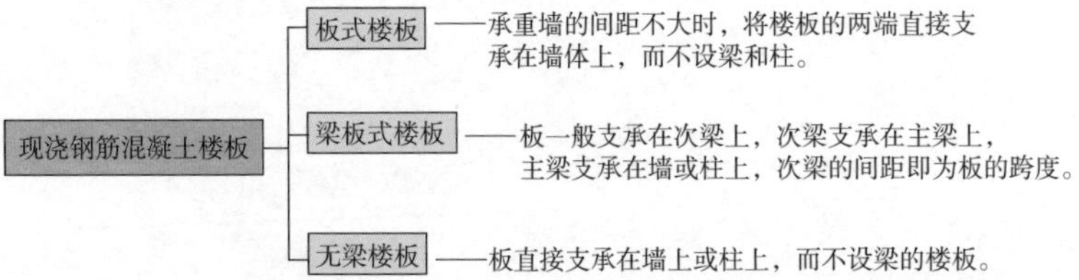现浇钢筋混凝土楼板 板式楼板 承重墙的间距不大时，将楼板的两端直接支承在墙体上，而不设梁和柱。 梁板式楼板 板一般支承在次梁上，次梁支承在主梁上，主梁支承在墙或柱上，次梁的间距即为板的跨度。 无梁楼板 板直接支承在墙上或柱上，而不设梁的楼板。 楼板的结构图例如下： 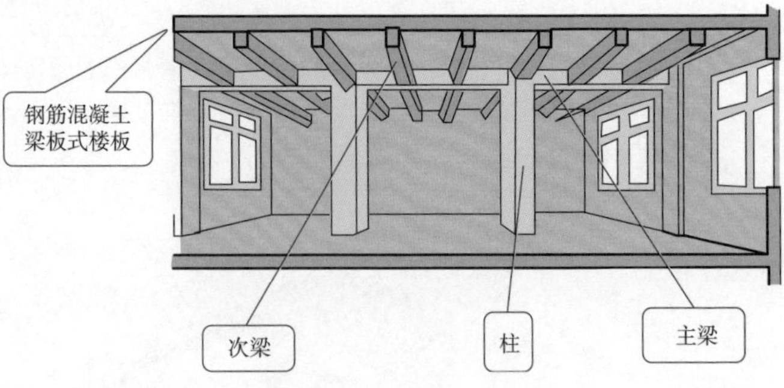钢筋混凝土梁板式楼板 次梁 柱 主梁 钢筋混凝土楼板的结构图例

续表

<table>
<tr><th>项目</th><th>图例与解说</th></tr>
<tr><td>楼板层</td><td>
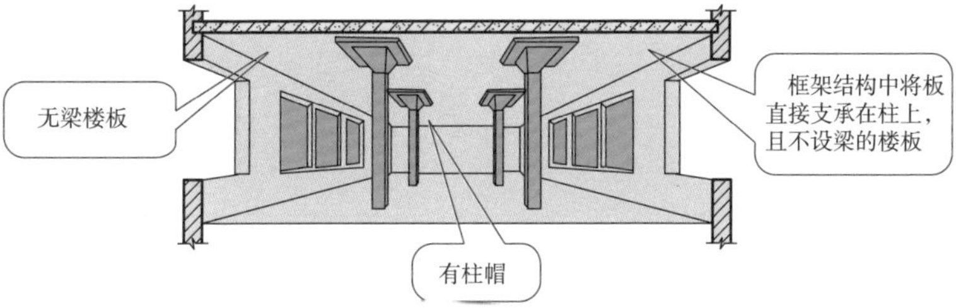
无梁楼板
框架结构中将板直接支承在柱上，且不设梁的楼板
有柱帽
无梁楼板的结构图例
<ul>
<li>无梁楼板
<ul>
<li>有柱帽——当荷载较大时，为增加柱对板的支托面积并减小板跨</li>
<li>无柱帽——当楼面荷载较小时可采用</li>
</ul></li>
</ul>
预制装配式钢筋混凝土楼板的板与梁是预制而成，然后用人工或机械安装到房屋上去。预制钢筋混凝土楼板分类如下：
<ul>
<li>预制钢筋混凝土楼板
<ul>
<li>按结构的应力状况
<ul><li>普通钢筋混凝土楼板</li><li>预应力钢筋混凝土楼板</li></ul></li>
<li>类型
<ul><li>实心平板</li><li>槽形板</li><li>空心板</li></ul></li>
</ul></li>
</ul>
实心平板安装特点如下图所示：
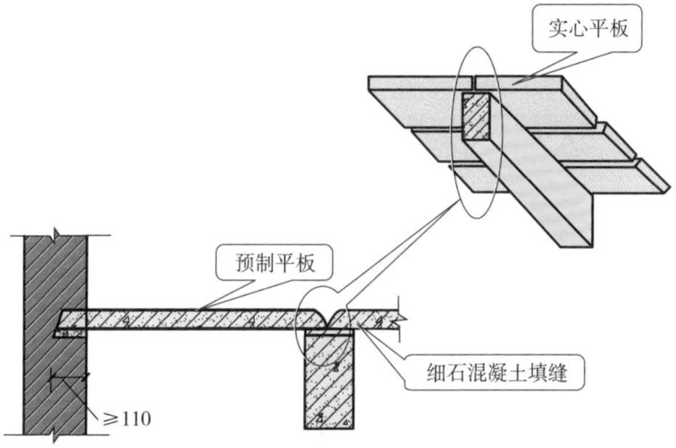
实心平板
预制平板
细石混凝土填缝
≥110
实心平板
</td></tr>
</table>

续表

<table>
<tr><th>项目</th><th>图 例 与 解 说</th></tr>
<tr><td>楼板层</td><td>

槽形板的特点如下图所示：

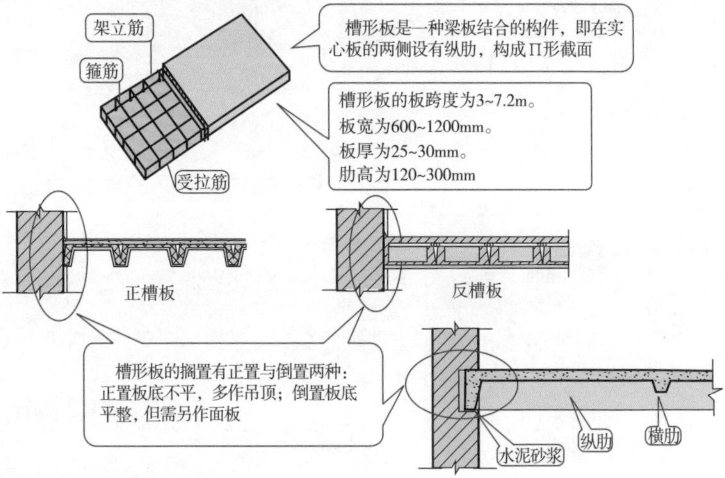
架立筋
箍筋
受拉筋
槽形板是一种梁板结合的构件，即在实心板的两侧设有纵肋，构成Π形截面
槽形板的板跨度为3~7.2m。
板宽为600~1200mm。
板厚为25~30mm。
肋高为120~300mm
正槽板
反槽板
槽形板的搁置有正置与倒置两种：正置板底不平，多作吊顶；倒置板底平整，但需另作面板
水泥砂浆
纵肋
横肋

槽形板

空心板的特点如下图所示：

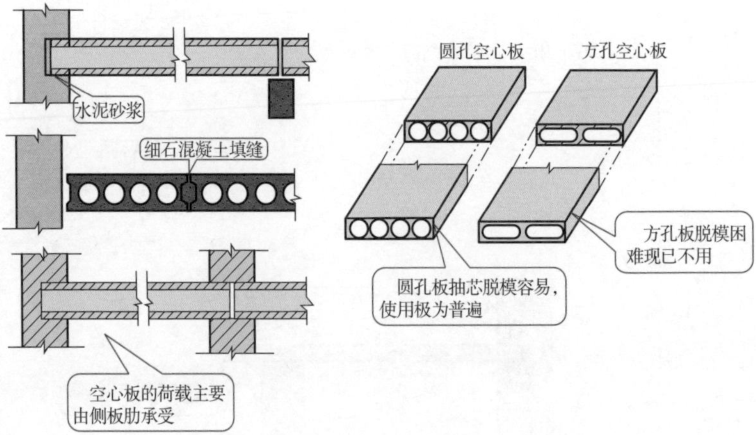
水泥砂浆
细石混凝土填缝
空心板的荷载主要由侧板肋承受
圆孔空心板
方孔空心板
圆孔板抽芯脱模容易，使用极为普遍
方孔板脱模困难现已不用

空心板

</td></tr>
</table>

续表

项目	图例与解说
楼板层	板的搁置方式如下图所示： 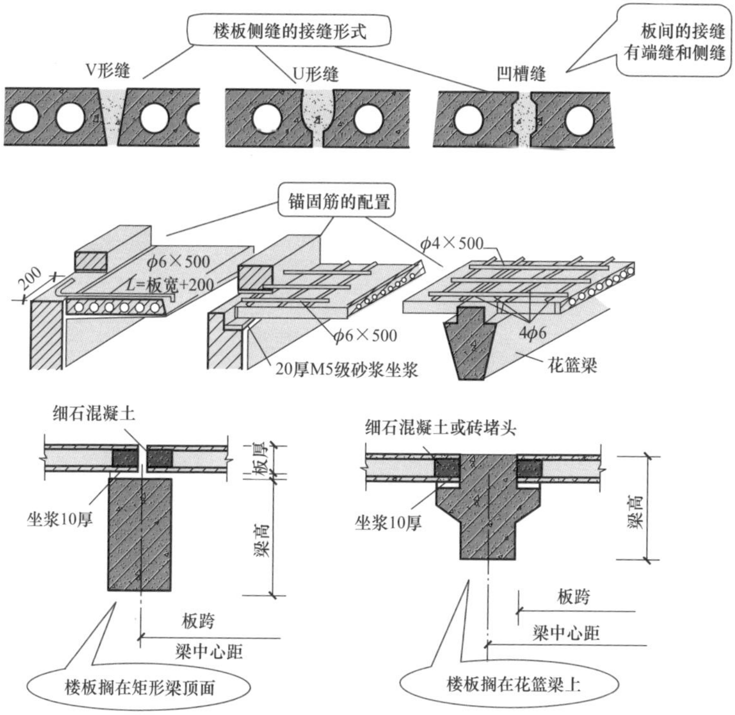 楼板侧缝的接缝形式 板间的接缝有端缝和侧缝 V形缝 U形缝 凹槽缝 锚固筋的配置 φ4×500 φ6×500 L=板宽+200 200 φ6×500 4φ6 20厚M5级砂浆坐浆 花篮梁 细石混凝土 板厚 坐浆10厚 梁高 板跨 梁中心距 楼板搁在矩形梁顶面 细石混凝土或砖堵头 坐浆10厚 梁高 板跨 梁中心距 楼板搁在花篮梁上 板的搁置方式 地面装修的种类有：瓷砖、复合地板、石材等类型。 **2. 顶棚** 顶棚也就是常称的天棚、天花板。单层房屋中顶棚位于屋顶承重结构层的下面；多层与高层房屋中，顶棚除位于屋顶承重结构下面以及各层楼板的下面。 顶棚的分类如下： 顶棚按构造方式分类 - 直接式顶棚 —— 在楼板下做装饰面层的顶棚 - 悬吊式顶棚 —— 悬吊式顶棚也称为吊顶

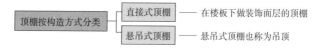

续表

项目	图例与解说

楼板层

其中，直接式顶棚又可以分为不同种类：

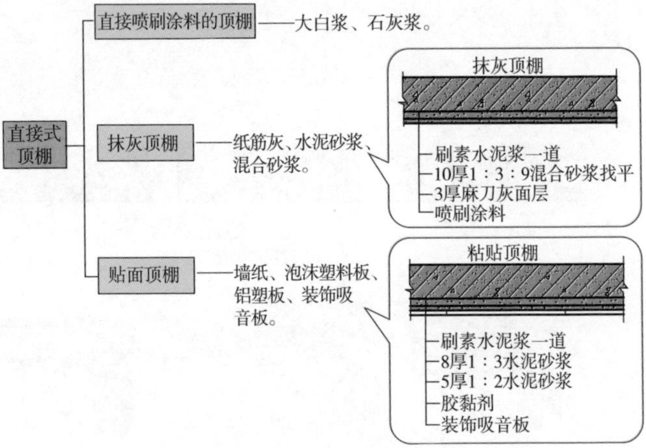
直接式顶棚
直接喷刷涂料的顶棚——大白浆、石灰浆。
抹灰顶棚——纸筋灰、水泥砂浆、混合砂浆。
抹灰顶棚
刷素水泥浆一道
10厚1：3：9混合砂浆找平
3厚麻刀灰面层
喷刷涂料
贴面顶棚——墙纸、泡沫塑料板、铝塑板、装饰吸音板。
粘贴顶棚
刷素水泥浆一道
8厚1：3水泥砂浆
5厚1：2水泥砂浆
胶黏剂
装饰吸音板

吊挂式顶棚是指顶棚的装修表面与屋面板或楼板之间留有一定距离，该段距离形成的空腔。该空腔可以将设备管线、结构隐藏起来。吊顶主要由龙骨、面板等组成。龙骨可以分为主龙骨和次龙骨，其主要用来固定面板以及承受荷载。主龙骨一般单向布置并通过吊筋与楼板连接，次龙骨固定在主龙骨上。

主龙骨的种类如下：

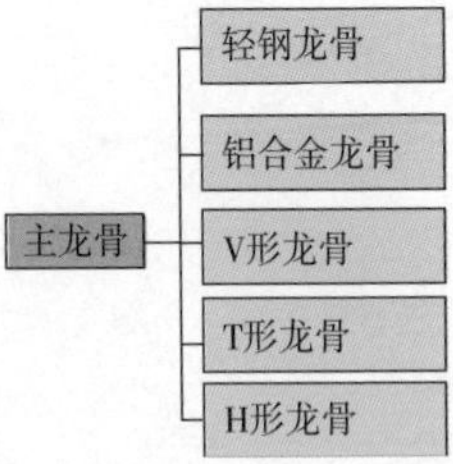
主龙骨
轻钢龙骨
铝合金龙骨
V形龙骨
T形龙骨
H形龙骨

吊挂式顶棚图例如下：

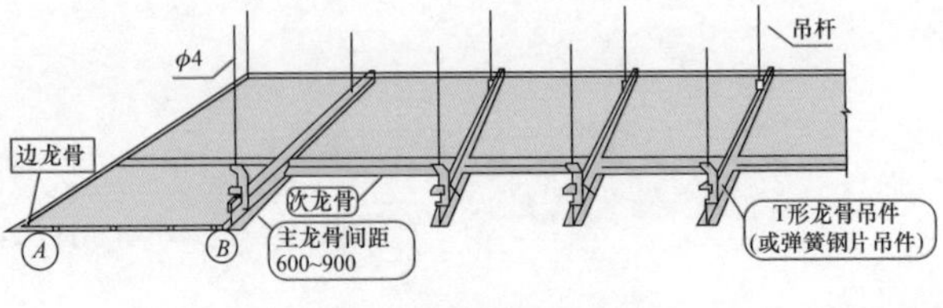
吊杆
$\phi4$
边龙骨
次龙骨
主龙骨间距
600~900
T形龙骨吊件
(或弹簧钢片吊件)
A
B

T形轻金属龙骨吊顶构造

续表

<table>
<tr><th>项目</th><th>图例与解说</th></tr>
<tr><td>楼板层</td><td>
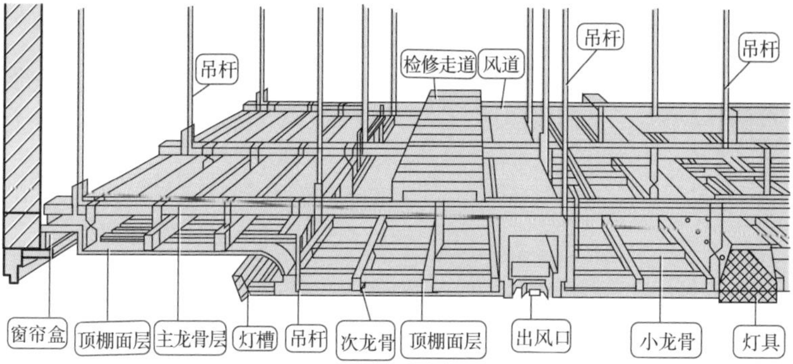

吊杆
检修走道
风道
吊杆
吊杆
窗帘盒
顶棚面层
主龙骨层
灯槽
吊杆
次龙骨
顶棚面层
出风口
小龙骨
灯具

上人吊挂顶棚构造
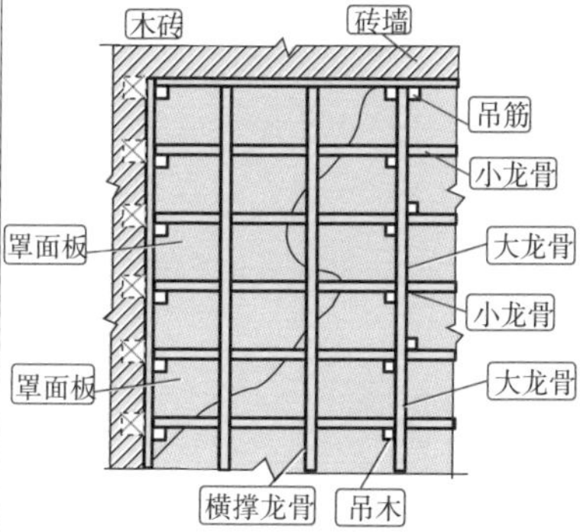

木砖
砖墙
吊筋
小龙骨
罩面板
大龙骨
小龙骨
罩面板
大龙骨
横撑龙骨
吊木

木龙骨吊挂式顶棚
</td></tr>
</table>

续表

项目	图 例 与 解 说
楼板层	木龙骨一般选用松木、杉木等软质木材制成。其断面有矩形，断面有40mm×60mm（主龙骨）、30mm×40mm（次龙骨）。 合格的木龙骨具有顺直的外观、一致的断面，无硬弯、无劈裂、无扭曲，干、湿度适宜（含水率为10%～18%）等特征。如果木龙骨吊顶内需敷设线路时，则木龙骨一定要涂刷防火涂料等防火处理。 吊筋固定方法如下： 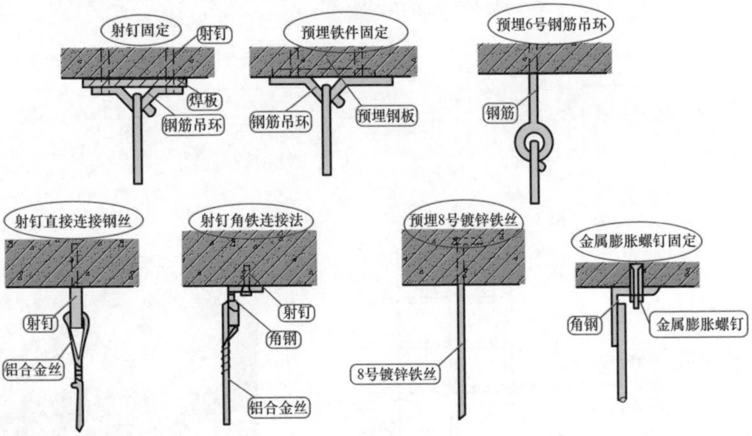射钉固定 射钉 焊板 钢筋吊环 预埋铁件固定 钢筋吊环 预埋钢板 预埋6号钢筋吊环 钢筋 射钉直接连接钢丝 射钉 铝合金丝 射钉角铁连接法 射钉 角钢 铝合金丝 预埋8号镀锌铁丝 8号镀锌铁丝 金属膨胀螺钉固定 角钢 金属膨胀螺钉 吊筋固定方法 吊顶内的电线操作要求与技巧如下： （1）吊顶内的每一根电线均应采用保护管。 （2）筒灯的尾端是用蛇皮管保护的，便于弯曲与移位，对于电线也不会损坏。 （3）吊顶内的接线头应接触牢靠，一般应采用防火胶布缠在里面，再缠其他胶布。 （4）重型灯具、电扇及其他重型设备严禁安装在吊顶龙骨上。 （5）吊顶内填充的吸音、保温材料的品种和铺设厚度应符合设计要求，并应有防散落措施。 （6）饰面板上的灯具、烟感器、喷淋头等设备的位置应合理、美观，与饰面板交接处应严密。 **3. 楼地面** 地面组成示意图如下：

续表

项目	图例与解说
楼板层	

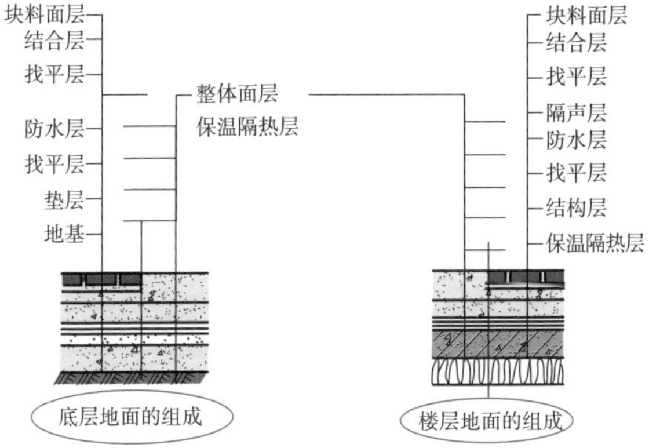
块料面层
结合层
找平层
防水层
找平层
垫层
地基
整体面层
保温隔热层
块料面层
结合层
找平层
隔声层
防水层
找平层
结构层
保温隔热层
底层地面的组成
楼层地面的组成

地面组成（一）

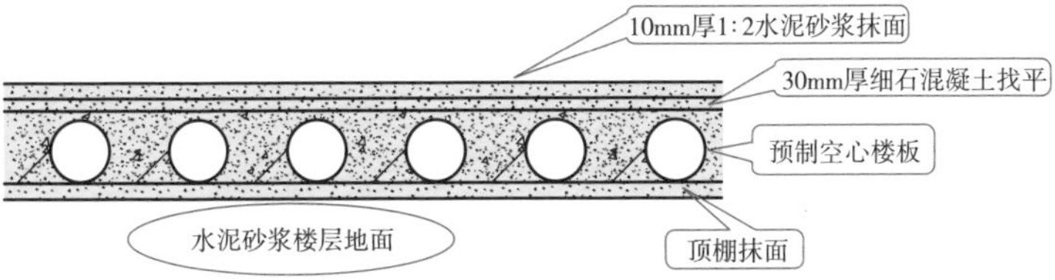
10mm厚1∶2水泥砂浆抹面
30mm厚细石混凝土找平
预制空心楼板
水泥砂浆楼层地面
顶棚抹面

地面组成（二）

楼层地面的基本构造层次为面层、楼板。有特殊要求的地面要增设一些构造层。常用地面构造有水泥砂浆地面、现浇水磨石地面、缸砖 / 陶瓷锦砖 / 大理石 / 花岗岩地面、半硬质塑料地面、木地面等，常见地面构造的特点见下表

常见地面构造的特点

类别	名称	地　面	楼　面	图
块材镶铺类	地面砖地面	（1）8 ~ 10mm 厚地面砖，干水泥擦缝； （2）20mm 厚 1∶3 干硬性水泥砂浆结合层表面撒水泥粉； （3）水泥砂浆一道（内掺建筑胶）	—	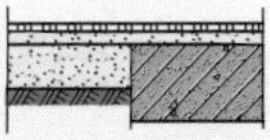

续表

续表

项目	类别	名称	地面	楼面	图
楼板层	块材镶铺类	地面砖地面	（4）60mm 厚 C15 混凝土垫层； （5）素土夯实	现浇钢筋混凝土楼板或预制楼板上的现浇叠合层	
		石材板地面	（1）20mm 厚板材干水泥擦缝； （2）20mm 厚 1∶3 干硬性水泥砂浆结合层表面撒水泥粉； （3）刷水泥砂浆一道（内掺建筑胶）；	—	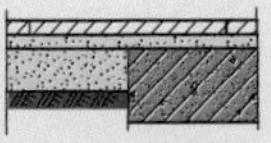
			（4）60mm 厚 C15 混凝土垫层； （5）素土夯实	现浇钢筋混凝土楼板或预制楼板上的现浇叠合层	
	卷材类	地毯地面	（1）5～10mm 厚地毯； （2）20mm 厚 1∶2.5 水泥砂浆压实抹光； （3）水泥砂浆一道（内掺建筑胶）；	—	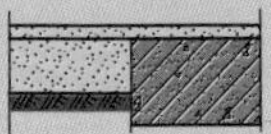
			（4）60mm 厚 C15 混凝土垫层； （5）0.2mm 厚浮铺塑料薄膜一层； （6）素土夯实	现浇钢筋混凝土楼板或预制楼板上的现浇叠合层	
		彩色石英塑料板地面	（1）1.6～3.2mm 厚彩色石英塑料板，用专用胶黏剂粘贴； （2）20mm 厚 1∶2.5 水泥砂浆压实抹光； （3）水泥砂浆一道（内掺建筑胶）	—	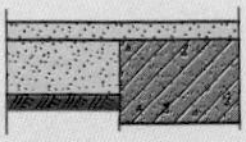
			（4）60mm 厚 C15 混凝土垫层； （5）0.2mm 厚浮铺塑料薄膜一层； （6）素土夯实	现浇钢筋混凝土楼板或预制楼板上的现浇叠合层	

续表

<table>
<tr><th>项目</th><th>图 例 与 解 说</th></tr>
<tr><td>楼板层</td><td>

续表

类别	名称	地面	楼面	图
木地面	实铺木地面	（1）地板漆两道； （2）100mm×25mm长条松木地板（背面满刷氟化钠防腐剂）； （3）50mm×50mm木龙骨架空20mm，表面刷防腐剂；	—	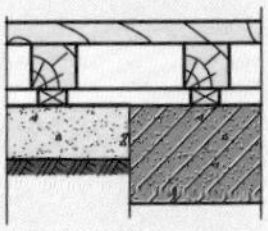
		（4）60mm厚C15混凝土垫层； （5）素土夯实	现浇钢筋混凝土楼板或预制楼板上的现浇叠合层	
	铺贴木地面	（1）打腻子，涂清漆两道； （2）10～14mm厚粘贴硬木企口席纹拼花地板； （3）20mm厚1∶2.5水泥砂浆；	—	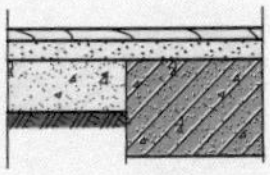
		（4）60mm厚C15混凝土垫层； （5）0.2mm厚浮铺塑料薄膜一层	现浇钢筋混凝土楼板或预制楼板上的现浇叠合层	
现浇整体类	水泥砂浆地面	（1）20mm厚1∶2.5水泥砂浆； （2）水泥砂浆一道（内掺建筑胶）	—	
	细石混凝土地面	（1）40mm厚C20细石混凝土地面； （2）刷水泥砂浆一道（内掺建筑胶）；	—	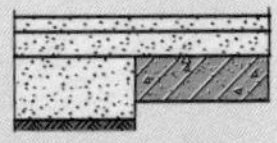
		（3）60mm厚C15混凝土垫层； （4）150mm厚5～32卵石灌M2.5混合砂浆振捣密实或3∶7灰土； （5）素土夯实	• 60mm厚1∶6水泥焦渣填充层； • 现浇钢筋混凝土楼板或预制楼板上的现浇叠合层	

</td></tr>
</table>

续表

项目	图例与解说
抹灰	墙面装饰包括贴面类装修、涂刷类墙面装修 、裱糊类墙面装修等。 抹灰是最为直接也是最初始的装饰工程，它就是将装饰性水泥石子浆、各种砂浆等涂抹在建筑物的墙面、顶棚、地面等表面上。 在构造上与施工时须分层操作，一般分为底层、中层、面层。底层抹灰主要起到与基层墙体黏结和初步找平的作用；中层抹灰在于进一步找平以减少打底砂浆层干缩后可能出现的裂纹；面层抹灰主要起装饰作用，因此要求面层表面平整、无裂痕、颜色均匀等特点。一般抹灰工序为“先室外后室内、先上面后下面、先顶棚后墙地”的原则。内墙抹灰厚度一般为 15 ~ 20mm，顶棚为 12 ~ 15mm。 抹灰可以分为一般抹灰与装饰抹灰等。其中，一般抹灰具有石灰砂浆、混合砂浆、水泥砂浆、膨胀珍珠岩水泥砂浆、纸筋灰、石膏灰等种类；装饰抹灰的底层、中层与一般抹灰相同，只是面层材料有区别，装饰抹灰的面层材料主要有：水泥色浆、聚合物水泥砂浆、水泥石子浆等。特殊抹灰就是指为了满足如保温、耐酸、防水等特殊的要求而采用保温砂浆、耐酸砂浆、防水砂浆等进行的抹灰。 抹灰分层如下： 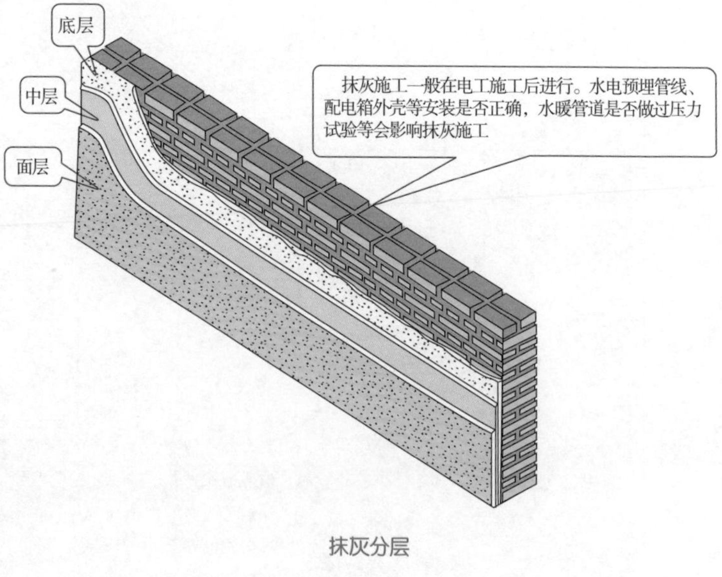 底层 中层 面层 抹灰施工一般在电工施工后进行。水电预埋管线、配电箱外壳等安装是否正确，水暖管道是否做过压力试验等会影响抹灰施工 抹灰分层

续表

项目	图例与解说
抹灰	常用抹灰工具如下  平头木抹子 阴角抹子 铁抹子 塑料阴角抹子 压板 刮尺 托灰板 剁斧 钢皮抹子 木阳角抹子 方尺 圆阳角抹子 圆头木抹子 捋角器 铍皮 大小鸭嘴 塑料抹子 圆阴角抹子 挂线板 常用抹灰工具

1.2.2 居民房屋常见功能间

居民房屋常见功能间及其特点见表 1- 4 所示。

表1-4　　居民房屋常见功能间及其特点

名称	图例与解说
玄关	玄关就是指厅堂的外门，也就是居室入口的一个区域，简单地讲就是进门的地方
餐厅	餐厅就是就餐的地方。根据规模不同餐厅可以分为： 小型餐厅——300cm × 360cm； 中型餐厅——360cm × 450cm； 大型餐厅——420cm × 540cm。 另外，根据应用特点还可以分为正餐室、便餐室。 餐厅在电气方面主要考虑照明、预留相应电源接口、是否摆放电视、安装空调等

续表

名称	图例与解说
客厅	客厅就是会客的地方。客厅在电气方面主要考虑照明、电视、电源接口、空调电源、网络、电话等。客厅图例如下  客厅图例
卧室	卧室就是就寝、睡觉的地方。卧室在电气方面主要考虑照明、电视、电源接口、空调电源、网络、床头留电源接口、电话等。卧室图例如下：  卧室图例 另外，卧室还可以分为儿童房、老人房；主卧、次卧等
卫生间	卫生间主要强调防水性、安全性。卫生间图例如下： 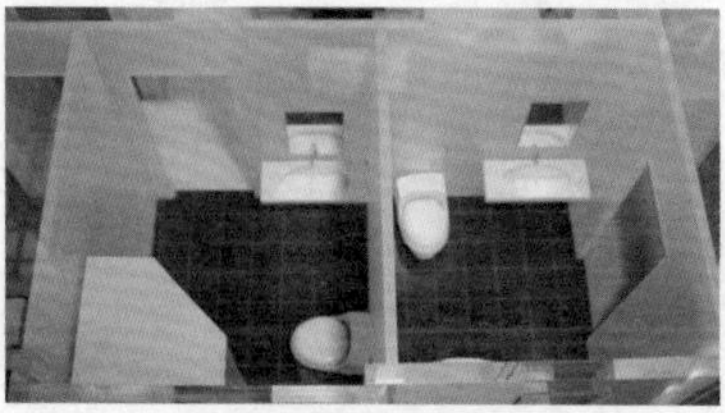 卫生间 另外，卫生间分主卫生间、次卫生间等类型

续表

名称	图例与解说
阳台	阳台在电气方面主要考虑照明、电源接口，有的放洗衣机、安装热水器等。阳台图例如下  阳台
书房	书房在电气方面主要考虑照明、电源接口，有的放计算机、空调、音响设备等。书房图例如下  书房
厨房	厨房在电气方面主要考虑照明、电源接口，有的放电饭煲、电冰箱、热水器等

居民房屋常见功能间布局如图 1-1 所示。

1.2.3 建筑装饰装修的注意事项

装饰装修时注意以下几点：

（1）不得拆改承重梁。

（2）不得拆改柱（含构造柱）。

（3）不得拆改基础结构。

（4）不得拆除承重墙体。

（5）不得在承重墙体上开挖门洞。

（6）不得在悬挑楼梯的承重墙上挖洞。

（7）不得在悬挑阳台拖梁部位的墙体挖洞。

（8）不得在楼面板上砌墙及超标增大荷载。

（9）不得在楼面结构层上凿槽安装各类管道。

（10）不得在房屋顶面上擅自加建房搭棚。

（11）不得将不具备防水要求的房屋或者阳台改为卫生间、厨房间。

（12）不得擅自调整、变动房屋消防、燃气、电力、城市集中供暖、给排水等设施设备。图例示意如图 1-2 所示。

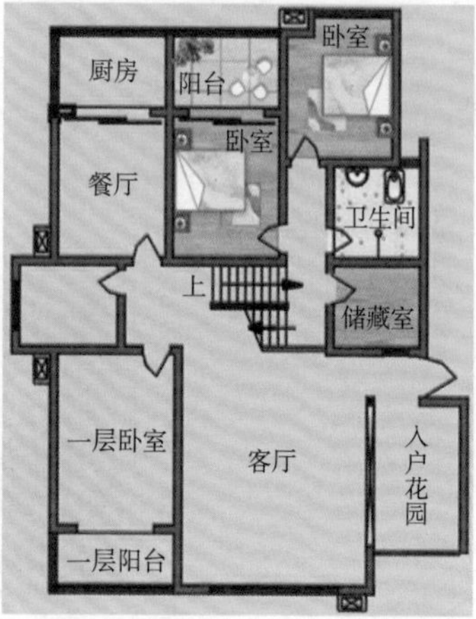

卧室
厨房
阳台
卧室
餐厅
卫生间
上
储藏室
一层卧室
客厅
入户花园
一层阳台

图 1-1　常见功能间布局

不得擅自调整、变动房屋消防、燃气、电力、城市集中供暖、给排水等设施设备

图 1-2　不得擅自调整燃气设施设备

第2章

水电工材料与工具

2.1 水电工材料有关认证与质量审核

电工材料比较多，常用的水电工材料见表 2-1。

表2-1　　常用的水电工材料

序号	材料名称	序号	材料名称	序号	材料名称
1	90°弯头	15	单联单控开关 10 A/250V	29	二位电脑电源座
2	L 形弯管	16	单联单控开关带二、三极插座 10 A/250V	30	地漏
3	PP-R 冷水管材	17	单联单控普通开关	31	电话插座
4	PP-R 热水管材	18	单联电视插座	32	二位话筒插座，二位电话插座，二位卡侬插座
5	PVC-U 双壁波纹管	19	单联普通调速开关 500VA/250V	33	二位三插，二位视频，二位音频
6	PVC 加筋管	20	单联三极 16A（空调插座）	34	盖式双按分体配件
7	八芯数据线	21	单联双控开关 10A/250V	35	刮须插座 110V/250V-15W
8	不锈钢水管	22	单位单极开关 250V/16 A	36	管箍
9	触摸延时开关 202V/60W	23	等径对接头	37	豪华型门铃开关
10	带指示器单位单极开关 250V/10 A	24	等径三通	38	横插防雾筒灯
11	带指示器单位双路开关 250V/10A	25	电铃开关	39	横插筒灯
12	单把厨房龙头	26	电视插座	40	进插板
13	单把面盆龙头	27	电线 BV	41	进水阀
14	单把浴缸龙头	28	电子开关指示 220V	42	可调换对接头

续表

序号	材料名称	序号	材料名称	序号	材料名称
43	两位单极开关 250V/10 A	54	三联双控开关 10A/250V	65	跳起式地面插座
44	淋浴盆去水边软管	55	三联双控普通开关	66	吸顶式格栅灯盘
45	落水管接头	56	三位单极开关 250V/10 A	67	吸顶筒灯
46	马桶刷连座	57	射灯	68	一位二孔插座、一位三孔插座
47	面盆角阀	58	双壁波纹管	69	艺术灯盘
48	内螺纹三通	59	双联单控普通开关	70	应急照明标志灯
49	尿斗冲洗嘴	60	水箱进水软管	71	圆形嵌入式金卤灯
50	尿斗感应器	61	四联单控开关 10 A/250V	72	直角型玻璃趟门淋浴柜
51	嵌入式节能射灯	62	四维感应龙头	73	直螺筒灯
52	全自动红外线感应龙头	63	四维连体坐便器	74	卡钉
53	三联单控普通开关	64	四位双路开关 250V/10 A	—	—

不同的装修，需要不同具体的水电材料，水电清单举例见表 2-2。

表2-2 水 电 清 单

序号	名称	规格	单位	数量	单价	总价
1	内牙弯头	PPR 20	个			
2	冷水管	PPR 20	支			
3	热水管	PPR 20	支			
4	2.5 平方阻燃双塑电线	黄 1，红 1，蓝 2	扎			

续表

序号	名称	规格	单位	数量	单价	总价
5	1.5m^2 阻燃单塑地线	—	扎			
6	1.5m^2 阻燃双塑电线	黄 1，绿 1，蓝 1	扎			
7	双盒	77×77×48	个			
8	单盒	77×77×48	个			
9	线管	PVC 20	支			
10	直通	PVC 20	支			
11	3m 电胶布		并			
12	黄蜡管	10 号	支			
13	黄蜡管	16 号	支			
14	生料带	PPR 20	卷			
15	弯头	PPR 20	个			
16	塞头	PPR 20	个			
17	直通	PPR 20	个			
18	三叉	PPR 20	个			
19	闸阀	PPR 20	个			
20	内牙弯头	PVC 20	个			
21	给水胶水	细支	支			
22	榄牙		个			
23	软水管	30 公分	条			
24	内牙直通	4 分	个			
25	内牙三通	4 分	个			
26	铁钉	2 寸	斤			
27	胶粒	8 厘	扎			
28	电话线					
29	电视线					
30	网线					

水电材料的选择不但影响工程造价，同时也影响施工质量。因此，选择好水电材料也是至关重要的。

选购水电材料时，要查看材料的质量证明，如认证、合格证等，见表 2-3。

表2-3　　常见的材料质量证明

质量证明	图例与解说
3C 认证	3C认证，即CCC认证，也就是"中国强制认证"，英文全称为"China Compulsory Certification"。CCC 认证是国家认证认可监督管理委员会根据《强制性产品认证管理规定》制定的，其标志为"CCC"。目前的"CCC"认证标志分为四类： CCC+S——安全认证标志。 CCC+EMC——电磁兼容类认证标志。 CCC+S&E——安全与电磁兼容认证标志。 CCC+F——消防认证标志
质量体系认证书	有的水电材料获得 ISO 质量体系认证书，表明生产该产品的企业在各项管理系统的整合上已达到了国际标准，则产品的质量更可靠
合格证	主要是查看是否具有合格证、是否规范。开关的合格证如下图所示 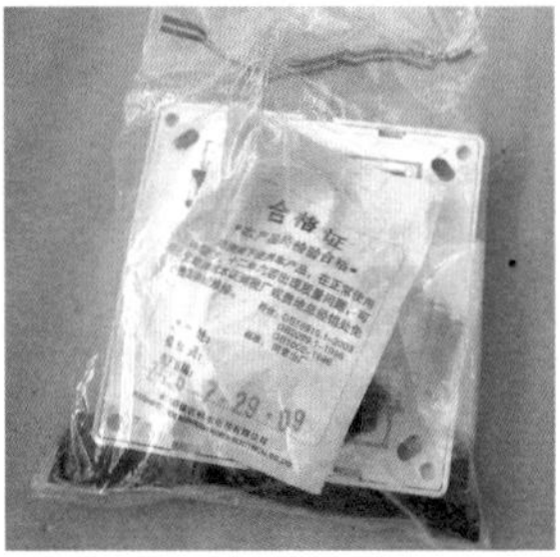合格证 开关的合格证
国际标准	电工相关的国际标准有国际标准化委员会（ISO）、国际电工委员会（IEC）等
国家标准	国家标准就是国家规定一个产品或一个类似产品应符合的要求，以保证其适用性。国家标准可以分为强制性（GB）、推荐性（GB/T）两种

另外，选择材料时，需要选择具有明确标注了厂名、厂址、检验章、生产日期、商标、规格的产品。

2.2 电工材料

2.2.1 配电箱

根据实际情况选择不同种类的配电箱，常见配电箱的种类见表 2-4。

表2-4　　常见配电箱的种类

名称	图例与解说
金属配电箱	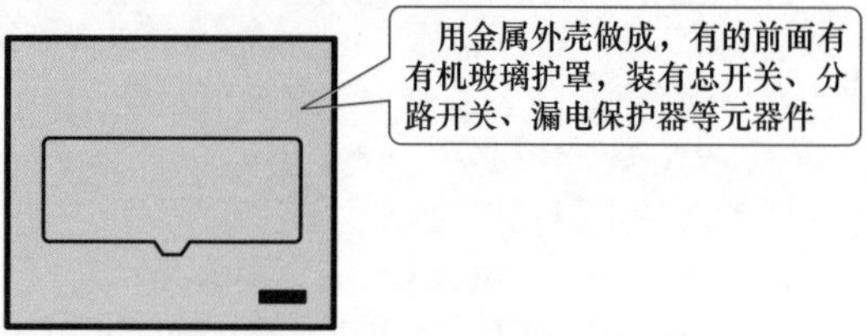 用金属外壳做成，有的前面有有机玻璃护罩，装有总开关、分路开关、漏电保护器等元器件 配电箱有金属配电箱、塑料配电箱
明装、暗装配电箱	 具有明装、暗装两种
× 位暗装配电箱	配电箱规格有 4 ~ 6 位、7 ~ 9 位、10 ~ 13 位、20 ~ 26 位等种类。面板有单排、双排、三排、四排等种类。配电箱还可以分为照明配电箱、动力配电箱。家居一般选择照明配电箱，也就是进线 220V AC/1 或 380 A VC/3 的，电流在 63A 规格以下，负载主要是照明（16A 以下）及其他小负荷的配电箱 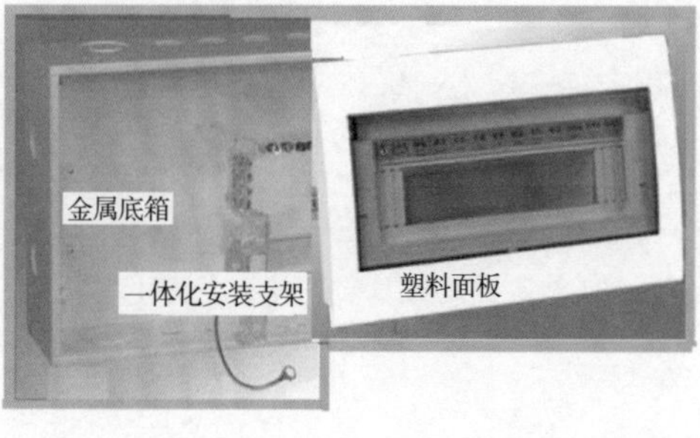 金属底箱 一体化安装支架 塑料面板

2.2.2 信息配线箱

信息配线箱主要用于弱电，主要考虑电脑数据模块、电话分支模块、有线电视模块的输入口 / 输出口的数量选择。信息配线箱的特点见表 2-5。

表2-5 **信息配线箱的特点**

名称	图例与解说
信息配线箱	信息配线箱具有塑料盖信息配线箱、铁皮盖信息配线箱等不同种类。外形图例如下： 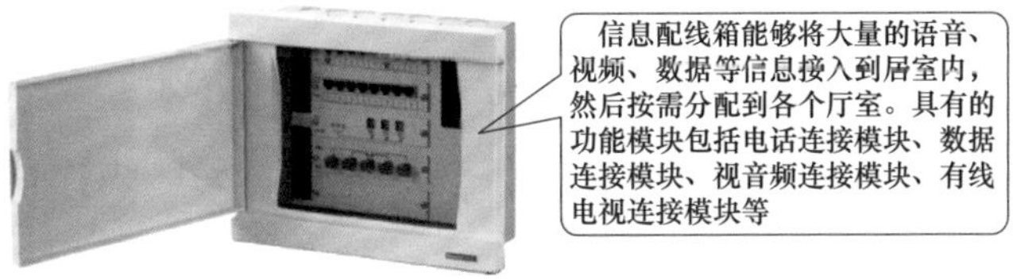 信息配线箱能够将大量的语音、视频、数据等信息接入到居室内，然后按需分配到各个厅室。具有的功能模块包括电话连接模块、数据连接模块、视音频连接模块、有线电视连接模块等 信息配线箱外形 选择信息配线箱应根据实际选择功能配置： （1）数据连接模块。输入口、输出口多少个。 （2）电话连接模块。输入口、接口标准等。 （3）有线电视连接模块。输入口、输出口多少个。 （4）视音频连接模块。输入口、输出口多少个

2.2.3 强电线材

1. 种类

电线电缆的类型如下：

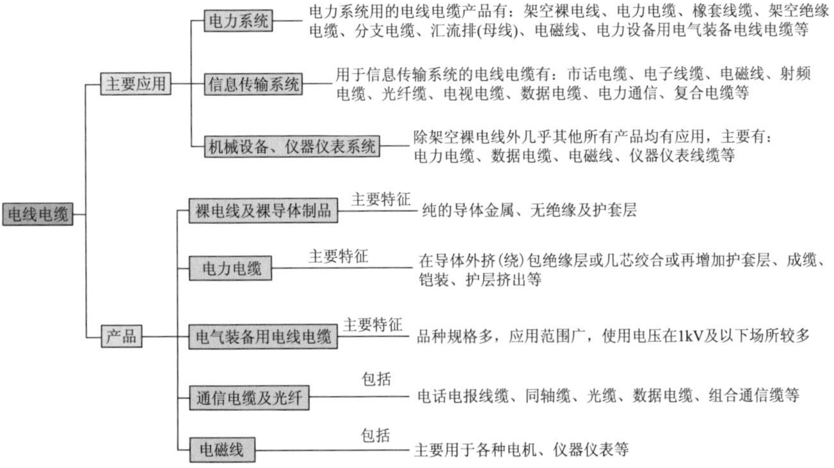
电线电缆
主要应用
电力系统
电力系统用的电线电缆产品有：架空裸电线、电力电缆、橡套线缆、架空绝缘电缆、分支电缆、汇流排(母线)、电磁线、电力设备用电气装备电线电缆等
信息传输系统
用于信息传输系统的电线电缆有：市话电缆、电子线缆、电磁线、射频电缆、光纤缆、电视电缆、数据电缆、电力通信、复合电缆等
机械设备、仪器仪表系统
除架空裸电线外几乎其他所有产品均有应用，主要有：电力电缆、数据电缆、电磁线、仪器仪表线缆等
产品
裸电线及裸导体制品
主要特征
纯的导体金属、无绝缘及护套层
电力电缆
主要特征
在导体外挤(绕)包绝缘层或几芯绞合或再增加护套层、成缆、铠装、护层挤出等
电气装备用电线电缆
主要特征
品种规格多，应用范围广，使用电压在1kV及以下场所较多
通信电缆及光纤
包括
电话电报线缆、同轴缆、光缆、数据电缆、组合通信缆等
电磁线
包括
主要用于各种电机、仪器仪表等

铅护套电缆的型号见表 2-6。

表2-6 铅护套电缆的型号

电缆型号	电缆名称及结构	敷设条件	线芯直径（mm）	电缆对数
HQ	钢芯铅包市内电话电缆	敷设在室内，隧道及沟管中	0.4	5 ~ 1800
			0.5	5 ~ 1200
			0.6	5 ~ 500
			0.7	5 ~ 600
HQ20	钢芯铅包钢带铠装市内电话电缆	不能承受拉力、地形坡度不能大于 30°的地区	0.4	50 ~ 600
			0.5	20 ~ 600
			0.6	10 ~ 600
			0.7	10 ~ 400
HQ33	铜芯铅包钢丝铠装市内电话电缆	能够承受相当拉力，地形坡度可大于 30° 的地区	0.4	25 ~ 1200
			0.5	25 ~ 1200
			0.6	15 ~ 800
			0.7	10 ~ 600

市场上的电线电缆种类很多，实物图例如图 2-1 所示。有的电线电缆家居装修一般不采用，一些在家居装修可应用的强电线材见表 2-7。

图 2-1 市场上的电线电缆

表2-7　　**强　电　线　材**

名称	图例与解说	名称	图例与解说
多股软线	  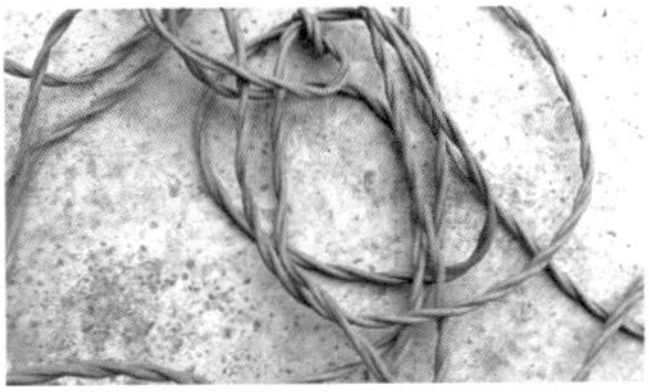 铜芯聚氯乙烯绝缘软线（BVR）一般用于家庭中插座回路(一般为明装)，线芯为多股软铜线，具有易穿管、质软，该电线必须在穿线管内敷设。目前，家居装饰装修选用该导线的比较少，主要用于照明灯具的连接	护套线	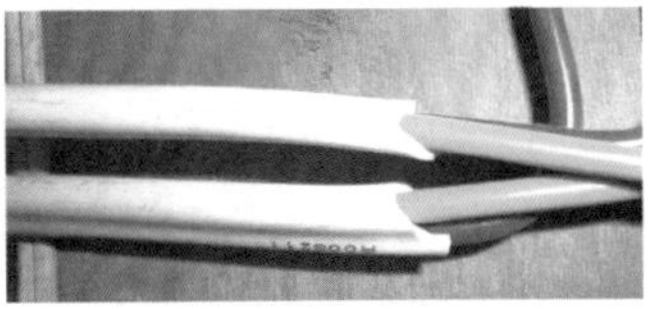  铜芯聚氯乙烯绝缘聚氯乙烯护套线（BVV线）一般用于家装中照明、插座回路。BVV线一般用卡钉明敷在墙、顶面，而且敷设高度要求大于1.8m。BVV线不得直接暗敷在墙体、吊顶、楼板、地板内。 BVV线也可以用做临时用电线
聚氯乙烯护套软线	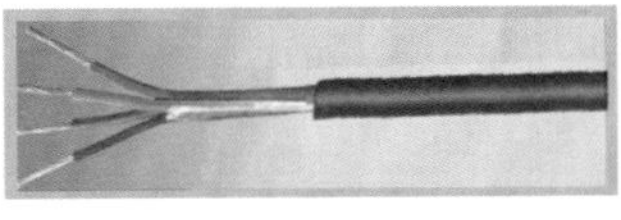 一般用于移动设备、空调插座等连接	铝线	 目前，家居装饰装修中禁忌采用铝线

续表

名称	图例与解说
铜芯聚氯乙烯绝缘BV电线	

铜芯聚氯乙烯绝缘线是家居装修中常采用的线种，铜芯聚氯乙烯绝缘电线（BV 线）必须在穿线管内敷设。

一般选择单塑、双塑，单位实际中常称“扎”。颜色一般选择三种，截面积根据实际选择。常用 BV 电线的特点如下

常用BV电线的特点

导线横截面积（mm^2）	线芯结构			塑料绝缘导线多根同在一根管内时，允许符合电流（A）												适用范围
				25℃						30℃						
	股数	单芯直径（mm）	成品外径（mm）	穿金属管			穿塑料管			穿金属管			穿塑料管			
				2根	3根	4根	2根	3根	4根	2根	3根	4根	2根	3根	4根	
BV-1.0	1	1.13	4.4	14	13	11	12	11	10	13	12	10	13	10	9	用于照明回路
BV-1.5	1	1.37	4.6	19	17	16	16	15	13	18	16	15	15	14	18	用于照明回路
BV-2.5	1	1.76	5.0	26	24	22	24	21	19	24	22	21	22	19	18	用于插座回路
BV-4	1	2.24	5.5	35	31	28	31	28	25	33	29	26	29	26	23	用于插座回路
BV-6	1	2.73	6.2	47	41	37	41	36	32	44	38	35	38	34	30	用于干线进户线
BV-10	7	1.33	7.8	65	57	50	56	49	44	61	53	47	52	46	41	用于干线进户线
BV-16	7	1.68	8.8	82	73	65	72	65	57	77	68	61	67	61	53	用于干线进户线
BV-25	19	1.28	10.6	107	95	85	95	85	75	100	89	80	89	80	70	用于干线进户线

2. 选择与应用电线的技巧

选择与应用电线的技巧见表 2-8、表 2-9。

表2-8　　选择电线的技巧

<table>
<tr><th>项目</th><th>图例与解说</th></tr>
<tr><td>选择的重要性</td><td>
电线的选择相当重要，不但关乎经济，也关乎安全。下图就是选择电线不当引起电线烧焦的图例

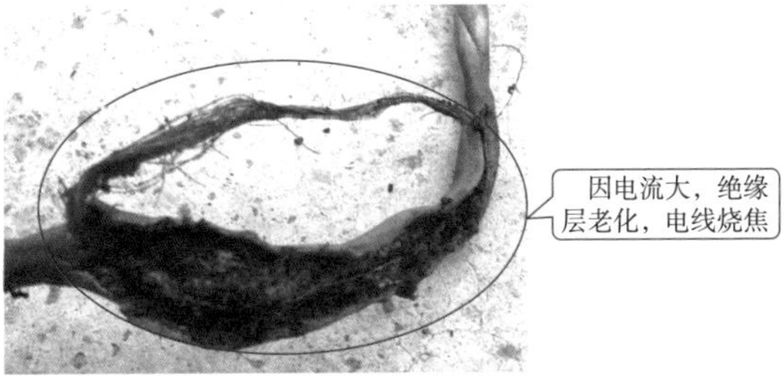
因电流大，绝缘层老化，电线烧焦

电线烧焦图例

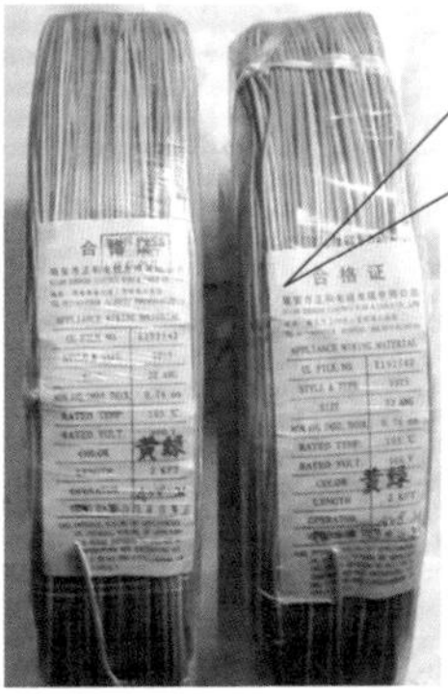
合格证
黄绿

<table>
<tr><th>判别方法</th><th>合格产品</th><th>非正规产品</th></tr>
<tr><td>看外观</td><td>绝缘（护套）层柔软、有韧性、有伸缩性，表面层紧密、光滑、有纯正的光泽度、有清晰并耐擦的标志</td><td>绝缘层感觉有透明感、发脆、无韧性</td></tr>
<tr><td>看绝缘层</td><td>绝缘层厚度均匀，不偏芯，紧密地挤包在导体上</td><td>偏芯、厚度不均匀</td></tr>
<tr><td>看合格证</td><td>合格证上应标明制造厂名称、地址、型号、规格结构、标称截面积、额定电压、长度、制造日期</td><td>缺项或者无合格证</td></tr>
<tr><td>看线芯</td><td>表面应光亮、平滑、无毛刺、柔软有韧性、不易断裂、绞合紧密度平整</td><td>与正品有较大不同</td></tr>
</table>
</td></tr>
<tr><td>鉴别、选择</td><td>
家装电路电线的选择要点与鉴别电线优劣方法如下

<table>
<tr><th>方法</th><th>特点</th></tr>
<tr><td>看包装、看认证</td><td>成卷的电线包装牌上一般应具有合格证、厂名、厂址、检验章、生产日期、商标、规格、电压、“长城标志”、生产许可证号、质量体系认证书等</td></tr>
<tr><td>看颜色</td><td>铜芯电线的横断面优等品紫铜颜色光亮、色泽柔和。如果铜芯黄中偏红，说明所用的铜材质量较好；如果黄中发白，说明所用的铜材质量较差</td></tr>
</table>
</td></tr>
</table>

续表

<table>
<tr><th>项目</th><th>图例与解说</th></tr>
<tr><td>鉴别、选择</td><td>
续表
<table>
<tr><th>方法</th><th>特点</th></tr>
<tr><td>手感</td><td>取一根电线头用手反复弯曲，如果手感柔软、抗疲劳强度好、塑料或橡胶手感弹性大、电线绝缘体上没有龟裂的电线为优质品</td></tr>
<tr><td>烧是否产生明火</td><td>电线外层塑料皮应色泽鲜亮、质地细密，用打火机点燃没有明火的为优质品</td></tr>
<tr><td>检验线芯是否居中</td><td>截取一段电线，察看线芯是否位于绝缘层的正中，即厚度均匀。不居中较薄一面很容易被电流击穿</td></tr>
<tr><td>检查长度、线芯是否弄虚作假</td><td>电线长度的误差不能超过 5%，截面线径的误差不能超过 0.02%，如果在长度与截面上弄虚作假、短斤少两的现象一般属于低劣产品</td></tr>
<tr><td>绝缘层</td><td>绝缘层应完整无损</td></tr>
<tr><td>导体截面对应的导体直径</td><td>
导体截面对应的导体直径
<table>
<tr><th>导体截面（mm^2）</th><th>导体参考直径（mm）</th></tr>
<tr><td>1</td><td>1.13</td></tr>
<tr><td>1.5</td><td>1.38</td></tr>
<tr><td>2.5</td><td>1.78</td></tr>
<tr><td>4</td><td>2.25</td></tr>
</table>
</td></tr>
</table>
</td></tr>
</table>

表2-9　应用电线的技巧

<table>
<tr><th>项目</th><th>图例与解说</th></tr>
<tr><td>根据负荷、功率、电流来应用</td><td>
选择电线截面原则为：电线额定电流必须大于线路的工作电流。电线的选择、应用可以根据以下参数或性能来选择。
（1）负荷。铜芯电线负荷粗略估算公式为
铜芯电线负荷 = 电压 × 横截面积 × 系数安培
式中　系数安培——线管中根据空间大小取值为 6 ~ 8，空气中大约为 10，在水泥中约为 5；
电压——一般就是市电 220V；
横截面积——就是使用的铜芯电线的横截面积，mm^2
（2）功率。粗略估算公式为
功率 = 电压 × 电流以及铜芯电线功率 > 最大用电总功率
</td></tr>
</table>

续表

项目	图例与解说
根据负荷、功率、电流来应用	（3）电流。粗略估算方法为：铜芯线每平方米允许通过 5 ～ 10 A 电流。 不同应用环境有所差异，对于家装而言，考虑暗缚、未来家庭用电高峰期、添置电器等，定于 1mm^2 铜芯允许通过 5、6 A 估算比较适宜
看线芯	根据铜芯粗细家庭常用的电线可以分为 1mm^2 线、1.5mm^2 线、2.5mm^2 线、4mm^2 线、6mm^2 线等。铜芯横截面积越大，则允许通过的电流越大，安全性越强，但成本高
看颜色	对家装电路电线的颜色要求是：接地线采用绿黄双色线，相线用红色，中性线一般采用黄色、蓝色、绿色、白色、黑色等。常见的配色是相线为红色，中性线为蓝色，接地线为黄绿相间色。其中，单芯线为白色、灰色、黑色的为不常用颜色
用量	可以根据房间的面积大概估算电线选购量，实际采购电线一般是卷数、扎数，常见的电线为（100 ± 5）m/ 卷（扎）。因此，根据经验估算如下： 45 ～ 65m^2 的一房一厅选择 1.5m^2 单芯电线大约 2 卷（扎），2.5m^2 单芯电线大约 3 卷（扎）。 75 ～ 90m^2 的两房一厅选择 1.5m^2 单芯电线大约 3 卷（扎），2.5m^2 单芯电线大约 4 到 5 卷（扎）。 100 ～ 130m^2 的三房二厅选择 1.5m^2 单芯电线大约 5 卷（扎），2.5m^2 单芯电线大约 6 卷（扎）。 160m^2 复式楼选择 1.5m^2 单芯电线大约 7 卷（扎），2.5m^2 单芯电线大约 10 卷（扎）。 BVV2 × 2.5 非正规产品长度 60 ～ 80m/ 卷（扎）不等，因此，选择用量时则相应要多一些
应用特点	电源线配线时，所用导线截面积应满足用电设备的最大输出功率。一般情况，选择电线规律如下： 插座用线——2.5mm^2 电线。 大功率的柜机（空调）——6mm^2 电线。 电源插座保护地线——2.5mm^2 电线。 柜机——4.0mm^2 电线。 进户线——10.0mm^2 电线。 空调挂机及插座——2.5mm^2 电线。 室内挂机（空调）——4mm^2 电线。 微波炉——2.5mm^2 电线。 照明灯具——1.5mm^2 电线

续表

项目	图例与解说
慎重采用旧电线	家居装饰装修中的电线尽量不要采用性能下降的旧电线，以免影响居家质量与安全。一些旧电线容易出现老化现象，具体表现的特征图例如下 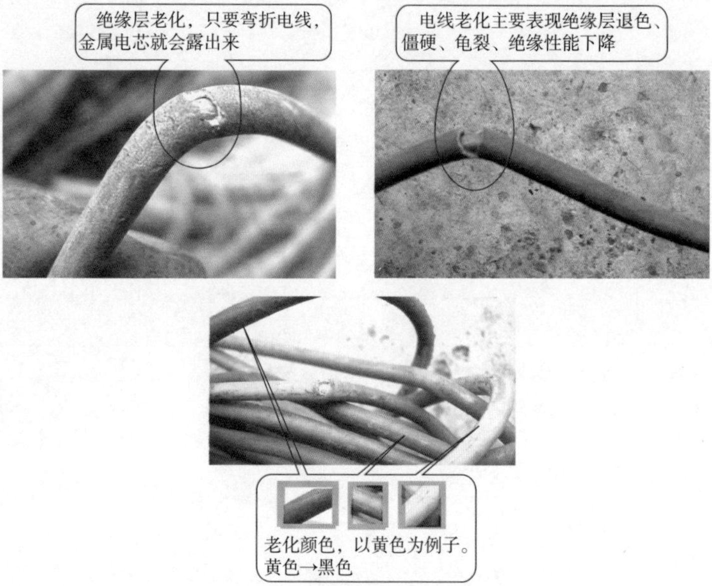 绝缘层老化，只要弯折电线，金属电芯就会露出来 电线老化主要表现绝缘层退色、僵硬、龟裂、绝缘性能下降 老化颜色，以黄色为例子。黄色→黑色 旧电线老化现象

2.2.4 弱电线材

弱电线材的特点与选择见表 2-10。

表2-10　弱电线材的特点与选择

名称	图例与解说
电视电缆	**1. 概述与结构** 电视同轴电缆的种类如下： 同轴电缆 —— 双屏蔽同轴电缆、四屏蔽同轴电缆；50Ω电缆、75Ω电缆 电视同轴电缆的种类

续表

名称	图例与解说

纵孔聚乙烯绝缘同轴电缆（SYKV），可以用于家装中有线电视或共用天线卫星电视系统、信号传输导线（例如视频线）。其可敷设在穿线管中，也可用卡钉明敷。SYKV 型导线规格及敷设如下：

SYKV型导线规格及敷设

型号	内导体直径（mm）	用途	敷设方法			敷设部位	
			PVC管	电线管	明敷	暗敷	明敷
SYKV-75-5	1.0	分路	PVC20 1～2根	DG20 1～2根	卡钉	穿入管内敷设在墙内、木地板内、地砖（花岗岩）内，线路不应有接头，穿线管内应干燥、无水	用卡钉敷设在墙上，线路中宜无接头
SYKV-75-7	1.5	支干线	PVC20 1根	DG20 1根	卡钉		
SYKV-75-9	1.9	干线	PVC25 1根	DG25 1根	卡钉		

电视电缆

50Ω 电缆一般用于数字信号传输，75Ω 电缆一般用于模拟信号传输。电视同轴电缆是有线电视系统中用来传输射频信号的介质。同轴电缆中的铝箔具有屏蔽作用，它可以防止外来开路信号干扰与有线电视信号泄露的双重作用。它的结构为：内导体、绝缘介质、铝箔、外导体编织网、PVC护套组成，结构图如下：

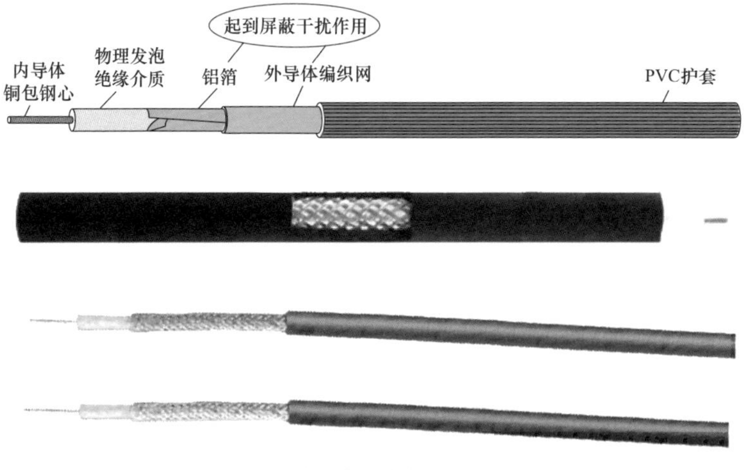
起到屏蔽干扰作用
内导体
铜包钢心
物理发泡
绝缘介质
铝箔
外导体编织网
PVC护套

电视电缆结构图

续表

<table>
<tr><th>名称</th><th>图 例 与 解 说</th></tr>
<tr><td>电视电缆</td><td>
2. 制作接头方法
物理发泡同轴电缆制作接头方法如下：
（1）剥离外套层，注意不要伤坏屏蔽层。
（2）屏蔽层取散、外折。
（3）接好插头，拧紧螺钉。
（4）检查。
（5）拧紧插头。
3. 选购注意事项
选购同轴电缆时的注意事项如下：
（1）对于传输线路较长的接收系统应采用抗干扰同轴电缆，即具有双绝缘双屏蔽的同轴电缆。
（2）同等情况下，物理发泡电缆优于实心电缆。
（3）同等情况下，粗缆衰减优于细缆。
（4）同等情况下，铜芯电缆优于铜包钢电缆。
（5）同等情况下，铜编网电缆优于铝镁合金编网电缆。
（6）同等情况下，高编电缆优于低编电缆。
4. 同轴电缆的检测方法
电视同轴电缆的检测就是通过对其各结构部分以及整体部分的检测，具体方法如下：
电视同轴电缆的检测方法
<table>
<tr><th>名 称</th><th>解 说</th></tr>
<tr><td>绝缘介质</td><td>观察绝缘介质的圆整度是否好，圆整度好的为质量好的。检测同轴电缆绝缘介质应具有一致性</td></tr>
<tr><td>编织网</td><td>同轴电缆的编织网应严密平整。
另外对单根编织网线用螺旋测微器进行测量，在同等价格下，线径越粗质量越好</td></tr>
<tr><td>铝箔</td><td>质量好的铝箔层表面应具有良好光泽、不易折裂。如果把一小段铝箔在手中反复揉搓和拉伸，质量好的应不会断裂</td></tr>
<tr><td>外护层</td><td>高质量的同轴电缆外护层都包得很紧</td></tr>
<tr><td>整体部分</td><td>高质量的同轴电缆成圈形状比较好</td></tr>
</table>
</td></tr>
</table>

续表

<table>
<tr><th>名称</th><th>图 例 与 解 说</th></tr>
<tr><td>电视电缆</td><td>

实战·技巧 电视同轴电缆不可以用旧电线。

对于家装时用的电视同轴电缆一定要选择新的，因为，电视同轴电缆具有一定的寿命，其材料老化、绝缘介质的漏电流增加、导体电阻变大等会在一定时间不同程度发生。

实战·技巧 音响系统音频传输线的选择与敷设。

音响系统音频传输线可以用 BRBV（全称为聚氯乙烯绝缘软铜芯水晶扁平线）。BRBV 可用卡钉明敷，也可穿入穿线管内敷设于墙内、木地板内、顶棚内等。BRBV 线路中不应有接头，穿线管内应干燥、无水。其穿线管规格应大于 PVC20

</td></tr>
<tr><td>网络常用传输介质</td><td>

1. 概述

网络常用传输介质如下：

网络常用传输介质

<table>
<tr><th>名　称</th><th>解　说</th><th>图　例</th></tr>
<tr><td>同轴电缆</td><td>同轴电缆的抗电磁干扰特性强于双绞线，传输速率与双绞线类似。同轴电缆网比较经济、安装较为便利</td><td>
外套
金属网
绝缘层
芯线</td></tr>
<tr><td>光缆</td><td>光缆的芯线是由光导纤维做成，它传输光脉冲数字信号。光纤网具有传输距离长、传输速率高、抗干扰性强等特点</td><td>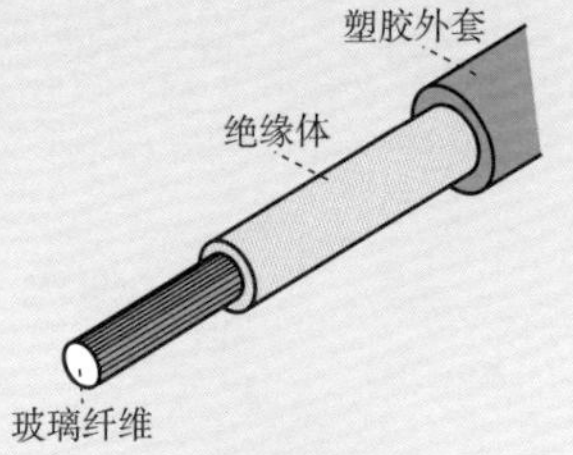
塑胶外套
绝缘体
玻璃纤维</td></tr>
<tr><td>双绞线</td><td>两条相互绝缘的导线按一定距离绞合而成。双绞线网是目前最常见的联网方式。具有价格便宜、易受干扰、安装方便、传输速率较低、传输距离比同轴电缆要短等特点</td><td></td></tr>
</table>

</td></tr>
</table>

续表

名称	图例与解说
网络常用传输介质	见下

2. 双绞线

双绞线内部绞线的颜色如下：

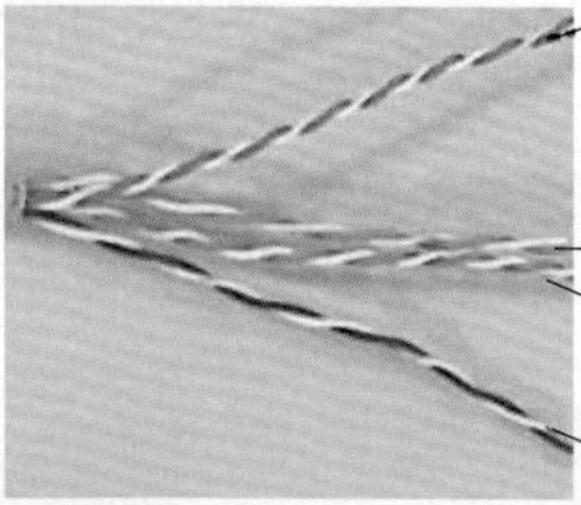
白蓝/蓝
白橙/橙
白绿/绿
白咖啡/咖啡

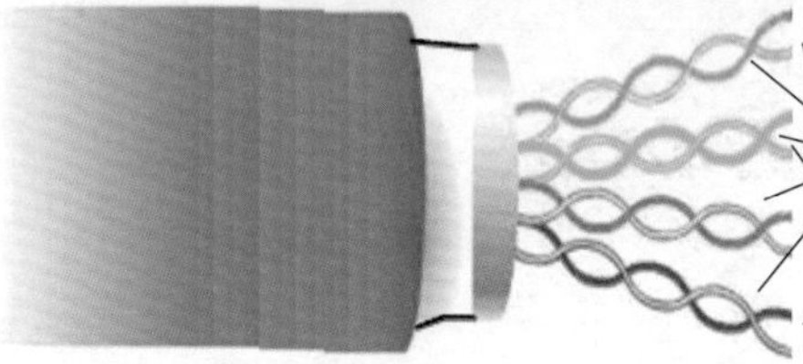
每组接线互扭
两条线为一组

双绞线内部绞线的颜色

双绞线的种类如下：

双 绞 线 的 种 类

种　类	解　说
CATEGORY-1	一种老式线，不适合于任何高速数据传输
CATEGORY-2	可以传输达 4Mb/s 的数据
CATEGORY-3	可以最高传输 10Mb/s 的数据
CATEGORY-4	可以最高传输 16Mb/s 的数据
CATEGORY-5	可以最高传输 100Mb/s 的数据
CATEGORY-5e /CATEGORY-6	可以最高传输超过 1000Mb/s 的数据

续表

<table>
<tr><th>名称</th><th>图例与解说</th></tr>
<tr><td>网络常用传输介质</td><td>
双绞线按电气性能的分类如下：
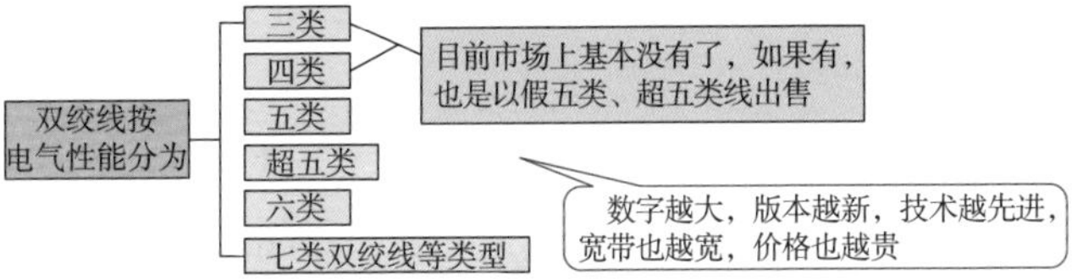
双绞线按电气性能分为
三类
四类
五类
超五类
六类
七类双绞线等类型
目前市场上基本没有了，如果有，也是以假五类、超五类线出售
数字越大，版本越新，技术越先进，宽带也越宽，价格也越贵
其中，屏蔽的五类双绞线外面包有一层屏蔽用的金属膜，因此，抗干扰性能好，但要注意不是用了屏蔽的双绞线，在抗干扰方面就一定强于非屏蔽双绞线。屏蔽双绞线的屏蔽作用只在整个电缆均有屏蔽装置，并且两端正确接地的情况下才起作用。除非有特殊需要，通常在综合布线系统中只采用非屏蔽双绞线。
3. 网线判断方法与技巧
网线判断方法与技巧如下
网线判断方法与技巧
<table>
<tr><th>项目</th><th>解　说</th></tr>
<tr><td>刀割</td><td>用剪刀去掉一小截线外面的塑料包皮，露出4对芯线。真五类/超五类线4对芯线中白色的那条一般不是纯白的，而是带有与之成对的那条芯线颜色的花白。次货一般是纯白色的或者花色不明显的</td></tr>
<tr><td>看标识</td><td>三类线的标识是“CAT3”、五类线的标识是“CAT5”、超五类线的标识是“CAT5E”、六类线的标识是“CAT6”。正品的五类线在线的塑料包皮上印刷的字符非常清晰、圆滑，基本上没有锯齿状。假货的字迹印刷质量较差，有的字体不清晰，有的呈严重锯齿状。正品五类线实际所标注的为“CAT5”字样，超五类所标注的为“5e”字样，次货有的标注的字母全为大写等字样</td></tr>
<tr><td>手感觉</td><td>真五类/超五类线质地比较软，以便适应不同的网络环境需求。如果铜中添加了其他的金属元素，做出来的导线比较硬，不易弯曲，使用中容易产生断线</td></tr>
<tr><td>绕线密度</td><td>对芯线的绕线密度，真五类/超五类线绕线密度适中，方向是逆时针。次货一般密度小，方向可能是顺时针</td></tr>
<tr><td>火烧</td><td>真的网线外面的胶皮一般具有阻燃性，假的有些则不具有阻燃性。因此，火烧双绞线，观察在35～40℃时，网线外面的胶皮会不会变软，正品网线是不会变软的，次货就有可能变软</td></tr>
</table>
</td></tr>
</table>

续表

名称	图例与解说
电话线	见下

电话线具有2、4芯的线。其中选择4芯具有备用功能：如果断了一根，则可以抽出一根使用。而2芯如果断了一根，则只有换线，就相对麻烦一些。

通信线及软线技术特性如下：

通信线及软线技术特性

型号	名称及结构	芯数×线径/mm	用途
HPV	铜芯聚氯乙烯绝缘通信线	2×0.5	电话、广播
HBV	铜芯聚氯乙烯绝缘电话配线	2×0.8	电话配线
		2×1.0 平行	电话配线
		2×1.2	电话配线
		4×1.2 绞型	电话配线
HVR	铜芯聚氯乙烯绝缘电话软线	2×0.5	连接电话机与接线盒

HBV（RBV）可以采用卡钉明敷，也可敷设在穿线管中。电话线敷设方式如下

电话线敷设方式

<table>
<tr><th>敷设方式</th><th>型号</th><th>名称</th><th colspan="2">规格</th><th>线路敷设</th></tr>
<tr><td rowspan="2">导线</td><td rowspan="2">HBV或RBV</td><td rowspan="2">电话线</td><td colspan="2">HBV-2×0.8 ~ 2×1.2</td><td rowspan="2">用卡钉明敷在墙上，线路中宜无接头</td></tr>
<tr><td>2 ~ 3对</td><td>4对</td></tr>
<tr><td rowspan="2">穿管</td><td rowspan="2">HBV或RBV</td><td>PVC穿线管</td><td>P16</td><td>P20</td><td rowspan="2">穿入管内敷设在墙内、木地板内、地砖（花岗岩）内暗敷。线路上不应有接头。穿线管内不能潮湿有水</td></tr>
<tr><td>薄壁钢管</td><td>T15</td><td>T20</td></tr>
</table>

2.2.5 导线保护管

导线保护管的特点与选择见表 2-11。

表2-11 **导线保护管的特点与选择**

<table>
<tr><th>项目</th><th>图例与解说</th></tr>
<tr><td>概述</td><td>
导线保护管的种类比较多，有钢管导线保护管、塑料管等。其中，钢管导线保护管的类型如下：
钢管导线保护管的类型
<table>
<tr><th>类型</th><th>解说</th></tr>
<tr><td>电线管</td><td>又称为薄壁管，是管线材中的主要管材</td></tr>
<tr><td>镀锌管</td><td>又称为白铁管，一般用做户内外穿墙管使用</td></tr>
<tr><td>黑铁管</td><td>一般用做户内外穿墙管使用</td></tr>
</table>
塑料的类型如下：
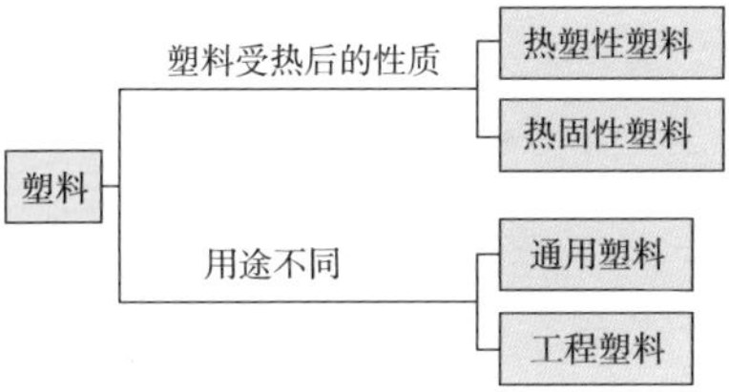
塑料
塑料受热后的性质
热塑性塑料
热固性塑料
用途不同
通用塑料
工程塑料
塑料管导线保护管的类型如下
塑料管导线保护管的类型
<table>
<tr><th>类型</th><th>解说</th></tr>
<tr><td>硬塑料管</td><td>一般用做户内外穿墙管使用</td></tr>
<tr><td>半硬塑料管</td><td>一般用做现埋暗设使用</td></tr>
<tr><td>波纹塑料管</td><td>一般用做户内使用</td></tr>
</table>
</td></tr>
<tr><td>电线管</td><td>
电线管可以分为薄壁电线管、加厚电线管。其中，加厚电线管多为镀锌加厚管。
选择电线管的方法与技巧：管材接缝焊接要平滑 / 牢固，断面呈圆形，内外壁要光滑，无毛刺，无凹凸状等特点的电线管为质量好的电线管。
</td></tr>
</table>

续表

项目	图例与解说

电线管

一些电线管的规格见下表

电线管规格

公称口径		壁厚（mm）	外径（mm）	质量（kg/m）
mm	m			
13	1/2	1.24	12.7	0.34
16	5/8	1.6	15.87	0.43
20	3/4	1.6	19.05	0.53
25	1	1.6	25.4	0.72
32	$1\frac{1}{4}$	1.6	31.75	0.90
38	$1\frac{1}{2}$	1.6	38.1	1.13
50	2	1.6	50.8	1.47

波纹管

波纹管是早期常采用的一种导线保护管，目前，有被 PVC 管取代的趋势，波纹管应用图例如下图所示：

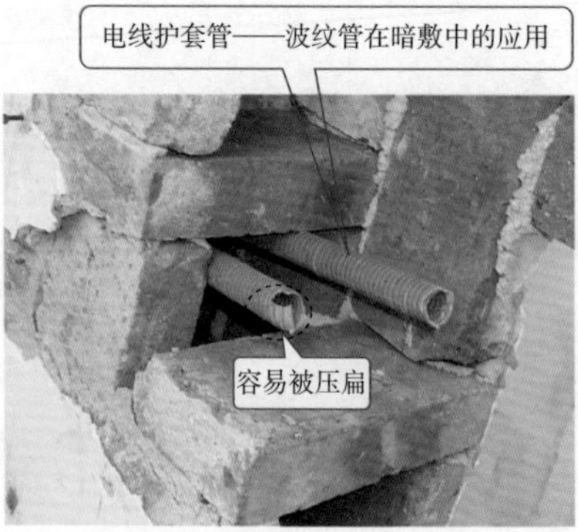
电线护套管——波纹管在暗敷中的应用
容易被压扁

波纹管

续表

<table>
<tr><th>项目</th><th>图 例 与 解 说</th></tr>
<tr><td>PVC 管</td><td>

1. 概述

目前，暗线墙壁敷设一般配阻燃 PVC 管。PVC 管的种类较多，主要是管径不同，如下图所示：

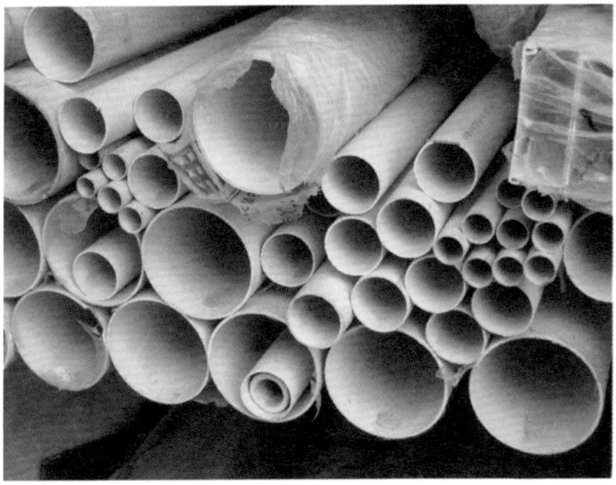

PVC 管（一）

PVC 管（二）

PVC 电线管可以分为轻型 PVC 电线管（即薄型 PVC 电线管）、中型 PVC 电线管（即管壁中厚型 PVC 电线管）、重型 PVC 电线管（管壁加厚型 PVC 电线管）。其中：

轻型 PVC 电线管——质轻、强度差、不耐压，家居装饰装修中一般不采用，但是可以用于吊顶棚内敷设。

中型 PVC 电线管——价廉、质量一般、强度一般，可以用于墙体内、混凝土内、地坪内敷设。家居装饰装修中采用该类型的管比较多。

重型 PVC 电线管——价格高、强度大、耐压好、质量好，可以用于有重力作用的场所地坪内、混凝土内敷设。家居装饰装修中采用该类型的管比较不经济，因此一般不采用。

</td></tr>
</table>

续表

<table>
<tr><th>项目</th><th>图例与解说</th></tr>
<tr><td>PVC 管</td><td>
一些 PVC 电线管的规格见下表：
PVC 管材规格
<table>
<tr><th>型号与规格</th><th>管壁厚（mm）</th><th>外径（mm）</th><th>内径（mm）</th></tr>
<tr><td>PVC-016</td><td>1.8</td><td>16</td><td>12.4</td></tr>
<tr><td>PVC-019</td><td>2.0</td><td>19</td><td>15</td></tr>
<tr><td>PVC-025</td><td>2.2</td><td>25</td><td>20.6</td></tr>
<tr><td>PVC-032</td><td>2.5</td><td>32</td><td>27</td></tr>
<tr><td>PVC-040</td><td>3.0</td><td>40</td><td>34</td></tr>
<tr><td>PVC-050</td><td>3.2</td><td>50</td><td>43.5</td></tr>
</table>
家居装饰装修中的插座线路可以选择用 SG20 PVC 管（即 PVC-019），照明可以选择用 SG16PVC 管（即 PVC-016）。
2. 选择
选择 PVC 阻燃管的技巧如下：应选择 PVC 阻燃管的管壁表面为光滑，壁厚应在手指用劲捏不破，具有相应合格证书、表面具有阻燃标记与制造厂标等特点的产品，采用弹簧式弯管器，弯曲后应不开裂、不凹陷。
另外，使用 PVC 管时，应选择一些电工套管及配件，例如管卡、入盒锁扣盖、入盒锁扣、直接头、盖式直接角弯头、三通、直角弯头、灯头圆盒、暗装圆盒、变径直接头等
</td></tr>
<tr><td>镀锌管</td><td>
电线敷设也可以采用国标的专用镀锌管做穿线管。混凝土上、吊顶布线一般用黄蜡套管，其他地方不得使用黄蜡套管。镀锌管实物外形如下图所示

镀锌管实物外形
</td></tr>
</table>

续表

<table>
<tr><th>项目</th><th>图例与解说</th></tr>
<tr><td>镀锌管</td><td>镀锌管管径也有大小种类，其选择方法与 PVC 管的选择方法基本一样：插座线路可以选择用 ϕ20 管，照明可以选择用 ϕ16 管。
选择镀锌管主要考虑长度、直径。管子的直径有外径、内径、公称直径等</td></tr>
<tr><td>瓷管</td><td>瓷管导线保护管的类型见下表
瓷管导线保护管
<table>
<tr><th>类 型</th><th>解 说</th></tr>
<tr><td>弯口瓷管</td><td>一般用做穿墙管使用，可应用于户内外，50mm² 以下导线穿管用</td></tr>
<tr><td>反口瓷管</td><td>一般用做穿墙管使用，可应用于户内外，50mm² 以上导线穿管用</td></tr>
<tr><td>平口瓷管</td><td>一般用于户内穿墙管，弯口瓷管与反口瓷管的延长连接用</td></tr>
</table>
瓷管导线保护管在城镇家居装饰装修中应用较少，主要是瓷管运输麻烦、易于破损等缺点</td></tr>
</table>

2.2.6 开关与插座

1. 开关面面观

家用开关的种类比较多，特别是具有装饰效果的开关。常见的家用开关见表 2-12。

表2-12 **常见的家用开关**

<table>
<tr><th>名称</th><th>图例与解说</th><th>名称</th><th>图例与解说</th></tr>
<tr><td>玻璃破碎开关</td><td>
FIRE
火警</td><td>空白面板</td><td>
大跷板安全性高</td></tr>
</table>

续表

名称	图例与解说	名称	图例与解说
玻璃破碎开关	打破玻璃开门或按下报警处，会使内部电路动作（内部开关连通等），从而达到火灾等报警作用。 颜色：绿色、白色、红色等。 尺寸：长 88mm× 宽 88mm× 高 52mm 等	空白面板	有的产品为大跷板结构，有直角与圆角两种外形，内部有强力弹簧，面板采用 PC 材料，后座采用尼龙 66 材料，插座采用高强度锡青铜，阻燃底板等结构特点
一位单控开关	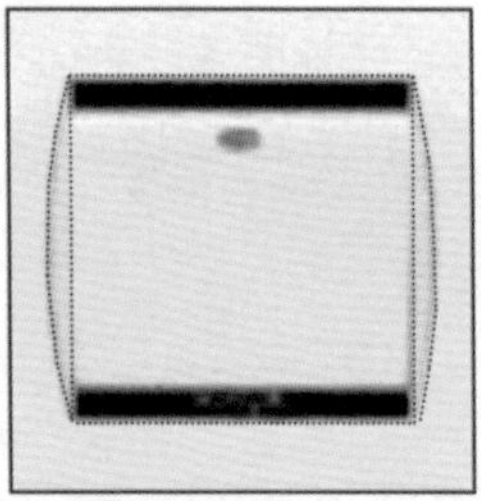 一位单控就是只有一个开关点	人体感应开关	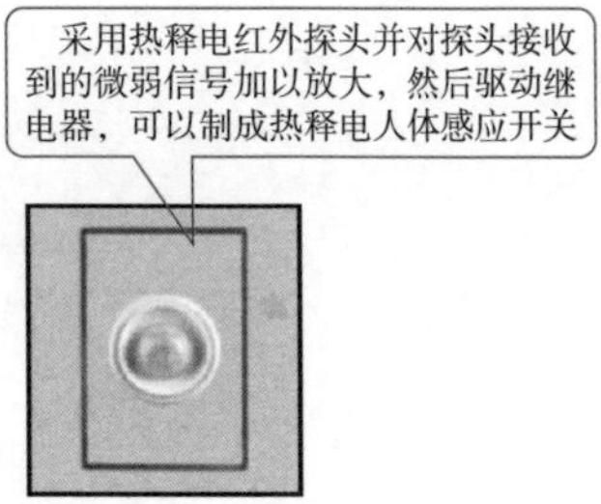采用热释电红外探头并对探头接收到的微弱信号加以放大，然后驱动继电器，可以制成热释电人体感应开关
触摸延时开关	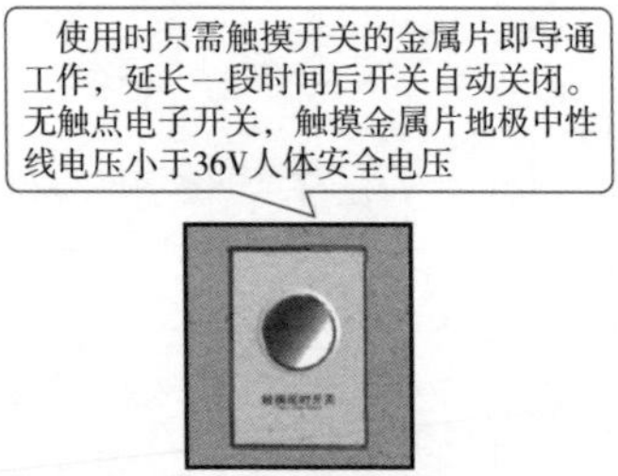使用时只需触摸开关的金属片即导通工作，延长一段时间后开关自动关闭。无触点电子开关，触摸金属片地极中性线电压小于36V人体安全电压	三位开关	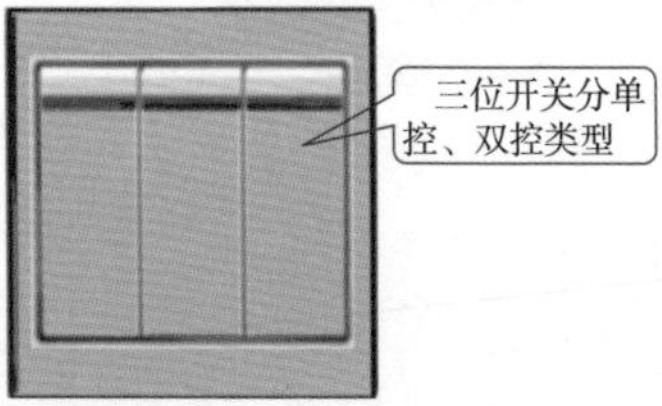三位开关分单控、双控类型
调速开关	调速开关或者调光开关 调速开关有的就是利用了电位器电阻的可调节性进行控制的	床头开关	按下ON处，开关为通，按下OFF处，开关为关 ON OFF 床头开关与拉线开关主要用于一些农户装饰装修。床头开关一般禁忌使用，主要是其安全性较低

常用家用开关的种类见表 2-13。

表2-13 常用家用开关的种类

分类依据	种　类
防水保护等级	防溅开关、防喷开关等
开关的启动方法	按钮开关、拉线开关、旋转开关、倒扳开关、跷板开关等
按开关的安装方法	面板安装式开关、框缘安装式开关、半暗装式开关、暗装式开关、明装式开关等
连接方式	单极开关、双极开关、三极开关、三极加分合中线的开关、双控开关、双控双极开关、双控换向开关、带公共进线的双路开关、有一个断开位置的双控开关等
触点断开状态	微间隙结构开关、小间隙结构开关、正常间隙结构开关、无触点间隙开关等
由开关设计所决定的安装方法	不移动导线便不能拆卸盖或盖板的开关、无须移动导线便可拆卸盖或盖板的开关等
端子类型	适于连接硬导线和软导线的无螺纹端子的开关、仅适于连接硬导线的无螺纹型端子的开关、带螺纹型端子的开关等
防止与危险部件接触、防外部固体物进入保护等级	能防止钢丝与危险部件接触和防尘的开关、能防止钢丝与危险部件接触和防止最小直径为 1.0mm 的外部固体物进入的有害影响的开关、能防止手指接触危险部件和防止最小直径为 12.5mm 的外部固体物进入造成有害影响的开关等

另外，还有触摸延时开关、调光 / 调速开关、插匙取电开关、数控开关、遥控开关。根据不同的分类方式，还可以分为：

明装型开关——就是直接安装在墙体平面，为明线连接，不用任何配套线盒等特点。

暗装型开关——一般需要与明盒或暗盒固定配套使用的有统一规格尺寸的开关插座。常用的暗装开关插座型号有 86 型（86mm × 86mm）、120 型（120mm × 60mm）等。

单控开关——就是一个开关控制一组线路，它是最常用的一种开关之一。

双控开关——就是两个开关控制一组线路，可以用于楼上楼下同时控制等，因此，复式楼、别墅应用较广。

常用开关（插座）的外形如图 2-2 所示。

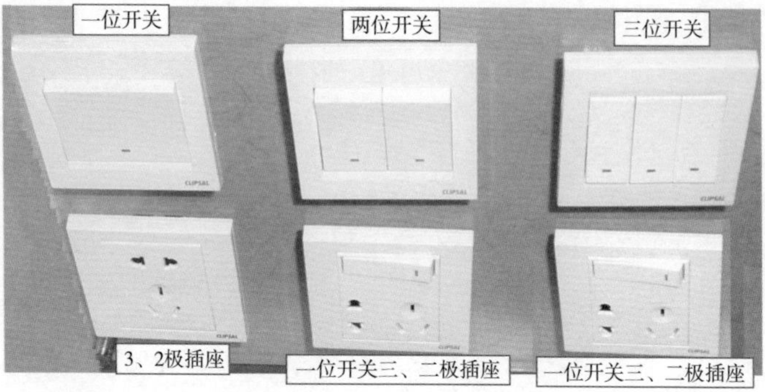
一位开关
两位开关
三位开关
3、2极插座
一位开关三、二极插座
一位开关三、二极插座

图 2-2 常用开关（插座）的外形

2. 家用开关的选购技巧

家用开关的选购技巧见表 2-14。

表2-14　家用开关的选购技巧

项目	解　说
明确	明确型号、明确厂家名称、明确商标，更要明确具体用途与装饰装修特点，以求达到功能，也配合整体装饰效果
看	对于开关质量的判断可以采用观察法： （1）插口与面板边缘应有一定的宽度。 （2）开关闭合位置应具有明显红色等指示标识。 （3）开关边缘无凸起、肿胀等缺陷现象。 （4）开关各接线柱没有锈痕、无变形、无裂纹等现象。 （5）开关接线螺钉没有锈痕、无变形、无裂纹等现象。 （6）开关面板颜色均匀、表面光亮、没有凹陷、没有杂色等缺陷。 （7）开关面板表面光洁、品牌标志明显，有防伪标志和国家电工安全认证的长城、3C 标志等产品标识，一些产品的标识如下： 一些产品的标识： — 额定电流(A)、荧光灯额定电流(AX) — 额定电压(V) — 开关小间隙、结构的符号 — “CCC”强制认证 — 防有害进水的保护等级(有此等级时) — 带无螺纹端子的插座应有以下附加标志： 如果开关插座只能连接硬导线，应标识只能连接硬导线的标志 电源性质的符号(交流～、直流—) 将导线插入无螺纹端子之前，必须剥去绝缘的长度标志 制造厂名称、商标或识别标志型号

续表

项目	解　说
看	（8）开关面板的材料应有阻燃性和坚固性。 （9）开关面板完整无碎裂
接线	开关不仅要手动或者自动开关，还要与外部线路连接，因此，其接线柱与线路电线的连接应具有以下特点： （1）接线时面板与底板应可以借助工具拆卸，没有紧涩与难拆现象等。 （2）用导线连接时应无明显缝隙、连接紧固、无松动现象
手感	对于开关质量的判断可以采用手感法： （1）面板与底板结合牢固，没有松动现象。 （2）手感轻巧，声音清脆，开闭时无紧涩感。 （3）开关开闭时应一次到位，没有滞留中间位置现象。 （4）开关的插座稳固，铜片要有一定的厚度
参数	选择的开关额定电流要大于或等于线路额定电流
对比法	好的开关面板与差的开关面板其包装、产品色泽、重量大不相同
产品检测标准	开关的产品检测标准如下： **1. 使用寿命** 开关的正常操作使用寿命，国家标准规定为 4 万次。 **2. 绝缘电阻和电气强度** 开关带电部件与本体间绝缘电阻大于或等于 5MΩ。开关断开时的绝缘电阻为大于或等于 2MΩ。 **3. 电气强度** 开关两极断开时对额定电压 130V 以上的电器附件应施加正弦波频率为 50Hz、2000V 的电压，1min 不得出现闪烁击穿现象。 **4. 阻燃性** 开关面板应采用阻燃塑料，一般要求点燃后应在 30s 内自熄

3. 插座面面观

插座往往与开关连接在一起，具有开关插座一说，这说明开关与插座具有一定的联系，比如暗盒具有一定的通用性、开关面板与插座面板为一体化面板等。但是，有时开关与插座单独应用。

常见家用插座见表 2-15。

表2-15　　常见家用插座

名称	图例与解说	名称	图例与解说
两极双用插座+电视插座	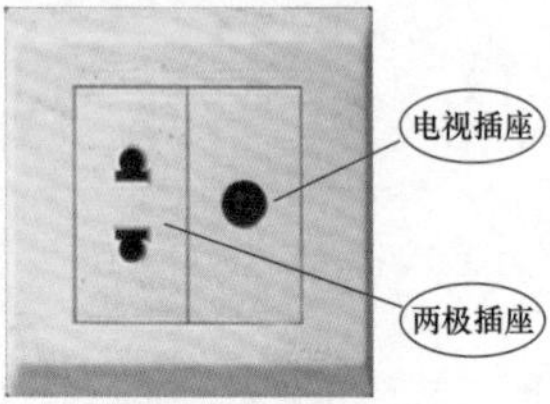电视插座 两极插座	二极扁圆脚插座	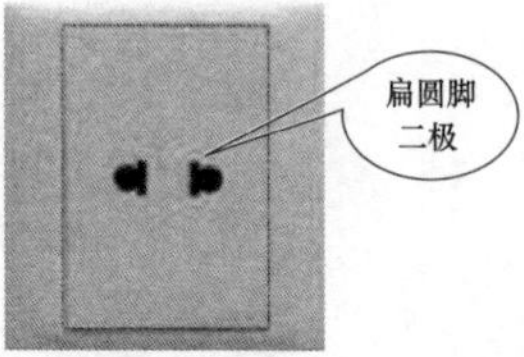扁圆脚 二极
多功能插座	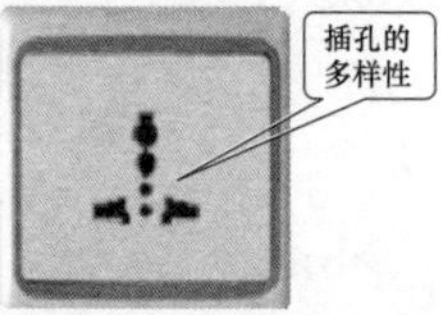插孔的 多样性	三相四线插座	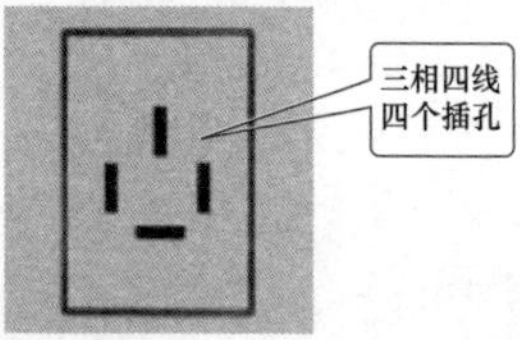三相四线 四个插孔
二二三极插座	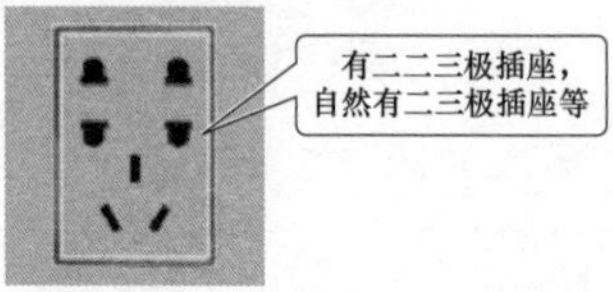有二二三极插座，自然有二三极插座等	二位开关带二三极插座	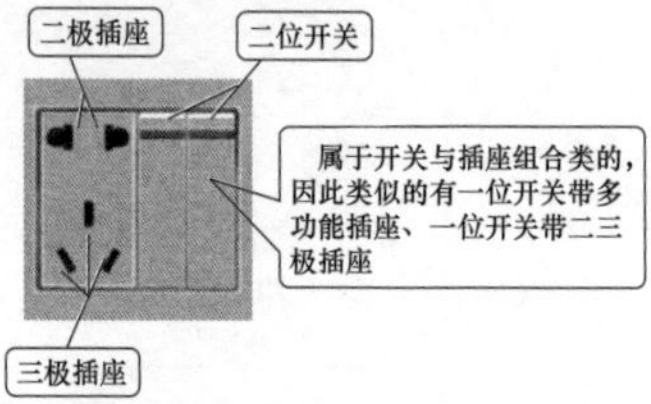二极插座 二位开关 属于开关与插座组合类的，因此类似的有一位开关带多功能插座、一位开关带二三极插座 三极插座 五孔插座实质上就是两种插孔：一种两孔插座与一种三孔插座在同一个插座板上
刮须插座	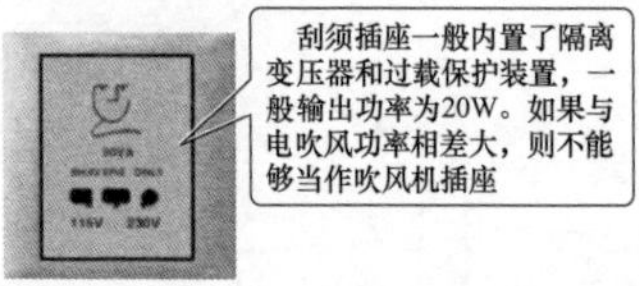刮须插座一般内置了隔离变压器和过载保护装置，一般输出功率为20W。如果与电吹风功率相差大，则不能够当作吹风机插座		

插座根据不同分类依据，具有不同的种类，具体见表 2-16。

表2-16　　插座的种类

名　称		解　　说
固定插座		该类插座的安装方式可分为明装式固定插座、暗装式固定插座。此类插座主要是固定在房间的墙壁或地板上，以用于不经常移动位置的电器的电源连接
移动式插座	国标孔移动插座	国标孔移动插座有一位、多位、两极带接地孔型、两极孔型、两极双用孔型等种类
	“多用”孔型移动式插座	该类插座应用较广泛

家居装饰装修中的插座除了连接 220V 电源线的插座外，还有一些连接弱电、智能设备的插座。常见的弱电插座见表 2-17。

表2-17　常见的弱电插座

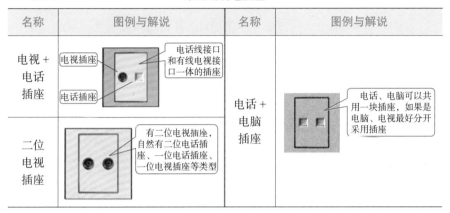

<table>
<tr><th>名称</th><th>图例与解说</th><th>名称</th><th>图例与解说</th></tr>
<tr><td>电视＋电话插座</td><td>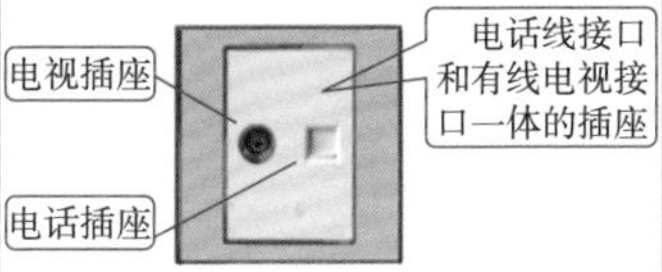
电视插座
电话插座
电话线接口和有线电视接口一体的插座</td><td rowspan="2">电话＋电脑插座</td><td rowspan="2">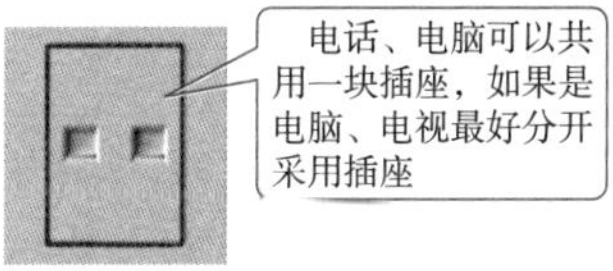
电话、电脑可以共用一块插座，如果是电脑、电视最好分开采用插座</td></tr>
<tr><td>二位电视插座</td><td>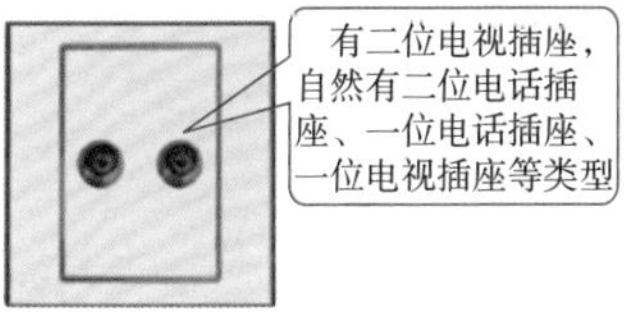
有二位电视插座，自然有二位电话插座、一位电话插座、一位电视插座等类型</td></tr>
</table>

网络信息插座具有桌面型网络信息插座、地面型网络信息插座之分。

4. 插座的选择与应用技巧

插座的选择与应用技巧见表 2-18。

表2-18　插座的选择与应用技巧

<table>
<tr><th>项目</th><th>图例与解说</th></tr>
<tr><td>具有多种插座类型、数量足够</td><td>电源插座具有二三极插座（五孔插座）、二极插座、二极带接地插座、三相四线插座等，其内部主要为弹性极好的锡磷青铜片，有的电源插座有安全保护门，不同插座适用不同应用环境，同时要满足家居电器设备的应用以及预留。两孔插座与三孔插座均要安装，以免三孔插头没有相应插座插入</td></tr>
<tr><td>选择插座的方法与技巧</td><td>选择插座的方法与技巧如下

选择插座的方法与技巧
<table>
<tr><th>项目</th><th>解　说</th></tr>
<tr><td>看保护门</td><td>好的插座具有保护门，单插一个孔应该打不开保护门，只有两个孔一起插才能顶开保护门。
挑选插座时，可以借助螺丝刀或小钥匙插两孔的一边与三孔下边的任意一孔。如果不用费力气，就能够插得进，说明所插的插座可能是质量不好的产品</td></tr>
</table></td></tr>
</table>

续表

<table>
<tr><th>项目</th><th>图例与解说</th></tr>
<tr><td>选择插座的方法与技巧</td><td>续表
<table>
<tr><th>项目</th><th>解说</th></tr>
<tr><td>看插口内材料</td><td>通过插口观察其所采用的材料颜色，如果看到的颜色为黄色，说明采用的是黄铜。黄铜具有质地偏软、易生锈、使用时间长导电性能会下降等缺点，因此，该类型的插座质量是低档的。
如果看到的是紫红色，说明插口内材料为锡磷青铜。锡磷青铜具有不易生锈等优点，因此，该类型的插座质量是较好。
另外，为防止插口用锡磷青铜，里面用黄铜，只有拆开比较，才能识别出</td></tr>
<tr><td>看五孔插座二三极插座之间的距离</td><td>如果是多类型插排，如果二孔插口与三孔插口距离比较近，使得在插头插上了三孔插口时，因插头太大，把地方占多了，两孔插口无法再能够插入，这样的插座（插排）属于次品</td></tr>
</table></td></tr>
<tr><td>选择、应用插座注意事项</td><td>选择插座注意事项如下：
（1）大面积银合金触点——具有熔点高，不易氧化的特征。
（2）底座超薄——适合底盒强。
（3）没有横竖装之分——开关插座同一方向，无须再备横竖两种面框。
（4）内部接线一线连接——产品内部连线，已由厂家出厂时完成，节省安装时间，消除接触点越多隐患越多的缺陷。
（5）面盖不接触墙面设计——便于安装、拆卸双层盖板。
应用插座注意事项如下：
（1）不选择仿造产品、次品，应选择质量过关的产品。
（2）不超载使用，即不选择大于插座允许值的大功率电器插在插座上。
（3）不强行插入或者随意更换。如果移动式插座上插头的尺寸与居室中插座尺寸规格不同时，不要人为改变插头尺寸或形状或者强行插在墙壁插座上。
（4）及时更换电源线等异常的插座。
（5）及时更换具有异常现象的插座，例如使用中发现有接触不良、插座温度过高或拉弧打火、不能夹住插头等现象时，应及时停止使用并更换</td></tr>
<tr><td>产品检测标准</td><td>插座有关产品检测标准如下：
1. 使用寿命
插座的正常操作使用寿命为 1 万个行程。
2. 绝缘电阻
插座两极间绝缘电阻大于或等于 5MΩ，插座带电插套与本体间绝缘电阻大于或等于 5MΩ。</td></tr>
</table>

续表

项目	图例与解说
产品检测标准	见下

3. 电气强度

插座所规定部件额定电压 130V 以上的电器附件应施加正弦波频率为 50Hz、2000V 的电压，1min 不得出现闪络击穿现象。

4. 插座拔出力

插座拔出力见下表

插 座 拔 出 力

额定电流（A）	极数	拔出力（N）	
		最大拔出力量规	最小拔出力量规（单插销）
10	2	40	1.5
10	3	50	1.5
16	3	54	2

5. 阻燃性

插座所用阻燃塑料，一般要求点燃后应在 30s 内自熄

2.2.7 端子

针对不同的接线柱，选择不同的端子。常见的端子见表 2-19。

表2-19 端 头 的 种 类

种类	图例	种类	图例	种类	图例
叉形无绝缘焊接端子		平插式全绝缘母端子		端子压接	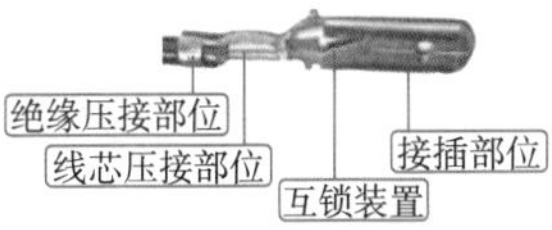绝缘压接部位 线芯压接部位 互锁装置 接插部位
圆形裸端头		针形绝缘端子		子弹形绝缘公端子	

续表

种类	图　例	种类	图　例	种类	图　例
圆形预绝缘端头		扁平形绝缘端子		欧式端子	
叉形绝缘端子		钩形绝缘母端子		C形冷压端子	截面外形像C
插片式冷压端子	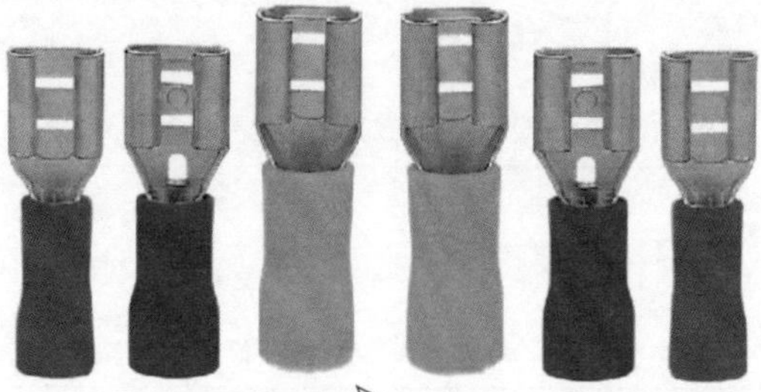 技术指标：交流额定工作频率，额定电压，工作环境温度 不同线径，采用不同压接头				

2.2.8 束带与扎带

束带与扎带主要用于整理、捆绑电线，例如，可用于配电箱线路的整理。束带与扎带的种类也比较多，束带与扎带的种类见表 2-20。

表2-20　　束带与扎带的种类

种类	图　例	种类	图　例
束带	 尼龙、耐燃材料、各种颜色	铁氟龙束带	

续表

种类	图 例	种类	图 例
尼龙固定扣环	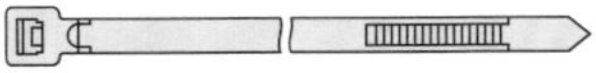	固定头式扎带	 使用束线捆绑电线后，可以用螺钉固定在基板上
双孔束带	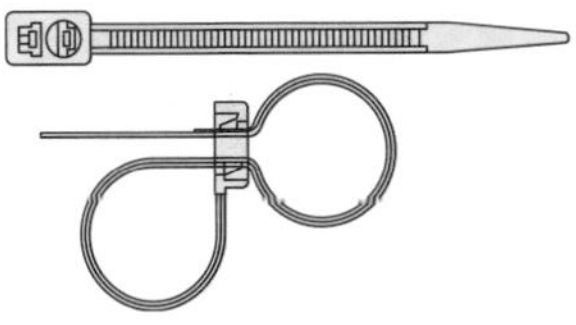 可以固定捆绑二束电线，具有集中固定等特点	可退式不锈钢束带	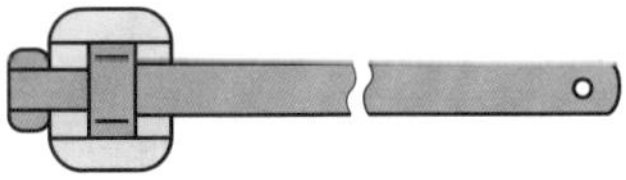
粘扣式束带	 一般适用于网络线、信号线、电源线的扎绑	反穿式束带	 束紧时光滑面向内，齿列状向外，因此不会伤及被扎物表面
圆头束带	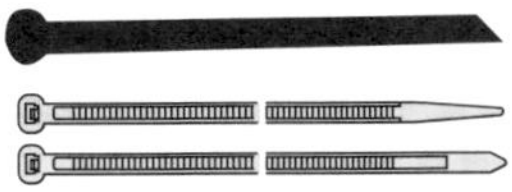 尼龙、耐燃材料、各种颜色	可退式束带	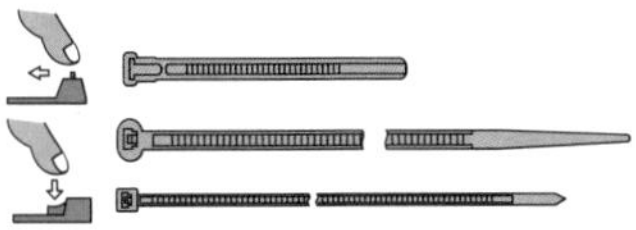
双扣式尼龙扎带	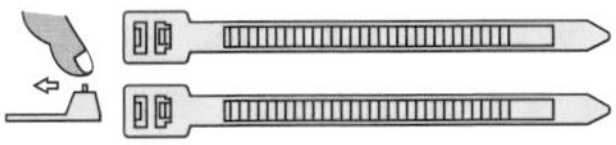 束紧后将尾端插入扣带孔，可增加拉力、防滑脱等作用	重拉力束带	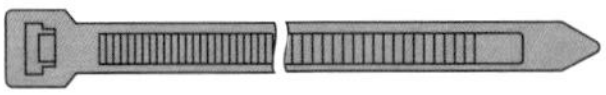 一般属于宽宽度、能够承受力的特点，适合大电缆线捆绑使用
插销式束带	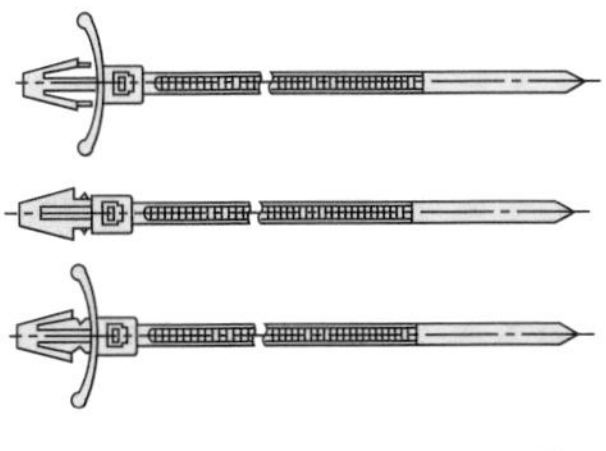		

2.3 水管材料

水管材料包括管材、管件、附件配件等。另外，还可以分为排水材料、给水材料。给水就是进水，具有一定的水压才能够出水。排水就是出水。给水材料的质量、指标等方面比排水材料的要求严格些。

排水管材有硬聚氯乙烯（PVC-U）管材、铸铁管材等，一般选择硬聚氯乙烯（PVC-U）管材。

给水管材有塑料管材、PPR 水管、铜管、不锈钢管等多种，如图 2-3 所示。

图 2–3　水管

水管的种类及其特点见表 2-21。

表2-21　**水管的种类及其特点**

名称	解　说
塑料管材	塑料管材具有耐高温、温差较大的情况下易发生变形致使泄漏、抗压能力小、容易脆裂、不能适用于长期供热、不宜在寒冷的北方使用、不适合于高层建筑、塑料管材主要成分为一些高分子聚合物，具有一定的毒性等特点
复合管材	复合管材是集金属与塑料的优点于一体，因塑料和金属的膨胀系数不同，长期使用必将导致管材分层，造成危害
铜管	铜管具有性能稳定、耐腐蚀性极强、一定强度的塑性与韧性、极好的低温性能、热效应高、耐热、耐火、不会老化、有一定的抗冻胀性能、铜管坚固耐用、热膨胀率小能抑制细菌的滋生等优点。具有易结铜绿、安装难度大、易渗漏、需保温层、价格贵等缺点。

续表

名称	解　说
铜管	铜管接口的方式可以分为焊接与卡套。其中，卡套具有老化漏水的问题。采用焊接式，需要会操作氧焊。 铜管是目前最高档的水管，其外形如下图所示  铜管
镀锌铁管	镀锌铁管易生锈、积垢、不保温、会发生冻裂，已经被逐步淘汰。目前使用最多的是塑铝复合管、塑钢管、PPR 管等
PPR 管	PPR 具有耐温、耐压、耐腐蚀、不结垢、不渗透、质轻、无毒、施工方便、比较便宜等优点，而且保温性比铜塑管、铝塑管好一些。 PPR 具有安装困难、易渗漏、接头多等缺点。 PPR 水管一般分冷水管、热水管。冷水管管壁薄，热水管管壁厚，在抗断裂性方面热水管性能比冷水管好。为保险起见，可以不分冷热水，都采用热水管。PPR 管的外形如下图所示。 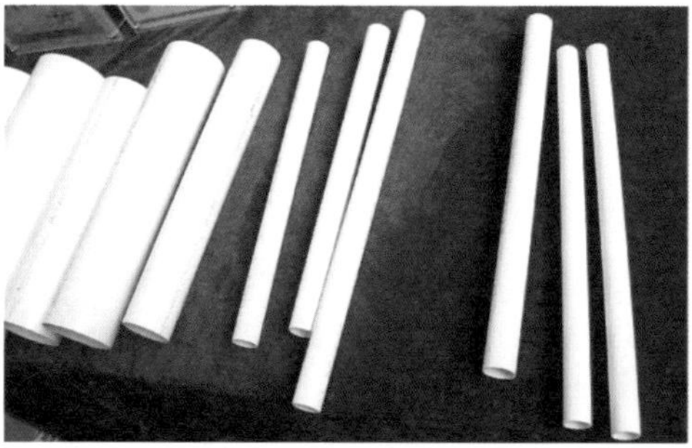 PPR 管

续表

<table>
<tr><th>名称</th><th>解　　说</th></tr>
<tr><td>PPR 管</td><td>
PPR 管，目前应用广泛，其识别方法见下表：
PPR 识 别 方 法
<table>
<tr><th>方法</th><th>解　　说</th></tr>
<tr><td>产品测试单位</td><td>产品测试单位正规的 PPR 为专业单位，而伪 PPR 管可能是非专业单位</td></tr>
<tr><td>产品名称</td><td>PPR 的产品名称正规为冷热水用聚丙烯管或冷热水用 PPR 管。如果为超细粒子改性聚丙烯管（PPR）、PPR 冷水管、PPR 热水管、PPE 管等非正规名称的可能是伪 PPR 管</td></tr>
<tr><td>落地声</td><td>PPR 管落地声较沉闷，伪 PPR 管落地声较清脆</td></tr>
<tr><td>密度</td><td>伪 PPR 管的密度比 PPR 管略大</td></tr>
<tr><td>手感</td><td>PPR 管手感柔和，伪 PPR 管手感光滑</td></tr>
<tr><td>寿命</td><td>伪 PPR 管的使用寿命仅为 1 ～ 5 年，真正的 PPR 管使用寿命均在 50 年以上</td></tr>
<tr><td>透光度</td><td>PPR 管完全不透光，伪 PPR 管轻微透光或半透光</td></tr>
<tr><td>颜色</td><td>PPR 管呈白色亚光或其他色彩的亚光，伪 PPR 管光泽明亮或彩色鲜艳</td></tr>
</table>
实战·技巧　怎样安全、经济选用 PPR 管?
安全、经济选用 PPR 管的方法见下表
安全、经济选用PPR管的方法
<table>
<tr><th>项目</th><th>解　　说</th></tr>
<tr><td>管道总体使用安全系数 C 的确定</td><td>一般场合且长期连续使用，温度小于 70℃，可选安全系数 C=1.25。重要场合且长期连续使用，温度大于或等于 70℃，且有可能较长时间在更高温度运行，可选安全系数 C=1.5</td></tr>
<tr><td>针对冷水、热水的选择</td><td>用于冷水小于或等于 40℃的系统，可选择 P.N1.0 ～ 1.6MPa 管材、管件。用于热水系统可以选用大于或等于 P.N2.0MPa 管材、管件</td></tr>
<tr><td>管件的 SDR 与管材的 SDR</td><td>管件的 SDR 应不大于管材的 SDR，即管件的壁厚应不小于同规格管材壁厚</td></tr>
</table>
</td></tr>
</table>

续表

名称	解说
铝塑管	铝塑管具有耐温、耐压、耐腐蚀、不结垢、不渗透、质轻、安装方便、长度可达 200m 等优点。 铝塑管具有热胀冷缩系数高、卡式接头内水封易损、保温性差、有潜在渗水倾向等缺点。 铝塑管可以从头到尾用一根整管，中间没有接头这也是应用铝塑管的一大优点。铝塑管外形与结构如下图所示 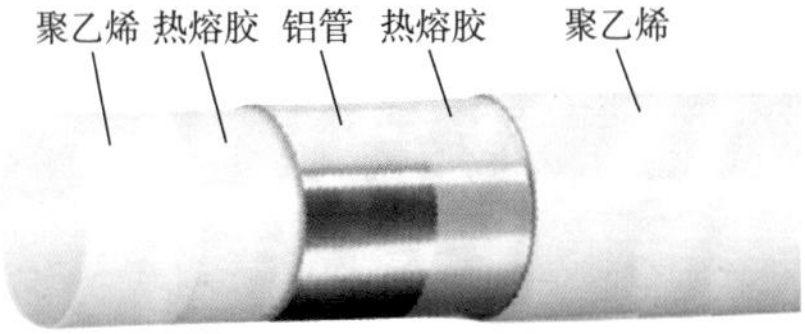聚乙烯 热熔胶 铝管 热熔胶 聚乙烯 铝塑管结构  铝塑管外形
铜塑管	铜塑管具有耐温、耐压、耐腐蚀、不结垢、不渗透、质轻、长度一般在 3m 左右等优点。铜塑管也具有易结铜绿等缺点
不锈钢管	不锈钢管具有性能稳定、耐腐蚀性极强、一定强度的塑性与韧性、极好的低温性能、热效应高、耐热、耐火、不会老化等优点。 不锈钢管具有价格贵、施工较困难等缺点
PVC-U 管	PVC-U 排水管可以分为普通管材、螺纹消音管材两种。一些参数特点见下表

PVC–U管材规格性能表

品　名	规　格	适用场合	备　注
螺纹消音管材	PS75LX	用于室内排水支管及蹲坑支管	管道配件必须与管材品牌相配套 PVC 黏结剂的化学性质相适应
	PS110LX		
普通管材	PS50	用于户外排水管	
	PS75		
	PS110	用于室内排水支管及蹲坑支管	
	PS160		

水管材料的有关接头和配件见表2-22。

表2-22 **水管材料的有关接头和配件**

名称	图例与解说
给水管接头	给水管也就是常说的进水管，给水管材料有关接头、配件外形如下图所示： 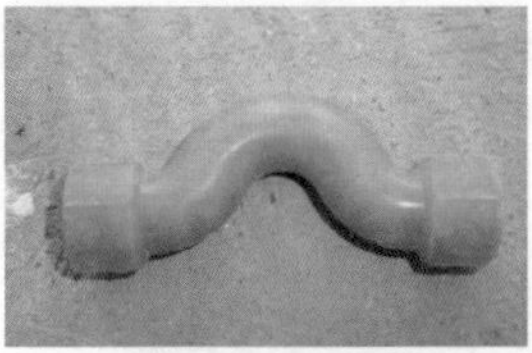  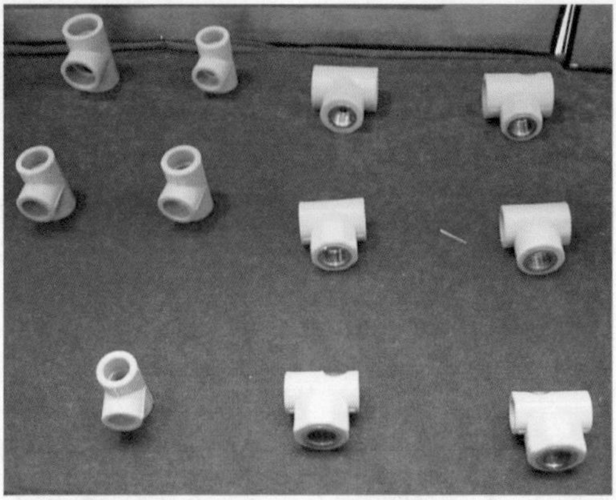 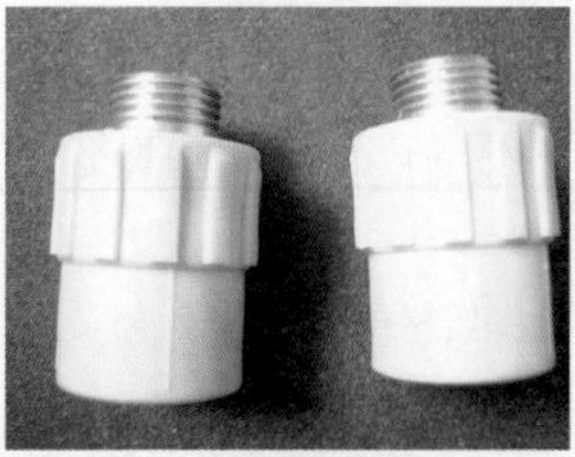 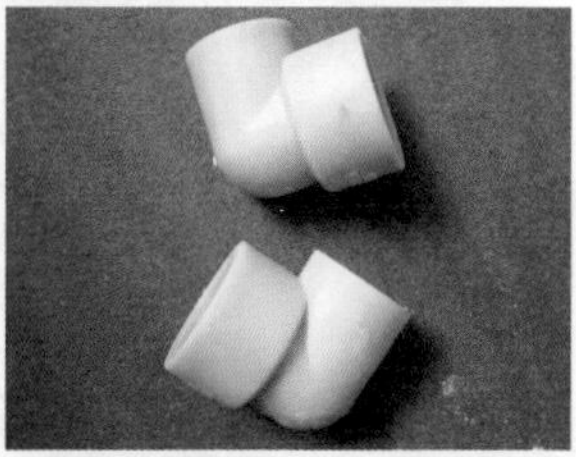 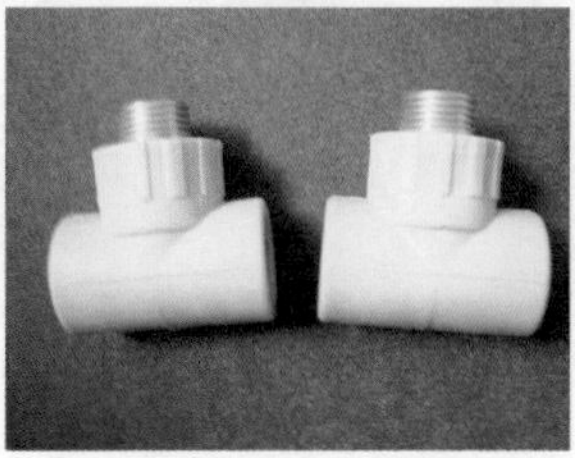 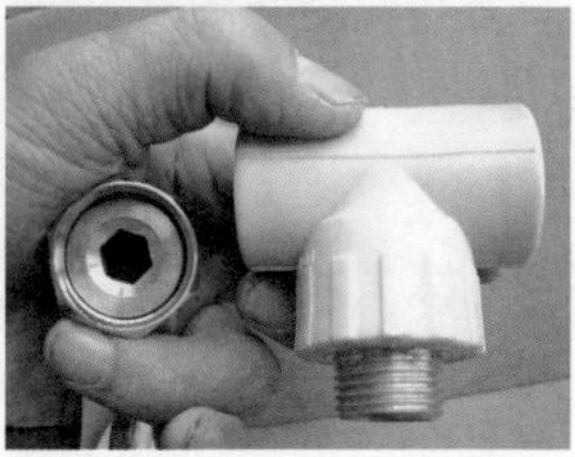

续表

名称	图例与解说
给水管接头	 给水管材料有关接头、配件外形 给水管材料有关接头、配件有内牙三通、直通、20×3/4 内丝直通、20×1/2 外丝圆弯、32×25 大小头、内丝弯头、外丝弯头、外丝三通、内丝三通、管套、90°弯头、45°弯头、等径三通、异径三通、异径管套、内丝管套、外丝管套、过桥弯头等。有时不知道接头、配件的名称，但是，只要到水管材料市场去看看，一般商店会告诉名称，有的还会告诉用途，如下图所示 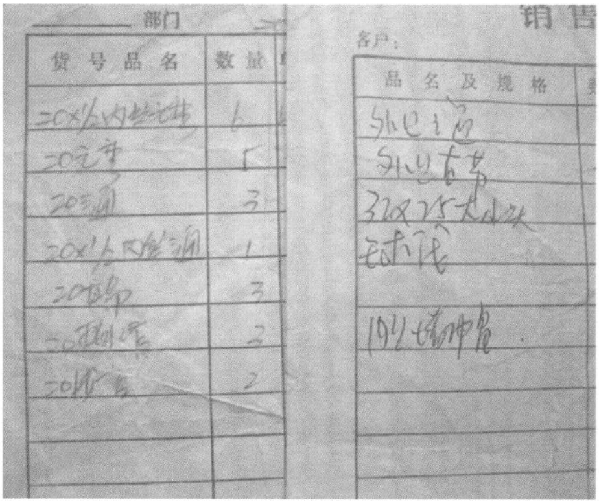 部门 货号品名 数量 销售 客户： 品名及规格 给水管材料清单之一

续表

名称	图例与解说
排水管接头	排水管也就是常说的出水管，它的接头种类比较多，常见排水管接头外形如下图所示： 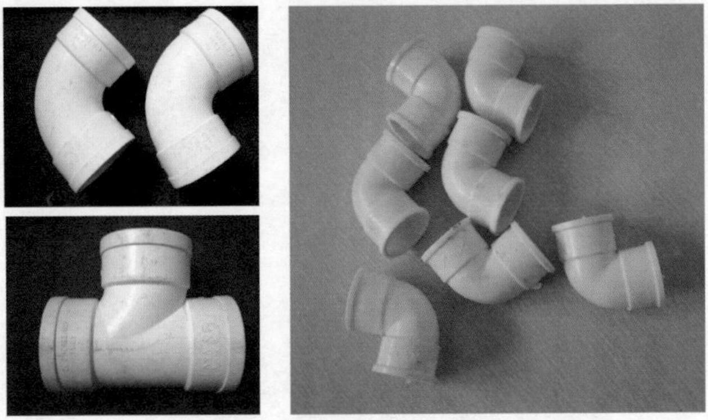 常见排水管接头外形 PVC 排水管接头一定要用 PVC 专用胶水黏结，另外，排水管的接头材料应与排水管材料一致，否则连接会出现麻烦。 需要明确一点：给水管一般可以用于排水管，只是不经济。排水管不能够用于给水管，除非选择的排水管就是给水管
给水管和排水管的接头	给水管、排水管的附件不要混淆，如下图所示  排水管、给水管的附件不要混淆 （图中白色的为排水管接头，瓶子为排出粘接胶，其他接头均为给水管接头）

续表

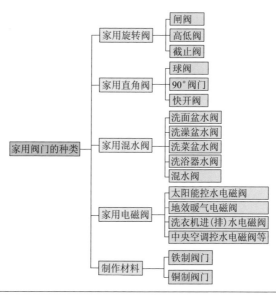

<table>
<tr><th>名称</th><th>图例与解说</th></tr>
<tr><td>阀、
水龙头</td><td>

阀与水龙头在装饰装修中应用广泛，外形比较多，外形图例如下图所示：

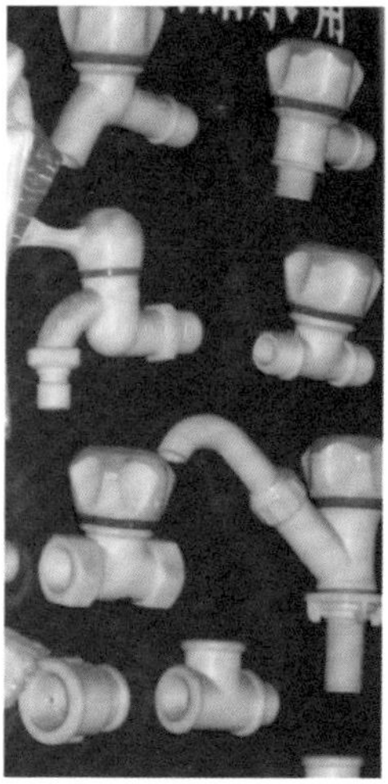

阀与水龙头

1. 阀门

家用阀门的种类如下：

- 家用阀门的种类
  - 家用旋转阀
    - 闸阀
    - 高低阀
    - 截止阀
  - 家用直角阀
    - 球阀
    - 90°阀门
    - 快开阀
  - 家用混水阀
    - 洗面盆水阀
    - 洗澡盆水阀
    - 洗菜盆水阀
    - 洗浴器水阀
    - 混水阀
  - 家用电磁阀
    - 太阳能控水电磁阀
    - 地效暖气电磁阀
    - 洗衣机进(排)水电磁阀
    - 中央空调控水电磁阀等
  - 制作材料
    - 铁制阀门
    - 铜制阀门

</td></tr>
</table>

续表

名称	图例与解说

阀、水龙头

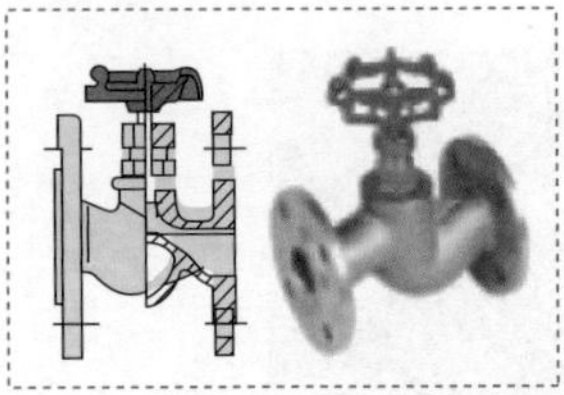

黄铜法兰截止阀门

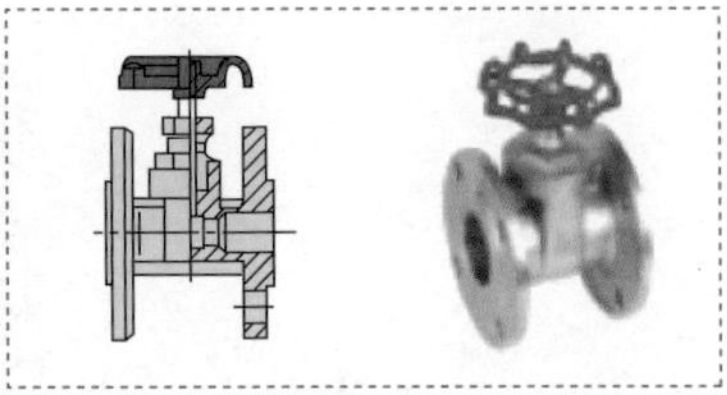

黄铜法兰闸阀门

阀门应用于分水器中如下图所示：

阀门应用于分水器中

民用阀门选择的经验方法见下表：

民用阀门选择的经验方法

类型	解　　说
观察法	正常表面——无砂眼、电镀表面光泽均匀、无龟裂、无烧焦、无露底、无脱皮、无剥落、无黑斑、无麻点、喷涂表面组织应细密光滑等。 管螺纹——螺纹表面无凹痕、断牙等
闸阀、球阀	选购时看看阀体或手柄上标注的公称压力是否符合要求。结构和长度是否符合要求
三角阀	根据实际情况选择是内螺纹的，还是外螺纹的。另外，注意锌合金的三角阀具有价格低，但易腐蚀、断裂等特点。 角阀一般用于便器、面盆、洗涤槽给水控制与安装过滤用，角阀有铜质角阀、铁质角阀、合金钢角阀等种类

续表

<table>
<tr><th>名称</th><th>图 例 与 解 说</th></tr>
<tr><td>阀、
水龙头</td><td>

2. 水龙头

水龙头的种类如下图所示：

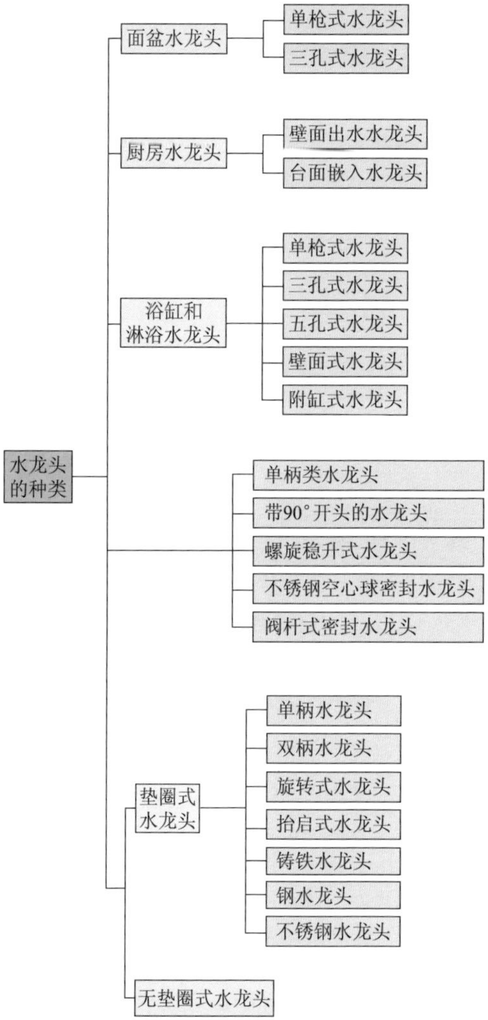
水龙头的种类
面盆水龙头
单枪式水龙头
三孔式水龙头
厨房水龙头
壁面出水水龙头
台面嵌入水龙头
浴缸和淋浴水龙头
单枪式水龙头
三孔式水龙头
五孔式水龙头
壁面式水龙头
附缸式水龙头
单柄类水龙头
带90°开头的水龙头
螺旋稳升式水龙头
不锈钢空心球密封水龙头
阀杆式密封水龙头
垫圈式水龙头
单柄水龙头
双柄水龙头
旋转式水龙头
抬启式水龙头
铸铁水龙头
钢水龙头
不锈钢水龙头
无垫圈式水龙头

原则上水龙头只需要确定位置就可以了。但是，实际中，有些水龙头需要安装水管前买好，例如洗澡用的花洒龙头就应在安装水管前买好

</td></tr>
</table>

续表

<table>
<tr><th>名称</th><th>图例与解说</th></tr>
<tr><td>地漏</td><td>地漏可以分为普通地漏、带防臭帽的隔气臭地漏。一些地漏适用范围见下表

地漏规格性能
<table>
<tr><th>品名</th><th>规格</th><th>适用场合</th><th>备注</th></tr>
<tr><td rowspan="2">带防臭帽地漏</td><td>PS50D</td><td rowspan="2">卫生间、厨房间地面排水</td><td rowspan="4">配件必须与管材品牌相配套PVC黏结剂的化学性能相适应</td></tr>
<tr><td>PS70D</td></tr>
<tr><td rowspan="2">普通地漏</td><td>PS50DI</td><td rowspan="2">阳台、洗衣机、地面排水</td></tr>
<tr><td>PS75DI</td></tr>
</table>
</td></tr>
<tr><td>排水栓</td><td>排水栓具有金属排水栓、塑料排水栓、尼龙排水栓等种类，规格有177、277号等</td></tr>
</table>

2.4 其他材料

其他材料的特点及选择技巧见表2-23。

表2-23　其他材料的特点及选择技巧

<table>
<tr><th>名称</th><th>图例与解说</th></tr>
<tr><td>水泥</td><td>细磨成粉末状，加入适量水后，可成为塑性浆体，既能在空气中硬化，又能在水中继续硬化的胶凝材料，称为水泥。水泥可以分为通用水泥、专用水泥、特性水泥。用于电工槽的封槽水泥一般采用通用水泥。不过，通用水泥质量也有差异。
正常水泥质量的感观如下：
（1）正常水泥的纸袋包装完好。
（2）用手指捻水泥粉，应感有少许细、砂、粉的感觉。
（3）色泽为深灰色或深绿色。
（4）没有受潮结块现象。
如果是低劣水泥，则与上述具有相应的差异。正常水泥如下图所示</td></tr>
</table>

续表

名称	图例与解说
水泥	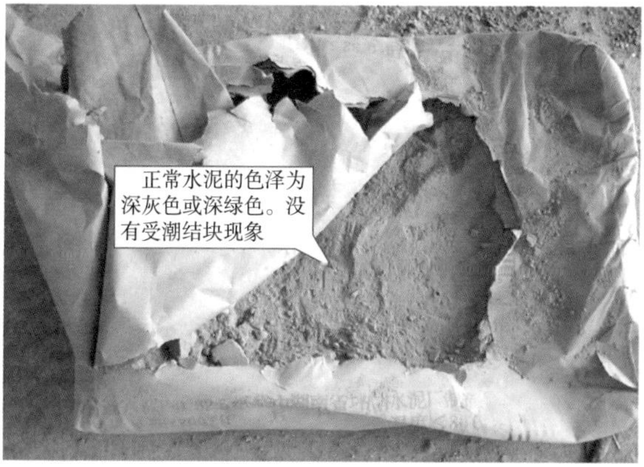正常水泥的色泽为深灰色或深绿色。没有受潮结块现象 正常水泥
沙子	沙子是水泥砂浆里面的必需材料。如果水泥砂浆里面没有沙，那么水泥砂浆的凝固强度将接近零。 沙子可以分为细沙、中沙、粗沙。其中，细沙为粒径 0.25 ~ 0.35mm 的沙子；粗沙为粒径大于 0.5mm 的沙子；中沙则为 0.35 ~ 0.5mm 的沙子。 沙子根据来源可以分为海沙、河沙、山沙。建筑装饰中，国家是严禁使用海沙的。一般装饰工程中，都推荐使用河沙
钢钉	钢钉一般用于水泥墙、地面与面层材料的连接以及基层结构固定。具有不用钻孔打眼、不易生锈等特点。在安装水电工程中应用较少，不过钢钉夹线器应用较广泛。钢钉外形图例如下图所示  钢钉外形

续表

名称	图例与解说
圆钉	圆钉主要用于基层结构的固定。具有易生锈、强度小、价格低、型号全等特点。在安装水电工程中应用较少，偶尔也用。圆钉外形图例如下图所示 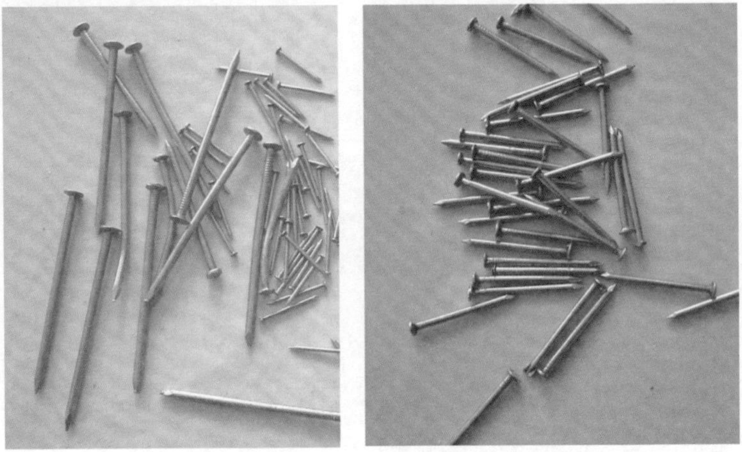 圆钉外形
膨胀螺钉/螺栓	螺钉在安装水电工程中应用较多：主要固定线槽、底盒等作用。膨胀螺钉/螺栓主要由胀套、螺钉(栓)组成，种类较多：一般碳钢膨胀螺钉/螺栓、不锈钢膨胀螺钉/螺栓、塑料膨胀管、直通形膨胀管、开口形膨胀管、鱼形膨胀管、宝塔形膨胀管、锥形膨胀管、PE 膨胀管、尼龙膨胀管等。主要参数为直径、套管外度、钻孔径、最大抗拉力等。 膨胀螺钉/螺栓外形如下图所示 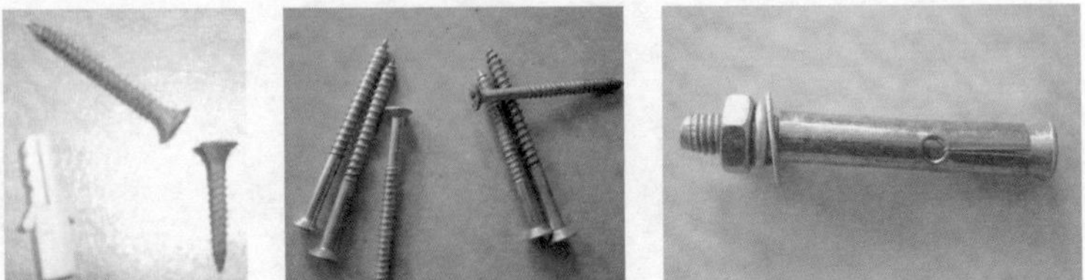 膨胀螺钉/螺栓外形

续表

<table>
<tr><th>名称</th><th>图例与解说</th></tr>
<tr><td>木榫</td><td>制作木榫的方法与步骤：取材、截取长度、倒角、制作锥形、微修等，图例特征变化如下图所示：
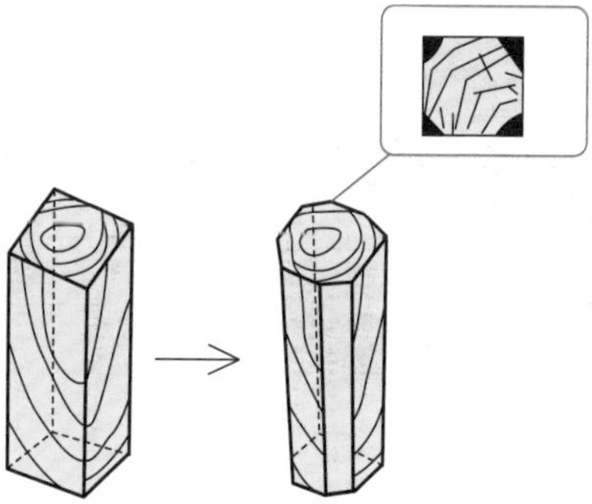
制作木榫
木榫安装方法与步骤如下：
（1）倒角的一端塞入榫孔内。
（2）轻轻敲入 1/5 时，查看木榫是否垂直，大小是否合适。如果不垂直，则纠正。大小不合适，则更换。
（3）无误后，则把木榫全部敲入孔内。敲击时，榔头对正木榫敲击中间，不可敲击木榫边沿，以免敲坏木榫</td></tr>
<tr><td>生料带</td><td>生料带主要用于安装管道、水嘴接头处的密封，主要起防止漏水的作用，外形如下图所示

生料带外形</td></tr>
</table>

续表

名称	图例与解说
电工胶	电工胶包括电工防水胶、电工黑胶布。主要用于导线绝缘层的恢复，一般电工防水胶、电工黑胶布应用比较多。电工胶外形如下图所示  电工防水胶  电工黑胶布

2.5 工具

2.5.1 电工工具

常用的电工工具见表 2-24。

表2-24　**常用的电工工具**

名称	图例与解说
螺丝刀	螺丝刀就是螺钉旋具，主要用于紧固或者拆卸螺钉、螺栓、木螺丝、自攻螺丝等，又称为起子、改锥、解刀。由于螺钉种类多，相应螺丝刀也多，外形图例如下图所示： 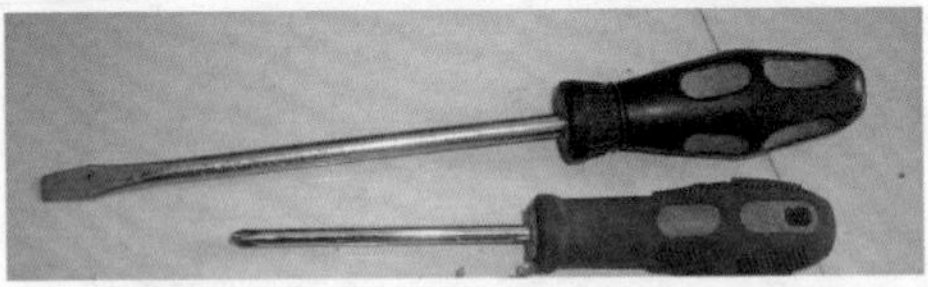 螺丝刀外形 螺丝刀操作的注意事项如下： （1）螺丝刀的刀口损坏、变钝时应随时修磨，用砂轮磨时不得用水等冷却。 （2）用螺丝刀旋紧或松开握在手中工件上的螺丝钉，应将工件夹固在夹具内，以防伤人。 （3）不要用锤击螺丝刀手把柄端部的方法撬开缝隙或剔除金属毛刺。

续表

<table>
<tr><th>名称</th><th>图 例 与 解 说</th></tr>
<tr><td>螺丝刀</td><td>（4）不要使用沾污的螺丝刀以及手柄损坏的螺丝刀，图例如下图所示：
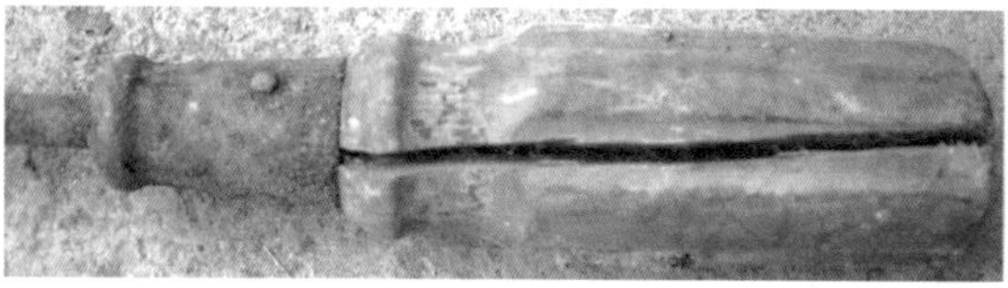
手柄损坏的螺丝刀
（5）螺丝刀刀口端与螺栓、螺钉上的槽口要吻合。
（6）不得把螺丝刀当凿子使用。
（7）禁忌使用金属杆直通柄顶的螺丝刀，以免触电事故的发生。
（8）用螺丝刀拆卸或紧固带电螺栓时，手禁忌触及螺丝刀的金属杆，以免触电。
（9）为避免螺丝刀的金属杆触及带电体时手指碰触金属杆，电工用螺丝刀时应在螺丝刀金属杆上穿套绝缘管，禁忌随意去掉穿套绝缘管</td></tr>
<tr><td>试电笔</td><td>试电笔又称为测电笔、验电笔，简称“电笔”。它是一种电工工作常见的工具之一，主要功能在于测试电线、用电器或电气设备是否带电。普通试电笔笔体由一氖泡、高阻值电阻、笔尖金属体、笔身、小窗、弹簧和笔尾的金属体等组成。氖泡主要作用是测量有电时发光，进而说明导线有电。高阻值电阻主要是限流作用。试电笔外形如下图所示：
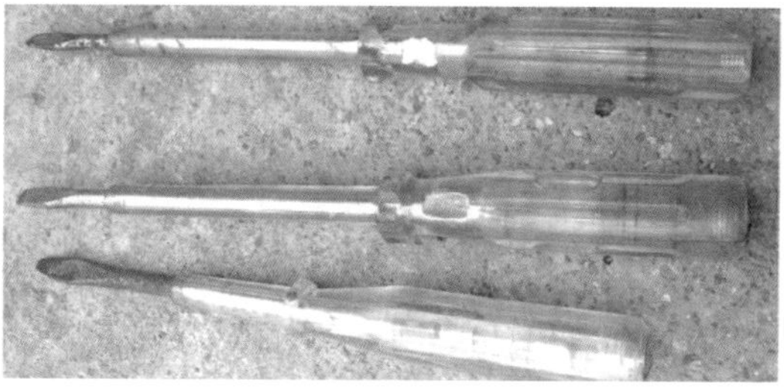
试电笔外形
试电笔的操作注意事项如下：
（1）普通试电笔测量电压范围在 60 ~ 500V，低于 60V 时试电笔的氖泡可能不会发光。高于 500V 则需要用高压检测仪。
（2）对于低压试电笔可以根据个人喜好来选择：钢笔式或者螺丝刀式。
（3）使用试电笔时，一定要用手触及试电笔尾端的金属部分或者接触金属笔卡。</td></tr>
</table>

续表

名称	图例与解说
试电笔	（4）使用试电笔时，禁忌触及试电笔前端的金属部分。 （5）在明亮的光线下测试带电体时，需要注意氖泡发光的真实性，最好用氖泡窗对准可视方，也可以一只手遮挡光线来判别
活络扳手	活络扳手又称为活动扳手、活扳手，主要作用是拧紧和松懈螺钉、螺母、螺栓等，具有开口扳手、梅花扳手、活动扳手、套筒扳手、扭力扳手等多种类型。使用时应根据螺母的大小选配。正确操作是：右手握手柄（手越靠后，扳动起来越省力）。扳动小螺母时，需要不断转动蜗轮，调节扳口的大小。因此手应握在靠近呆扳唇，并用大拇指拨动调制蜗轮，使适应螺母的大小。活络扳手外形图例如右图所示  活络扳手外形
手锤	手锤俗称榔头。其主要用于校直、錾削、装卸零件、开槽等操作中用来敲击的工具。手锤由锤头与手柄组成。钢制手锤具有 0.25、0.5kg 和 1kg 等不同的规格。手柄有采用木柄与金属柄结构的。手柄一般选用比较坚固的木材、钢材、高强度塑料制成。锤头一般用碳素工具钢 T7 锻制而成，并经热处理淬硬。榔头有圆头榔头、方头榔头、铁质榔头、铜头榔头、塑胶榔头、钢质榔头等。应用手锤一定要使用手柄安装规范的手锤，下图所示的手柄安装不规范，禁忌使用  手柄安装不规范的手锤

续表

名称	图例与解说
剥线钳	一般 $4mm^2$ 以下的导线原则均可以使用剥线钳。因此，家装电线绝缘的剥削基本上可以采用剥线钳。剥线钳外形图例如下图所示 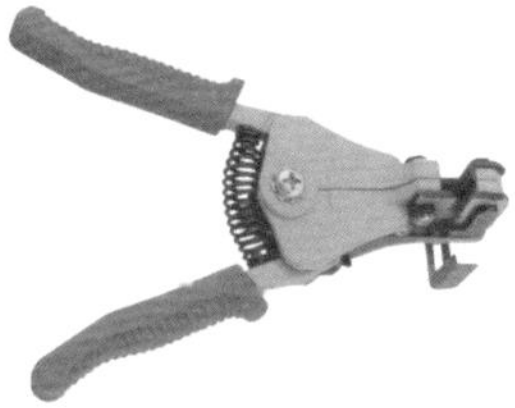 剥线钳
电工刀	电工刀就是用来剖削、切割电工器材的常用电工工具。其可以分为普通式电工刀、三用式电工刀两种。普通的电工刀由刀刃、刀片、刀把、刀挂等构成。电工刀使用的注意事项如下： （1）剥线时，刀口不要朝内部。 （2）剥线时刀口大于60°，以避免割伤线芯。 （3）电工刀用完后刀身应折回刀柄内，以免伤手。 （4）不得在带电下用电工刀剥削电线等。 （5）剥线时不要伤着芯线。 （6）电工刀刀刃不要磨得太锋利或者太钝。 另外，电工一些操作可以在许可情况时用美工刀来替代
尖嘴钳	尖嘴钳可以用来剪切线径较细的单股、多股线、单股导线接头弯圈、剥塑料绝缘层、夹持零件、夹持导线、零件脚弯折以及配合斜口钳做拨线工具等作用。 尖嘴钳的操作方法如下图所示 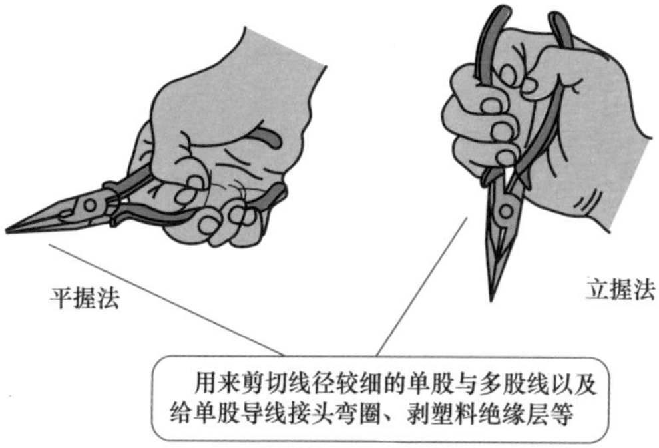 平握法 立握法 用来剪切线径较细的单股与多股线以及给单股导线接头弯圈、剥塑料绝缘层等 尖嘴钳的操作方法

续表

名称	图例与解说
钢丝钳	钢丝钳在家装中有需要，例如电线连接时，不能只简单地用绝缘胶布把两个导线缠在一起，一定要在接头处上锡，并用钳子压紧，这样避免线路因过电量不均匀而老化。 钢丝钳具有150、175、200、250mm等多种规格。其可用来紧固、拧松螺母、剖切软电线的橡皮、塑料绝缘层、切剪电线、铁丝等作用。 钢丝钳的操作方法如下图所示 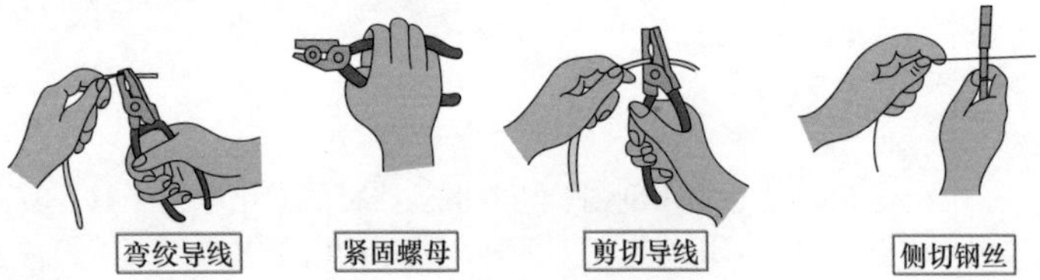弯绞导线 紧固螺母 剪切导线 侧切钢丝 钢丝钳的操作方法
电烙铁	内热式电烙铁一般由连接杆、烙铁芯、手柄、弹簧夹、烙铁头等组成。烙铁头具有凿式、圆形、尖锥形、圆面形和半圆沟形等不同的形状。手柄主要作用是提供部件给手握，一般采用高温塑料、电焦木、木头等绝缘隔热材料制成。电烙铁头、发热芯、手柄一般通过铁皮制成外套固定。另外，有的电烙铁的烙铁头还具有固定螺钉，主要起到使烙铁头与发热芯成为一体，并且使热量充分传出以及调节电烙铁头的温度等作用。普通电烙铁一般还具有压线螺钉，主要是固定电源线，以免发热芯与电源线连接部位所受到应力而发生意外。外热式电烙铁的一般功率都较大。家居装饰装修中的强电电线镀锡，一般采用外热式电烙铁。弱电电线焊接，一般采用内热式电烙铁
錾子	錾子具有切削部分的材料比工件的硬、切削部分的形状呈楔形等特点。錾子由头部（头部有一定的锥度，顶端略带球形）、切削部分、錾身组成。錾子的切削部分有前刀面、后刀面、切削刃、基面、切削平面等。 錾子包括各类凿子、冲子、冲子套装、空心冲等。电工所用凿子与钳工差不多，只是电工更多的是用于凿打墙壁等需要。 錾子的握法有正握法、反握法。可以根据实际情况采用相应方法。使用錾子的一些注意事项如下： （1）錾削操作时应戴护眼镜。 （2）錾削的屑沫粉，不要用手直接清除，应用刷子等清理。 （3）錾削的屑沫粉，禁忌用嘴吹以免屑末飞入眼睛。

续表

<table>
<tr><th>名称</th><th>图 例 与 解 说</th></tr>
<tr><td>錾子</td><td>（4）錾削用的锤子锤头不准有松脱现象、锤把不准有劈裂现象。
（5）錾子有翻顶时要及时剔除防止打飞伤人。
（6）洞即将打透时必须缓慢轻打，并且注意洞那边是否有其他人员</td></tr>
<tr><td>冲击钻（电锤）</td><td>

冲击钻（电锤）具有可以实现钻孔功能与锤击功能的一种电动机具。其外形图例如下图所示：

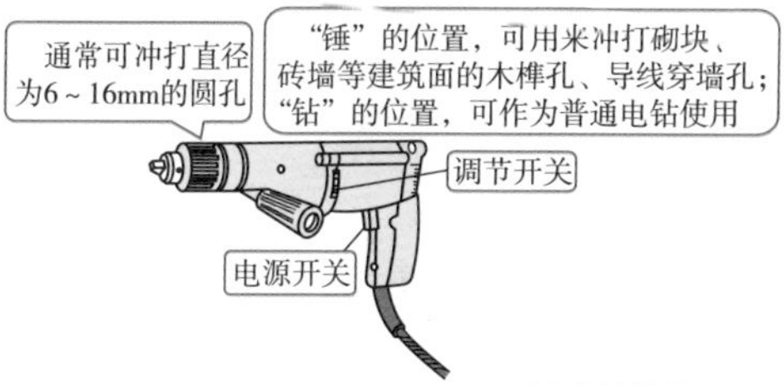

通常可冲打直径为6～16mm的圆孔
“锤”的位置，可用来冲打砌块、砖墙等建筑面的木榫孔、导线穿墙孔；“钻”的位置，可作为普通电钻使用
调节开关
电源开关

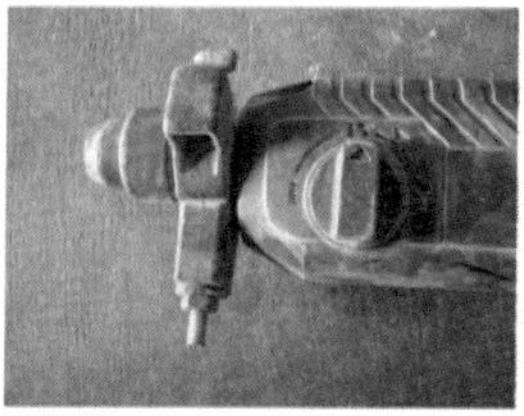

冲击钻外形

冲击钻使用注意事项如下：

（1）有的冲击钻具有调速功能，则在换挡或者调速时，必须在冲击钻停止运转时才能进行操作。

（2）做冲击凿孔时，需要应用专用钻头。冲击钻具有四坑钻头与直柄硬质合金钻头之分。

（3）冲击凿孔时，应经常把钻头从墙壁等孔里拔出来，以便把尘屑排出来。

（4）在钢筋建筑物上凿孔时，如遇到坚实物时，不应该施力过大，以免钻头发生退火现象。

（5）作业时，应戴防目镜。

（6）一般只允许单人操作。

（7）作业时，禁忌戴手套作业。

（8）使用当中，如果发出异常声音应停止操作，查清原因

</td></tr>
<tr><td>切割机</td><td>在钢筋混凝土的墙上开槽，应使用专门的切割机（云石机）切割，不宜全依靠电锤进行施工。电锤容易使埋线槽周围的墙体松动，破坏墙体结构。
切割机使用一些注意事项如下：
（1）锯片的拆卸与安装时必须切断电源。
（2）手不能放在工件的切割线上，或触摸锯片。
（3）要确认转盘被牢牢固定，不能在操作过程中产生移位。
（4）锯片的夹紧必须使用专用的法兰盘。
（5）在接通电源前，锯片不能与被切割工件的切割部位相接触</td></tr>
</table>

续表

名称	图例与解说
其他的工具或设备	在家居中还需要其他一些工具或者设备。部分其他工具或者设备如下图所示：  梯子  墨斗、卷尺、锯子  钢板尺  工具箱  万用表  绝缘电阻表

续表

<table>
<tr><th>名称</th><th>图 例 与 解 说</th></tr>
<tr><td>其他的工具或设备</td><td>家装电工各工作阶段需要的仪表与工具见下表
<table>
<tr><th>工作阶段</th><th>所需工具、仪表</th></tr>
<tr><td>施工作业前的检测、准备</td><td>十字螺丝刀、一字螺丝刀、试电笔、场强仪、绝缘电阻表、钢丝钳等</td></tr>
<tr><td>电路交底、电路定位</td><td>彩色粉笔、铅笔、卷尺、平水管、水平尺等</td></tr>
<tr><td>线路开槽</td><td>切割机、开凿机、墨斗、卷尺、水平尺、平水管、铅笔、手锤子、尖錾子、扁錾子、电锤、灰铲、灰桶、水桶、手套、风帽、垃圾袋、防尘罩等</td></tr>
<tr><td>线路底盒安装</td><td>卷尺、水平尺、平水管、铅笔、钢丝钳、小平头烫子、灰铲、灰桶、水桶、手套、底盒、锁扣等</td></tr>
<tr><td>布线布管</td><td>剪切器、手锤、钢丝钳、电工刀、墙纸刀、弯管器、阻燃冷弯电线槽管、黄蜡套管、梯子等</td></tr>
<tr><td>封槽</td><td>水平头烫子、木烫子、灰桶、灰铲、801胶等</td></tr>
<tr><td>开关、插座面板的安装</td><td>试电笔、钢丝钳、剥线钳、十字螺丝刀、一字螺丝刀、绝缘布胶带、防水胶带、电工刀、墙纸刀等</td></tr>
<tr><td>灯具安装</td><td>试电笔、钢丝钳、电锤、ϕ6mm与ϕ8mm锤花、手锤、卷尺、铅笔、十字螺丝刀、一字螺丝刀、胶塞、防水胶带、绝缘布胶带、扳手、手套、梯子等</td></tr>
<tr><td>电路检测</td><td>十字螺丝刀、一字螺丝刀、试电笔、万用表、梯子等</td></tr>
</table>
</td></tr>
</table>

2.5.2 管工工具

管工工具见表2-25。

表2-25 **管 工 工 具**

<table>
<tr><th>名称</th><th>图 例 与 解 说</th></tr>
<tr><td>热熔器</td><td>热熔器主要是连接PPR等水管接口用的熔化设备，其外形如下图所示：

热熔器外形</td></tr>
</table>

续表

名称	图例与解说
热熔器	热熔器使用注意事项如下： （1）操作时，双手应戴帆布保护手套。 （2）插上电源前，需要检查电源线是否完好无损、支架是否具备、是否需要倒胶等现象。 （3）操作前，应清洁管材与管件的焊接部位，以免沙子、灰尘等损害接头的质量。 （4）选择正确的加热头装置，即要与被焊接管材尺寸相配套。 （5）不宜在冷风直吹下进行工作熔接，以免降低效率与损耗电源。 （6）喷嘴及熔胶为高温，除手柄之外，其他均不可接触。 （7）不要在潮湿环境下使用，以免影响热熔器温度、引发漏电触电事故。 （8）热熔器应放在儿童不能触及的地方。 （9）操作前，可用铅笔在管材上标记焊接深度。 （10）热熔器预热到合适温度，实际大约 3 ~ 5min。 （11）操作时，双手一手套外热，一手套内热，大概 15s 中拔出，将双管套起，按压，30s 后松手，切勿大角度扭曲 PPR 管。如果连接时，两者位置不对，只能够在一定时间内做少量调整，扭转角度不得超过 5°。 （12）连接完毕，必须双手紧握管子与管件，保持足够的冷却时间，冷却一定程度后方可松手。 （13）连续加热超过 15min 不用，则需要拔掉热熔器电源接插座。 （14）首次使用热熔器时，电热元件会轻微发烟，这是属于正常现象，待会应自然消失
PPR 剪刀	PPR 剪刀主要用于剪断 PPR 管，其外形如下图所示。PPR 剪刀应垂直切割管材，切口要求平滑、无毛刺 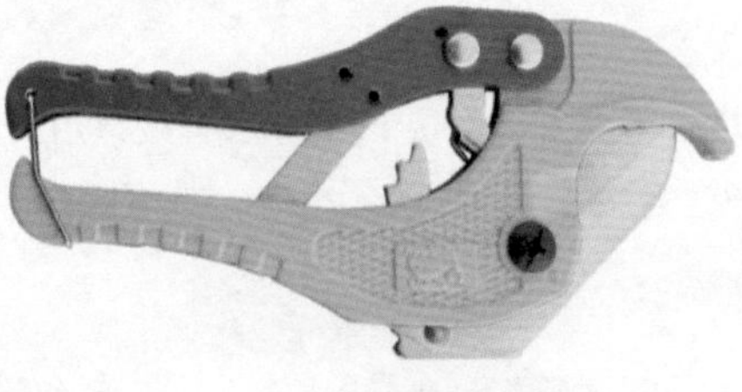 PPR 剪刀

续表

名称	图例与解说
热熔器与 PPR 剪刀工具箱	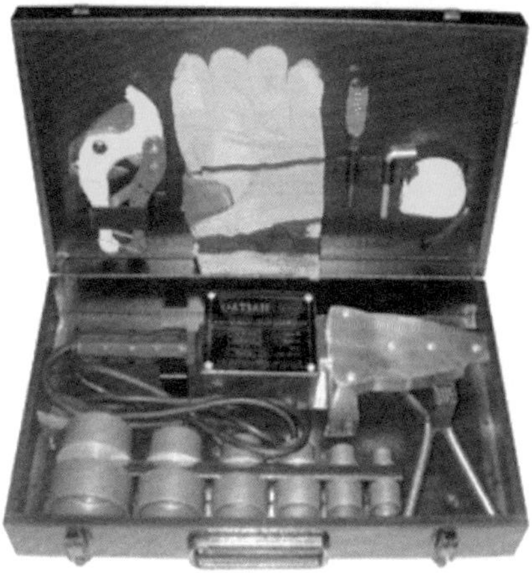 热熔器与 PPR 剪刀工具箱

学习心得

第3章

装饰装修识图与家居电工工艺

3.1 装饰装修图

3.1.1 装饰装修图的识图要素

装饰装修图的识图要素见表 3-1。

表3-1　　**装饰装修图的识图要素**

<table>
<tr><th>项目</th><th>图 例 与 解 说</th></tr>
<tr><td>装饰施工图</td><td>装饰施工图是反映建筑室内外装修做法的施工图，主要包括装饰设计说明、装饰平面图、装饰立面图、装饰详图等。建筑施工图中的给水排水施工图，简称水施；电气施工图，简称电施；采暖通风施工图，简称暖施；也有的把水施、暖施、电施统称为设施（即设备施工图）</td></tr>
<tr><td>电气文字符号</td><td>电气工程图中一般有电气文字符号。其主要是标注在电气设备、装置、元器件上或其近旁，用以标明电气设备、装置、元器件的名称、功能、状态、特征。文字符号一般由基本文字符号、辅助文字符号、数字符号组成。
（1）一些基本文字符号特点见下表：

一些基本文字符号特点
<table>
<tr><th rowspan="2">设备、装置和元器件种类</th><th colspan="2">名　称</th><th colspan="2">基本文字符号</th></tr>
<tr><th>中文名称</th><th>英文名称</th><th>单字母</th><th>多字母</th></tr>
<tr><td rowspan="19">组件或者部件</td><td>电桥</td><td>Bridge</td><td rowspan="19">A</td><td>AB</td></tr>
<tr><td>晶体管放大器</td><td>Transistor amplifier</td><td>AD</td></tr>
<tr><td>集成电路放大器</td><td>Integrated circuit amplifier</td><td>AJ</td></tr>
<tr><td>磁放大器</td><td>Magnetic amplifier</td><td>AM</td></tr>
<tr><td>电子管放大器</td><td>Valve amplifier</td><td>AV</td></tr>
<tr><td>印制电路板</td><td>Printed circuit board</td><td>AP</td></tr>
<tr><td>抽屉柜</td><td>Drawer</td><td>AT</td></tr>
<tr><td>支架盘</td><td>Rack</td><td>AR</td></tr>
<tr><td>高压开关柜</td><td>HV Switchgear</td><td>AH</td></tr>
<tr><td>交流配电屏</td><td>AC Switchgear</td><td>AA</td></tr>
<tr><td>直流配电屏</td><td>DC Switchgear</td><td>AD</td></tr>
<tr><td>照明配电箱</td><td>Lighting distribution board</td><td>AL</td></tr>
<tr><td>应急照明配电箱</td><td>Emergency lighting distribution board</td><td>ALE</td></tr>
<tr><td>控制箱</td><td>Control box</td><td>AC</td></tr>
<tr><td>接线端子箱</td><td>Terminal board</td><td>AXT</td></tr>
<tr><td>电能表箱</td><td>Watt hour meter box</td><td>AW</td></tr>
<tr><td>插座箱</td><td>Socket box</td><td>AX</td></tr>
<tr><td>火警报警控制器</td><td>Fire alarm controller</td><td>AFC</td></tr>
</table></td></tr>
</table>

续表

项目	图例与解说
电气文字符号	

续表

设备、装置和元器件种类	名称		基本文字符号	
	中文名称	英文名称	单字母	多字母
非电量到电量变换器或电量到非电量变换器	热电传感器	Ther moelectric sensor	B	
	热电池	Thermo-cell		
	光电池	Photoelectric cell		
	测功计	Dynamometer		
	晶体换能器	Crystal transducer		
	送话器	Microphone		
	拾音器	Pick up		
	扬声器	Louds peaker		
	耳　机	Earphone		
	自整角机	Synchro		
	旋转变压器	Resolver		
	模拟和多级数字变换器或传感器（用作指示和测量）	Analogue and multiple-step digital Transducers or sensors（as used indicating measuring purposes）		
	压力变换器	Pressure transducer		BP
	位置变换器	Position transducer		BQ
	旋转变换器（测速发电机）	Rotation transducer（tacho generator）		BR
	温度变换器	Temperature transducer		BT
	速度变换器	Velocity transducer		BV
电容器	电容器	Capacitor	C	
二进制元件、延迟器件、存储器件	数字集成电路和器件	Digital integrated circuits and devices	D	
	延迟线	Delay line		
	双稳态元件	Bistable element		
	单稳态元件	Monostable element		
	磁芯存储器	Core storage		
	寄存器	Register		
	磁带记录机	Magnetic tape recorder		
	盘式记录机	Disk recorder		

续表

项目	图例与解说				
电气文字符号	续表				
	设备、装置和元器件种类	名称		基本文字符号	
		中文名称	英文名称	单字母	多字母
	其他元器件	发热器件	Heating device	E	EH
		照明灯	Lamp for lighting		EL
		空气调节器	Ventilator		EV
		电加热器	ELectrical heater		EE
	保护器件	过电压放电器件	OverVoltage discharge device	F	
		避雷器	Arrester		
		具有瞬时动作的限流保护器件	Current threshold protective deviceWith Instantaneous action		FA
		具有延时动作的限流保护器件	Current threshold protective deviceWith Time-lag action		FR
		具有延时和瞬时动作的限流保护器件	current threshold protective deviceWith Instantaneous and time-lag action		FS
		熔断器	Fuse		FU
		限压保护器件	Voltage threshold protective device		FV
	发生器、发电机、电源	旋转发电机	Rotating generator	G	
		振荡器	Oscillator		
		发生器	Generator		GS
		同步发电机	Synchronous generator		
		异步发电机	Asynchronous generator		GA
		蓄电池	Battery		GB
		柴油发电机	Diesel-engine generator		GD
		不间断电源 UPS	UPSUninterrupted power system		GU
		旋转式或固定式变频机	Rotating or static frequency converter		GF
	信号器件	蜂鸣器	Buzzer	H	HA
		电 铃	Bell		HA
		红色指示灯	Indicator lamp，RED		HR
		绿色指示灯	Indicator lamp，GREEN		HG
		黄色指示灯	Indicator lamp，YELLOW		HY

续表

项目	图例与解说
电气文字符号	续表

设备、装置和元器件种类	名称		基本文字符号	
	中文名称	英文名称	单字母	多字母
信号器件	蓝色指示灯	Indicator lamp，BLUE	H	HB
	白色指示灯	Indicator lamp，WHITE		HW
	声响指示器	Acoustical indicator		HA
	光指示器	Optical indicator		HL
	指示灯	Indicator lamp		HL
继电器、接触器	功率继电器	Power relay	K	KP
	瞬时接触继电器	Instantaneous contactor relay		KA
	瞬时有或无继电器	Instantaneous all or nothing Rellay		KA
	交流继电器	Alternating realy		KA
	闭锁接触继电器（机械闭锁或永磁铁式有或无继电器）	Latching contactor realy（all-or-nothing relay With me chanical latch or permanent magnet）		KL
	双稳态继电器	Bistable relay		KL
	接触器	Contactor		KM
	极化继电器	Polarized relay		KP
	簧片继电器	Reed relay		KR
	延时有或无继电器	Time-delay all-or-nothing relay		KT
	逆流继电器	Reverse current relay		KR
	半导体继电器	Semiconductor relay		KSE
	温度继电器	Temperature relay		KTE
	电压继电器	Voltage relay		KV
	频率继电器	Frequency relay		KF
电感器、电抗器	感应线圈	Induction coil	L	
	线路陷波器	Line trap		
	消弧线圈	Are-superession coil		LA
	滤波电抗器	Filtration reactor		LF
	电抗器（并联和串联）	Reactors（shunt and series）		

续表

项目	图例与解说
电气文字符号	续表

设备、装置和元器件种类	名称		基本文字符号	
	中文名称	英文名称	单字母	多字母
电动机	电动机	Motor	M	
	同步电动机	Synchronous motor		MS
	可做发电机或电动机的电机	Machine capable of use as a generator or motor		MG
	力矩电动机	Torque motor		MT
	直流电动机	Direct current motor		MD
	多速电动机	Multi-speed motor		MM
	步进电动机	Stepping motor		MST
模拟元件	运算放大器	Operational amplifier	N	—
	混合模拟 / 数字器件	Hybrid analogue/digital device		
测量设备、实验设备	指示器件	Indicating devices	P	—
	记录器件	Recording devices		
	积算测量器件	Integrating measuring devices		
	信号发生器	Singnal generator		
	电流表	Ammeter		PA
	（脉冲）计数器	（Pulse）counter		PC
	电能表	Watt hour meter		PJ
	记录仪表	Recording instrument		PS
	时钟、操作时间表	Clock,Operating time meter		PT
	电压表	Voltmeter		PV
	电流表	Ammeter		PA
	无功电能表	Var-hour meter		PJR
	频率表	Frequency meter		PF
电力电路的开关器件	电动机保护开关	Motor protection switch	Q	QM
	真空断路器	Vacuum circuit-breaker		QV
	漏电保护断路器	Residualcurrent circuit breaker		QR
	负荷开关	Switch		QL
	转换开关	Change-over switch		QCS
	倒顺开关	Two direction switch		QTS
	接触器	Contactor		QC

续表

项目	图例与解说
电气文字符号	续表（见下表）

续表

设备、装置和元器件种类	名称		基本文字符号	
	中文名称	英文名称	单字母	多字母
电力电路的开关器件	断路器	Circuit-breaker	Q	QF
	电动机保护开关	Motor protection switch		QM
	隔离开关	Disconnector（isolator）		QS
电阻器	电阻器	Resistor	R	—
	变阻器	Rheostat		
	电位器	Potentiometer		RP
	测量分路表	Measuring shunt		RS
	热敏电阻器	Resistor With inherentVariability dependent on the temperature		RT
	压敏电阻器	Resistor With inherent Variability dependent on the Voltage		RV
	调速变阻器	Speed regulating rheostat		RSR
	励磁变阻器	Field rheostat		RFI
	启动变阻器	Starting rheostat		RS
控制、记忆、信号电路的开关器件选择	拨号接触器连接级	Dial contact connecting stage	S	
	控制开关	Control switch		SA
	选择开关	Selector switch		SA
	按钮开关	Push-button		SB
	机电式有或无传感器（单级数字传感器）	All-or-nothing sensors of mechanical and electronic nature（one-step digital sensors）		—
	液体标高传感器	Liquid level sensor		SL
	压力传感器	Pressure sensor		SP
	位置传感器（包括接近传感器）	Position sensor（including proximity-sensor）		SQ
	转数传感器	Rotation sensor		SR
	温度传感器	Temperature sensor		ST

续表

项目	图例与解说
电气文字符号	续表（见下表）

续表

设备、装置和元器件种类	名称		基本文字符号	
	中文名称	英文名称	单字母	多字母
变压器	整流变压器	Rectifier transformer	T	TR
	隔离变压器	Isolating transformer		TI
	照明变压器	Lighting transformer		TL
	配电变压器	Distribution transformer		TD
	电流互感器	current transformer		TA
	控制电路电源用变压器	Transformer forcontrol circuit supply		TC
	电力变压器	Power transformer		TM
	磁稳压器	Magmetic stabilizer		TS
	电压互感器	Voltage transformer		TV
调制器、变换器	鉴频器	Disoriminator	U	—
	解调器	Demodulator		
	变频器	Frequency changer		
	编码器	Coder		
	变流器	Converter		
	逆变器	Inverter		
	整流器	Rectifier		
	点板译码器	Telegraph translator		
电子管、晶体管	气体放电管	Gas-discharge tube	V	—
	二极管	Diode		VD
	晶体管	Transistor		VT
	晶闸管	Thyristor		
	电子管	Electronic tube		VE
	控制电路用电源的整流器	Rectifier for control circuit supply		VC
传输通道波导天线	导 线	Conductor	W	—
	电 缆	Cable		—
	母 线	Busbar		WB
	电力线路	Power line		WP
	照明线路	Lighting line		WL
	应急电力线路	Emergency power line		WPE
	应急照明线路	Emergency lighting line		WLE

续表

项目	图例与解说
电气文字符号	见下表

续表

设备、装置和元器件种类	名称		基本文字符号	
	中文名称	英文名称	单字母	多字母
传输通道 波导天线	控制线路	Control line	W	WC
	信号线路	Signal line		WS
	波 导	Waveguide		—
	波导定向耦合器	Waveguide directional couper		
	偶极天线	Dipole		
	抛物天线	Parbolic aerial		
端子、插头、插座	连接插头和插座	Connecting plug and socked	X	—
	接线柱	Clip		
	电缆封端和接头	Cable sealing edn and joint		
	信息插座	Telecommunication outlet		XTO
	焊接端子板	Soldering terminal strip		—
	连接片	Link		XB
	测试插孔	Test jack		XJ
	插 头	Plug		XP
	插 座	Socket		XS
	端子板	Terminal board		XT
电气操作的机械器件	防火阀	Fire-resisting damper	Y	YF
	排烟阀	Smoke exhaust damper		YS
	合闸线圈	Closing coil		YC
	电动执行器	Electrcally operated actuator		YE
	气 阀	Pneumatic Valve		—
	电磁铁	Electromagnet		YA
	电磁制动器	Electromagnetically operated brake		YB
	电磁离合器	Electromagnetically operated clutch		YC
	电磁吸盘	Magnetic chuck		YH
	气动阀	Motor operated valve		YM
	电磁阀	Electromagnetically operated valve		YV
终端设备	电缆平衡网络	Cable balancing network	Z	—
混合变压器	压缩扩展器	Compandor		
滤波器	晶体滤波器	Crystal filter		
限幅器	网 络	Network		

续表

项目	图例与解说
电气文字符号	（2）一些辅助文字符号见下表：

一些辅助文字符号

辅助文字符号	名　称	辅助文字符号	名　称
A	电　流	M	主
A	模　拟	M	中
AC	交　流	M	中间线
A AUT	自　动	M MAN	手动
ACC	加　速	N	中性线
ADD	附　加	OFF	断　开
ADJ	可　调	ON	接通（闭合）
AUX	辅　助	OUT	输　出
ASY	异　步	P	压　力
B BRK	制　动	P	保　护
		PE	保护接地
BK	黑	PEN	保护接地与中性线共用
BL	蓝	PU	不接地保护
BW	向　后	R	记　录
C	控　制	R	右
CW	顺时针	R	反
CCW	逆时针	RD	红　色
D	延时（延迟）	R RST	复　位
D	差　动		
D	数　字	RES	备　用
D	降	RUN	运　转
DC	直　流	S	信　号
DEC	减	ST	启　动
E	接　地	S SET	置位、定位
EM	紧　急		
F	快　速	SAT	饱　和
FB	反　馈	STE	步　进
FW	正，向前	STP	停　止
GN	绿	SYN	同　步
H	高	T	温　度
IN	输　入	T	时　间

续表

项目	图例与解说
电气文字符号	见下列表格

续表

辅助文字符号	名　称	辅助文字符号	名　称
INC	增	TE	无噪声（防干扰）接地
IND	感　应	V	真　空
L	左	V	速　度
L	限　制	V	电　压
L	低	WH	白
LA	闭　锁	YE	黄

（3）电气设备常用基本文字符号新旧对照见下表：

电气设备常用基本文字符号新旧对照

名　称	文字符号	
	新	旧
电　桥	AB	DQ
晶体管放大器	AD	DF
集成电路放大器	AJ	
印刷电路板	AP	
抽屉柜	AT	
旋转变压器（测速发电机）	TG	CF
电容器	C	C
发热器件	EH	RJ
照明灯	EL	ZD
空气调节器	EV	
过电压放电器件避雷器	F	BL
具有瞬时动作的限流保护器件	FA	SX
具有延时动作的限流保护器件	FR	YX
具有延时和瞬时动作的限流保护器件	FS	YSX
熔断器	FU	RD
限压保护器件	FV	RD
同步发电机	GS	TF
异步发电机	GA	YF
蓄电池	GB	XC
声响指示器	HA	YS
光指示器	HL	GS

续表

项目	图例与解说
电气文字符号	续表

名称	文字符号	
	新	旧
指示灯	HL	SD
瞬时有或无继电器，交流继电器	KA	J
接触器	KM	C
极化继电器	KP	JJ
簧片继电器	KP	
延时有或无继电器	KT	SJ
电感器	L	L
电抗器	L	DK
电动机	M	D
同步电动机	MS	TD
异步电动机	MA	YD
电流表	PA	I
电压表	PV	U
电能表	PJ	Wh
断路器	QF	DL
电动机保护开关	QM	
隔离开关	QS	GLK
电阻器	R	R
电位器	RP	W
控制开关	SA	KK
选择开关		XK
按钮开关	SB	AK
电流互感器	TA	LH
控制变压器	TC	KB
电力变压器	TM	LB
电压互感器	TV	YH
整流器	U	ZL
二极管	V	D
晶体管		B
晶闸管		KG

续表

项目	图例与解说
电气文字符号	续表

名称	文字符号	
	新	旧
电子管	VE	G
控制电路用电源的整流器	VC	KZ
连接片	XB	LP
测试插孔	XJ	
插头	XP	CT
插座	XS	CZ
端子板	XT	JX
电磁铁	YA	DT
电磁制动器	YB	ZD
电磁离合器	YV	CLH
电磁吸盘	YH	CX
电动阀	YM	
电磁阀	YV	

（4）电气设备常用辅助文字符号新旧对照见下表

电气设备常用辅助文字符号新旧对照

名称	文字符号	
	新	旧
电流	A	L
交流	AC	JL
自动	AAUT	Z
加速	ACC	JS
附加	ADD	F
可调	ADJ	T
辅助	AUX	FZ
异步	ASY	Y
制动	B BRK	ZD
黑	BK	—
蓝	BL	A
向后	BW	H

续表

项目	图例与解说
电气文字符号	续表（见下表）

续表

名　称	文字符号	
	新	旧
控　制	C	K
直　流	DC	ZL
紧　急	EM	
低	L	D
正，向前	FW	Q
绿	GN	L
高	H	G
输　入	IN	SR
感　应	IND	Y
左	L	ZU
主，中	M	Z
手　动	M MAN	S
断　开	OFF	DK
闭　合	ON	BH
输　出	OUT	SC
记　录	R	JL
右	R	YO
反	R	F
红	RD	H
复　位	R RST	F
备　用	RES	BY
信　号	S	X
启　动	ST	Q
停　止	STP	T
同　步	SYN	T
温　度	T	W
时　间	T	S
速　度	V	SD
电压速度	V	Y
白	WH	B
黄	YE	U

续表

项目	图例与解说
线条	室内设计专业制图采用的各种图线见下表：

室内设计专业制图采用的各种图线

名 称	线 型	线 宽	用 途
粗实线		b	（1）平、剖面图中被剖切的主要建筑构造（包括构配件）的轮廓线； （2）建筑立面图或室内立面图的外轮廓线； （3）建筑构造详图中被剖切的主要部分的轮廓线； （4）建筑构配件详图中的外轮廓线； （5）平、立、剖面图的剖切符号
细实线		$0.25b$	小于 $0.5b$ 的图形线、尺寸线、尺寸界线、图例线、索引符号、标高符号、详图材料做法引出线等
中实线		$0.5b$	（1）平、剖面图中被剖切的次要建筑构造（包括构配件）的轮廓线； （2）建筑平、立、剖面图中建筑构配件的轮廓线； （3）建筑构造详图及建筑构配件详图中的一般轮廓线
细虚线		$0.25b$	图例线、小于 $0.5b$ 的不可见轮廓线
粗单点长划线		b	起重机（吊车）轨道线
细单点长划线		$0.25b$	中心线、对称线、定位轴线
中虚线		$0.5b$	（1）建筑构造详图及建筑构配件不可见的轮廓线； （2）平面图中的起重机（吊车）轮廓线； （3）拟扩建的建筑物轮廓线
折断线		$0.25b$	不需画全的断开界线
波浪线		$0.25b$	不需画全的断开界线、构造层次的断开界线
地平线的线宽可用 $1.4b$			

续表

项目	图例与解说

线条

实战·应用 **线条的应用举例。**

线条的应用举例如下图所示

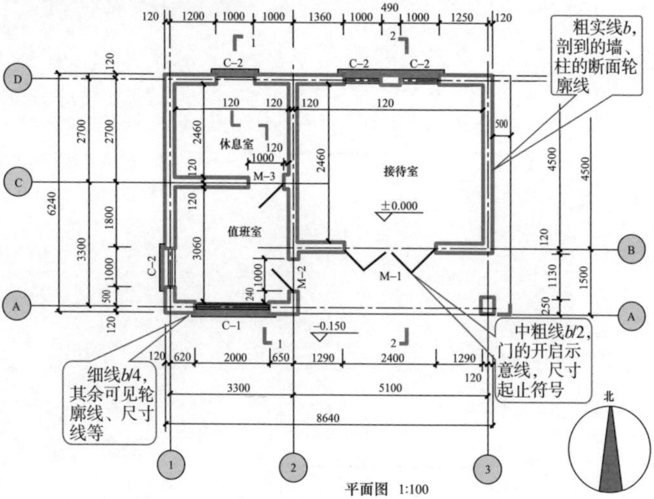

粗实线b，剖到的墙、柱的断面轮廓线
中粗线b/2，门的开启示意线，尺寸起止符号
细线b/4，其余可见轮廓线、尺寸线等
休息室
接待室
值班室
±0.000
-0.150
北
平面图 1:100

线条的应用举例

建筑或装修图元件符号

（1）建筑电气开关符号及开关作用电器符号见下表：

建筑电气开关符号

图形符号	名　　称
	开关一般符号
	单极开关
	暗装单极开关
	密闭（防水）单极开关
	防爆单极开关
	双极开关
	暗装双极开关
	密闭（防水）双极开关
	防爆双极开关

续表

项目	图例与解说
建筑或装修图元件符号	续表

图形符号	名称
	三极开关
	暗装三极开关
	密闭（防水）三极开关
	防爆三极开关
	单极拉线开关
	单极限时开关
	具有指示灯的开关
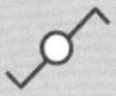	双极开关（单极三线）
	吊线灯附装拉线开关 250V-3A（立轮式），开关绘制方向表示拉线开关的安装方向
	明装单极开关（单极二线）。跷板式开关，250V-6A
	暗装单极开关（单极二线）。跷板式开关，250V-6A
	明装双控开关（单极三线）。跷板式开关，250V-6A
	暗装双控开关（单极三线）。跷板式开关，250V-6A
	暗装按钮式定时开关。250V-6A
	暗装拉线式定时开关。250V-6A
	暗装拉线式多控开关。250V-6A
	暗装按钮式多控开关。250V-6A
	电铃开关。250V-6A
	天棚灯座（裸灯头）
	墙上灯座（裸灯头）

开关作用电器符号

图形符号	名称
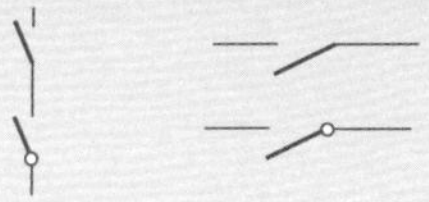	动合（常开）触点 注：本符号也可用作开关一般符号

续表

项目	图例与解说
建筑或装修图元件符号	（见下）

续表

图形符号	名　　称
	按钮开关（不闭锁）
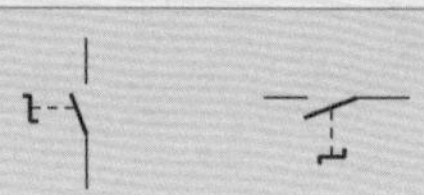	旋钮开关、旋转开关（闭锁）

（2）装饰插座电气符号见下表：

插 座 电 气 符 号

<table>
<tr><th>图形符号</th><th colspan="2">名称与说明</th></tr>
<tr><td></td><td colspan="2">暗装单相三极防脱锁紧型插座（带接地）。
250V-10A，距地 0.3m，居民住宅及儿童活动场所应采用。
安全插座，如采用普通插座时，应距地 1.8m</td></tr>
<tr><td></td><td colspan="2">暗装三相四极防脱锁紧型插座（带接地）。
380V-20A，距地 0.3m</td></tr>
<tr><td></td><td colspan="2">安装 T 形插座
50V-10A，距地 0.3m</td></tr>
<tr><td></td><td colspan="2">暗装调光开关。调光开关，距地 1.4m</td></tr>
<tr><td></td><td colspan="2">金属地面出线盒</td></tr>
<tr><td></td><td colspan="2">防水拉线开关（单相二线）。250V-3A，瓷制</td></tr>
<tr><td></td><td colspan="2">拉线开关（单极二线）。250V-3A</td></tr>
<tr><td>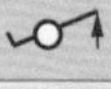</td><td colspan="2">拉线双控开关（单极三线）。250V-3A</td></tr>
<tr><td></td><td>明装单相二级插座</td><td rowspan="2">250V-10A，距地 0.3m，居民住宅及儿童活动场所应采用安全插座，如采用普通插座时，应距地 1.8m</td></tr>
<tr><td></td><td>明装单相三极插座（带接地）</td></tr>
<tr><td></td><td colspan="2">明装单相四级插座（带接地）380V-15A,25A，距地 0.3m</td></tr>
</table>

续表

项目	图例与解说
建筑或装修图元件符号	（见下）

续表

图形符号	名称与说明	
	暗装单相二级插座	250V-10A，距地 0.3m，居民住宅及儿童活动场所应采用安全插座，如采用普通插座时，应距地 1.8m
	明装单相三极插座（带接地）	
	明装单相四级插座（带接地）。 380V-15A，25A，距地 0.3m	
	暗装单相二极防脱锁紧型插座。 250V-10A，距地 0.3m, 居民住宅及儿童活动场所应采用安全插座，如采用普通插座时，应距地 1.8m	

装修弱电系统电路图中的常见插座、连接片电气符号见下表：

装修弱电系统电路图中的插座、连接片电气符号

图形符号	说　明
	插头和插座（凸头的和内孔的）座（内孔的）或插座的一个极

	插头（凸头的）或插头的一个极

	换接片
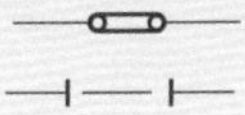	接通的连接片

续表

项目	图例与解说
建筑或装修图元件符号	（3）装修电路图中灯的标注见下表： **装修电路图中灯的标注**（见下表一） （4）装修电路图中弱电的标注见下表： **装修电路图中弱电的标准**（见下表二）

装修电路图中灯的标注

图形符号	说　　明
	各灯具一般符号
	花灯
	荧光灯列（带状排列荧光灯）
	单管荧光灯
	双管荧光灯
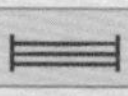	三管荧光灯
	荧光灯花灯组合
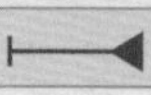	防爆型光灯
	投光灯

装修电路图中弱电的标准

图形符号	说　　明	图形符号	说　　明
	壁龛电话交接箱		感温火灾探测器
	室内电话分线盒		气体火灾探测器
	扬声器		火警电话机
	广播分线箱	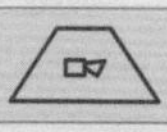	报警发声器
——F——	电话线路		有视听信号的控制和显示设备
——S——	广播线路		发声器
——V——	电视线路		电话机
	手动报警器		照明信号
	感烟火灾探测器	—	—

续表

项目	图例与解说
建筑或装修图元件符号	建筑构造及配件图例见下表

建筑构造及配件图例见下表

建筑构造及配件图例

符号	名称	符号	名称	符号	名称
	伸缩门	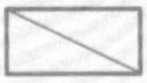	单人床		管道门
	拉藏门	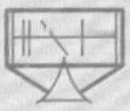	衣柜		窗形冷气机
	双开 180°自由门		茶几		固定窗
	回转门		餐桌椅		双开窗
	折叠门	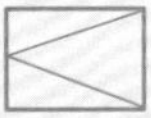	双人床		单开窗
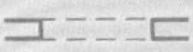	拱门		三人沙发		双片推拉窗
	单开门		单人沙发		三片推拉窗
	双开门		扶手靠椅		四片推拉窗

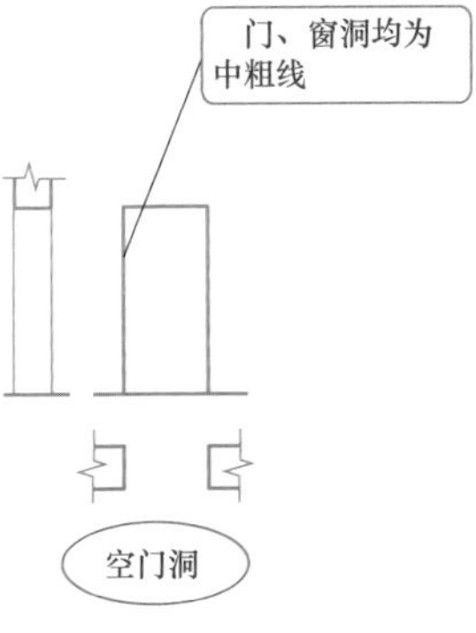
门、窗洞均为中粗线
空门洞

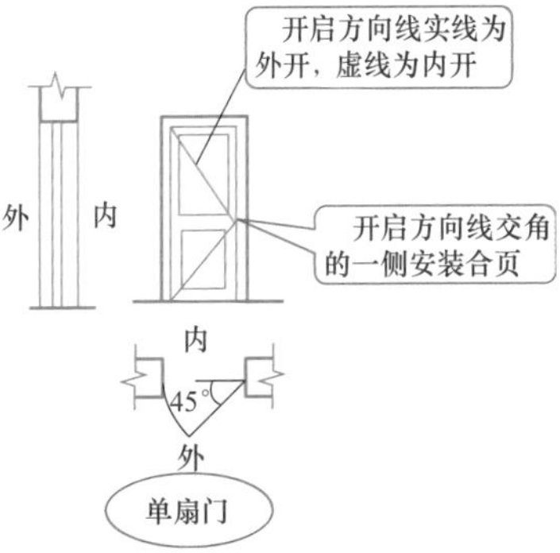
开启方向线实线为外开，虚线为内开
外
内
开启方向线交角的一侧安装合页
内
45°
外
单扇门

续表

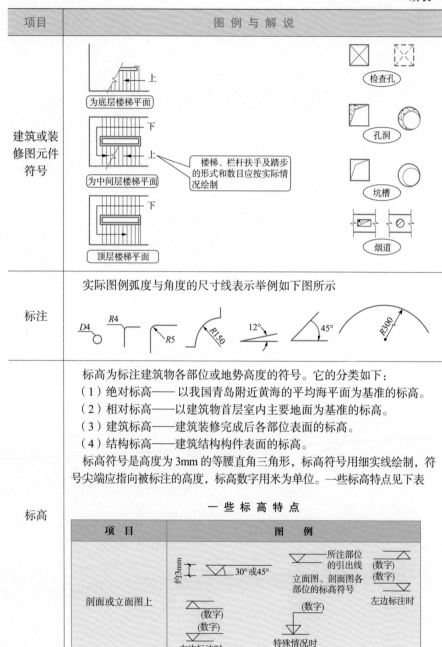

<table>
<tr><th>项目</th><th>图例与解说</th></tr>
<tr><td>建筑或装修图元件符号</td><td>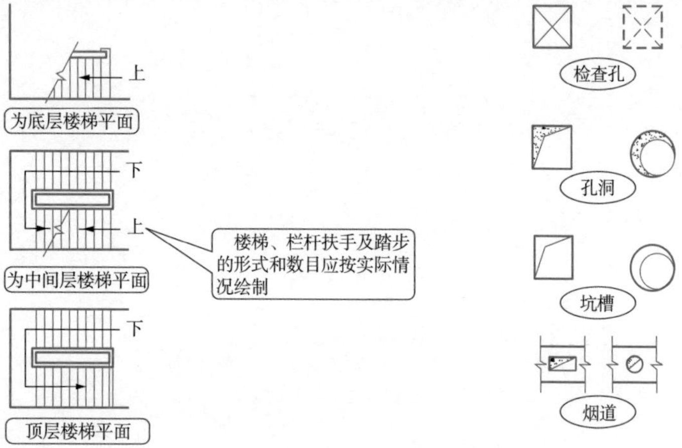
上
为底层楼梯平面
下
上
为中间层楼梯平面
楼梯、栏杆扶手及踏步的形式和数目应按实际情况绘制
下
顶层楼梯平面
检查孔
孔洞
坑槽
烟道</td></tr>
<tr><td>标注</td><td>实际图例弧度与角度的尺寸线表示举例如下图所示
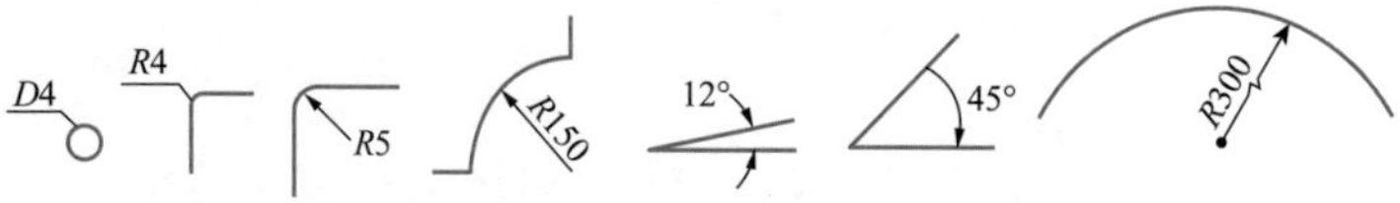
D4
R4
R5
R150
12°
45°
R300</td></tr>
<tr><td>标高</td><td>标高为标注建筑物各部位或地势高度的符号。它的分类如下：
（1）绝对标高—— 以我国青岛附近黄海的平均海平面为基准的标高。
（2）相对标高——以建筑物首层室内主要地面为基准的标高。
（3）建筑标高——建筑装修完成后各部位表面的标高。
（4）结构标高——建筑结构构件表面的标高。
标高符号是高度为 3mm 的等腰直角三角形，标高符号用细实线绘制，符号尖端应指向被标注的高度，标高数字用米为单位。一些标高特点见下表

一些标高特点
<table>
<tr><th>项　目</th><th>图　　例</th></tr>
<tr><td>剖面或立面图上</td><td>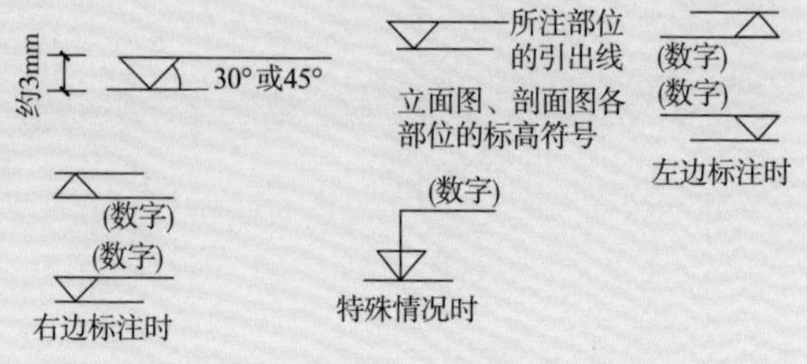
约3mm
30°或45°
所注部位的引出线
立面图、剖面图各部位的标高符号
(数字)
(数字)
左边标注时
(数字)
(数字)
右边标注时
(数字)
特殊情况时</td></tr>
</table></td></tr>
</table>

续表

<table>
<tr><th>项目</th><th>图 例 与 解 说</th></tr>
<tr><td>标高</td><td>
续表
<table>
<tr><th>项 目</th><th>图 例</th></tr>
<tr><td>平面图上</td><td>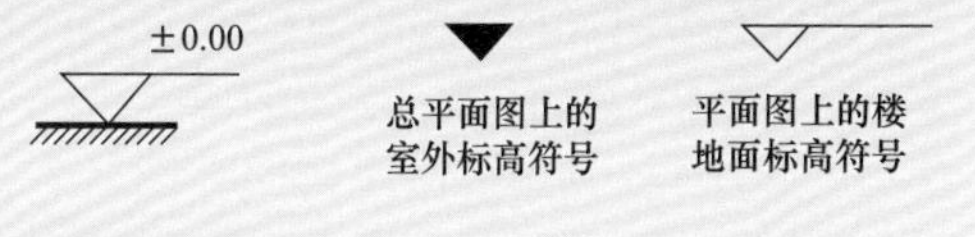
±0.00
总平面图上的室外标高符号
平面图上的楼地面标高符号</td></tr>
<tr><td>同时表示几个不同高度时的标高注法</td><td>
(12.00)
(6.00)
3.00
(9.000)
(6.000)
(3.000)</td></tr>
</table>
</td></tr>
<tr><td>详图索引标志</td><td>
详图符号表示详图的位置与编号圆直径约 14mm，用粗实线绘制，具体一些见下表

详 图 索 引 标 志
<table>
<tr><th>名 称</th><th>图 例</th></tr>
<tr><td>施工图上的详图索引标志
详图在本张图纸上</td><td>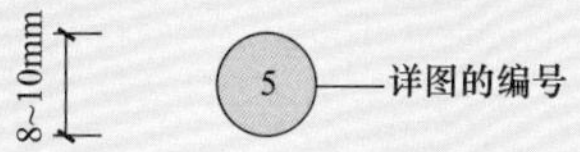
8~10mm
5
详图的编号</td></tr>
<tr><td>施工图上的详图索引标志
详图不在本张图纸上</td><td>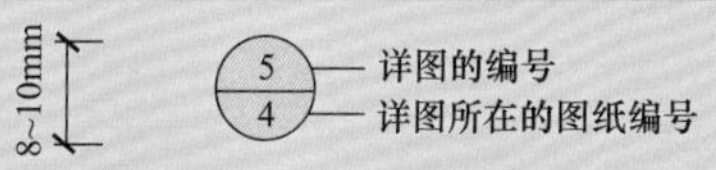
8~10mm
5
4
详图的编号
详图所在的图纸编号</td></tr>
<tr><td>详图标志</td><td>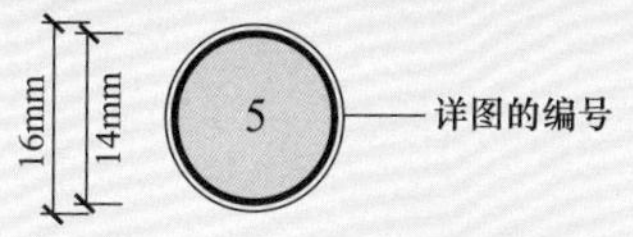
16mm
14mm
5
详图的编号</td></tr>
<tr><td>标准详图的索引标志</td><td>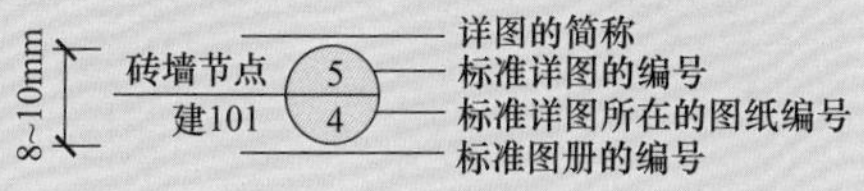
8~10mm
砖墙节点
建101
5
4
详图的简称
标准详图的编号
标准详图所在的图纸编号
标准图册的编号</td></tr>
</table>
</td></tr>
<tr><td>引出线表示</td><td>引出线一般用细实线绘制，圆直径 10mm。引出采用水平方向的直线或与水平方向成 30°、45°、60°、90°的直线，或经上述角度再折为水平线。文字说明应注写在水平线的上方，也可注写在水平线的端部。同时引出几个相同部分的引出线，宜互相平行，也可画成集中于一点的放射线。多层构造或多层管道共用引出线，应通过被引出的各层。</td></tr>
</table>

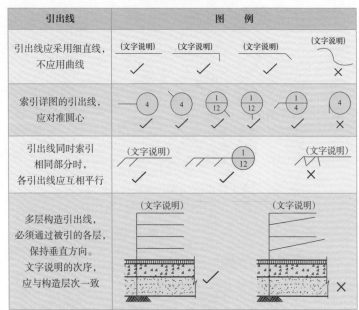

续表

<table>
<tr><th>项目</th><th>图例与解说</th></tr>
<tr><td>引出线表示</td><td>
一些引出线的表示方法见下表

一些引出线的表示方法
<table>
<tr><th>引出线</th><th>图例</th></tr>
<tr><td>引出线应采用细直线，不应用曲线</td><td>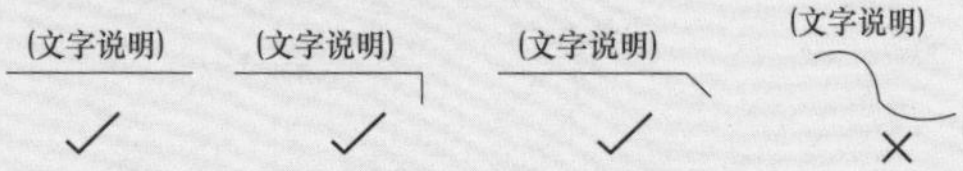(文字说明)
(文字说明)
(文字说明)
(文字说明)
✓ ✓ ✓ ×</td></tr>
<tr><td>索引详图的引出线，应对准圆心</td><td>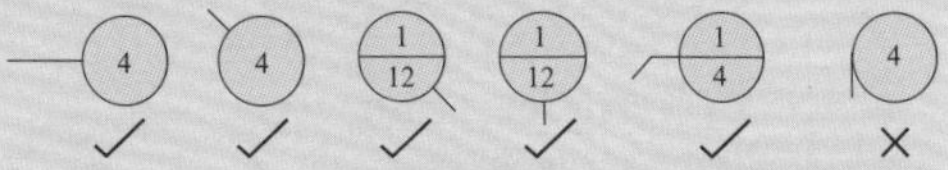4
4
1/12
1/12
1/4
4
✓ ✓ ✓ ✓ ✓ ×</td></tr>
<tr><td>引出线同时索引相同部分时，各引出线应互相平行</td><td>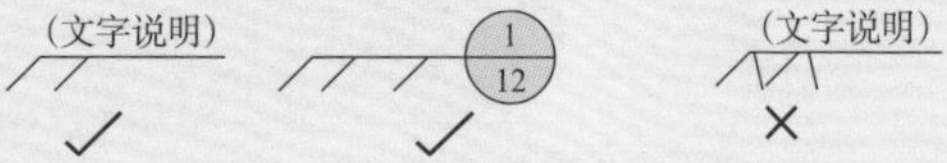(文字说明)
1/12
(文字说明)
✓ ✓ ×</td></tr>
<tr><td>多层构造引出线，必须通过被引的各层，保持垂直方向。文字说明的次序，应与构造层次一致</td><td>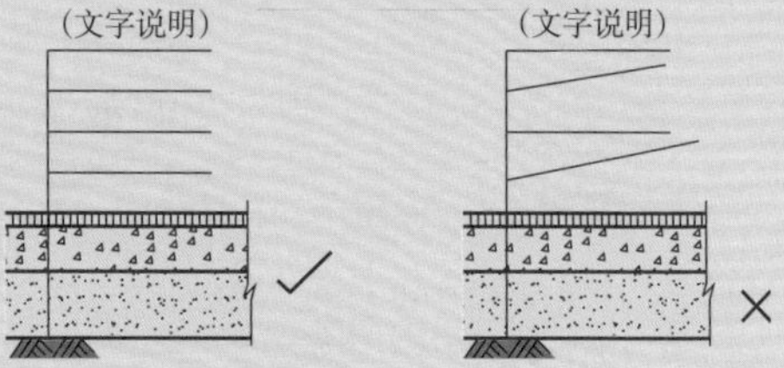(文字说明)
(文字说明)
✓ ×</td></tr>
</table>
注：打“√”表示正确图例，打“×”表示错误图例
</td></tr>
<tr><td>定位轴线</td><td>
定位轴线是用来确定主要承重构件（墙、柱、梁）位置及尺寸标注的基准。定位轴线用细单点画线绘制，编号注写在轴线端部的圆内。编号圆用细实线绘制，直径为 8mm，详图可增至 10mm，细实线（0.25b）。竖向或纵墙编号用拉丁字母，自下而上；横向或横墙编号为阿拉伯数字，从左到右。基本表示图例如下：
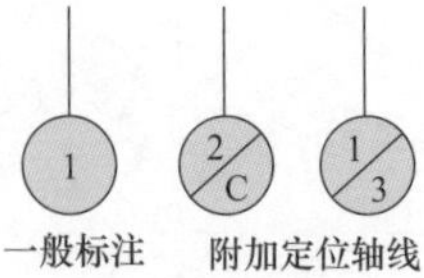
1
2/C
1/3
一般标注
附加定位轴线
基本表示图例

注：I、O、Z 不得作轴线编号，避免与 1、0、2 混淆。
两道承重墙中如果有隔墙，则隔墙的定位轴线应为附加轴线。附加轴线的编号方法为分数的形式，其中分子表示附加轴线的编号，分母表示前一根定位轴线的编号，如下图所示：
</td></tr>
</table>

续表

<table>
<tr><th>项目</th><th>图 例 与 解 说</th></tr>
<tr><td>定位
轴线</td><td>
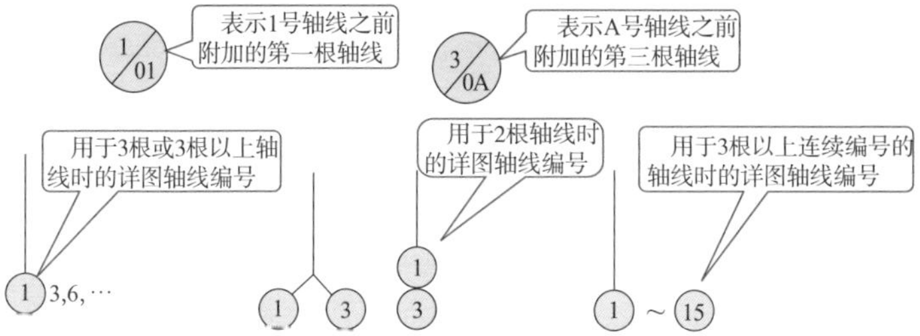
1/01
表示1号轴线之前附加的第一根轴线
3/0A
表示A号轴线之前附加的第三根轴线
用于3根或3根以上轴线时的详图轴线编号
1 3,6,…
1 3
用于2根轴线时的详图轴线编号
1
3
用于3根以上连续编号的轴线时的详图轴线编号
1 ~ 15

附加轴线的编号方法

圆形剖面图中定位轴线的编号，其圆周轴线宜用大写拉丁字母表示，从外向内顺序编写；其径向轴线宜用阿拉伯数字表示，从左下角开始，按逆时针顺序编写，图例如下图所示：

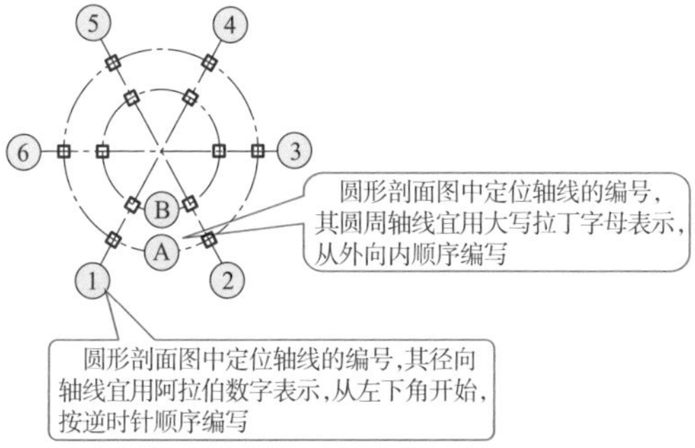
5
4
6
3
B
A
1
2
圆形剖面图中定位轴线的编号，其圆周轴线宜用大写拉丁字母表示，从外向内顺序编写
圆形剖面图中定位轴线的编号，其径向轴线宜用阿拉伯数字表示，从左下角开始，按逆时针顺序编写

圆形剖面图中定位轴线的编号

折线形平面图中定位轴线的编号如下图所示

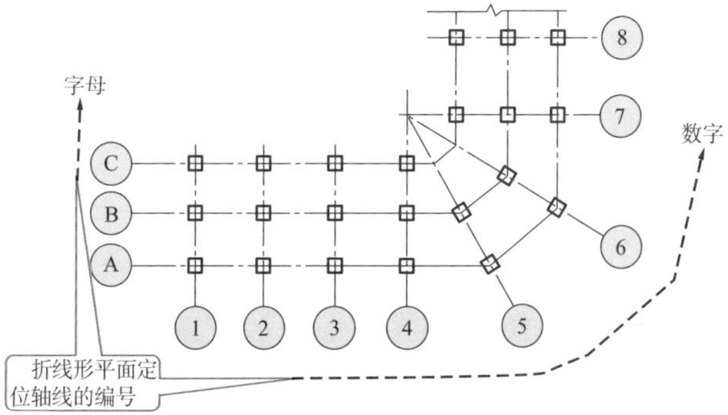
字母
C
B
A
1
2
3
4
5
6
7
8
数字
折线形平面定位轴线的编号

折线形平面图中定位轴线的编号
</td></tr>
</table>

续表

<table>
<tr><th>项目</th><th>图 例 与 解 说</th></tr>
<tr><td>对称符号</td><td>对称符号用细实线绘制，平行线长度约 6 ~ 8mm，间距约 2 ~ 3mm，图例如下图所示
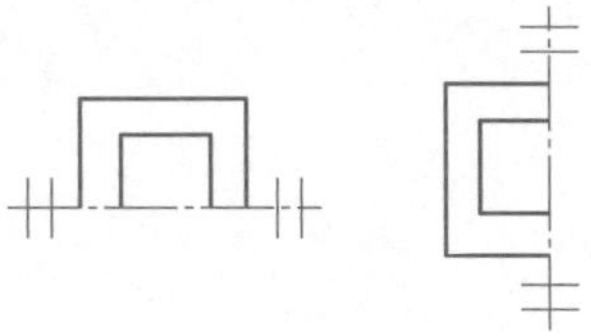
对称符号</td></tr>
<tr><td>指北针</td><td>指北针符号如下图所示
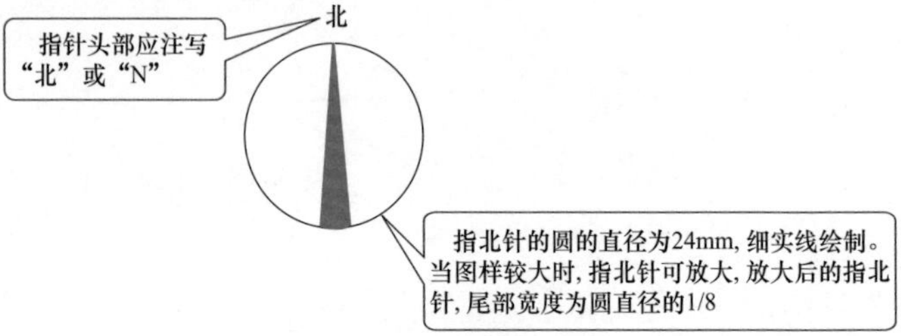
北
指针头部应注写“北”或“N”
指北针的圆的直径为24mm, 细实线绘制。当图样较大时, 指北针可放大, 放大后的指北针, 尾部宽度为圆直径的1/8
指北针符号</td></tr>
<tr><td>常用比例</td><td>常用比例如下：1∶50、1∶100、1∶150、1∶200、1∶300。如果平面图的比例为：
比例 > 1∶50 时画抹灰层、楼地面、屋面的面层线，一般也画出材料图例。
比例 =1∶50 时宜画楼地面、屋面的面层线，抹灰层面层线视需要而定。
比例 < 1∶50 时不画抹灰层，宜画出楼地面、屋面的面层线。
比例 =1∶100 ~ 200 时可简化材料图例，宜画出楼地面、屋面的面层线。
比例 < 1∶200 时，不画材料图例</td></tr>
<tr><td>剖面图</td><td>剖面图就是假想用一个正立投影面或侧立投影面的平行面将房屋剖切开，移去剖切平面与观察者之间的部分，将剩下部分按正投影的原理投射到与剖切平面平行的投影面上得到的图形</td></tr>
</table>

3.1.2 平面图

平面图的构成与绘制的主要步骤见表 3-2。

表3-2　　　　　平面图的构成与绘制的主要步骤

<table>
<tr><th>项目</th><th>解说与图例</th></tr>
<tr><td>平面图
的构成</td><td>
平面图的形成主要步骤与解说如下图所示

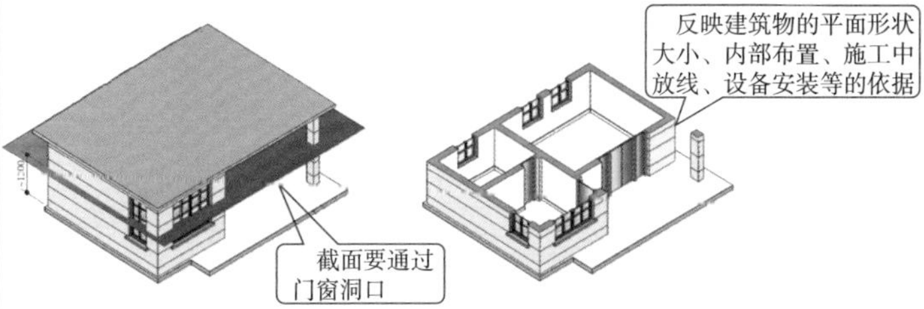

反映建筑物的平面形状大小、内部布置、施工中放线、设备安装等的依据
截面要通过门窗洞口

步骤1　　　　步骤2

平面图的形成主要步骤与解说（一）

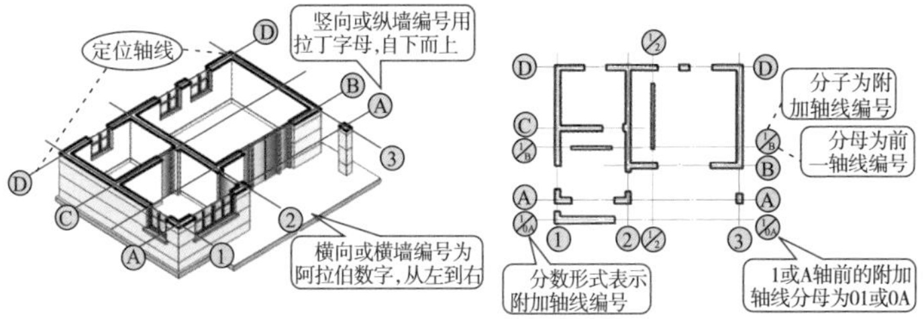

定位轴线
竖向或纵墙编号用拉丁字母，自下而上
横向或横墙编号为阿拉伯数字，从左到右
分子为附加轴线编号
分母为前一轴线编号
分数形式表示附加轴线编号
1或A轴前的附加轴线分母为01或0A

步骤3　　　　步骤4

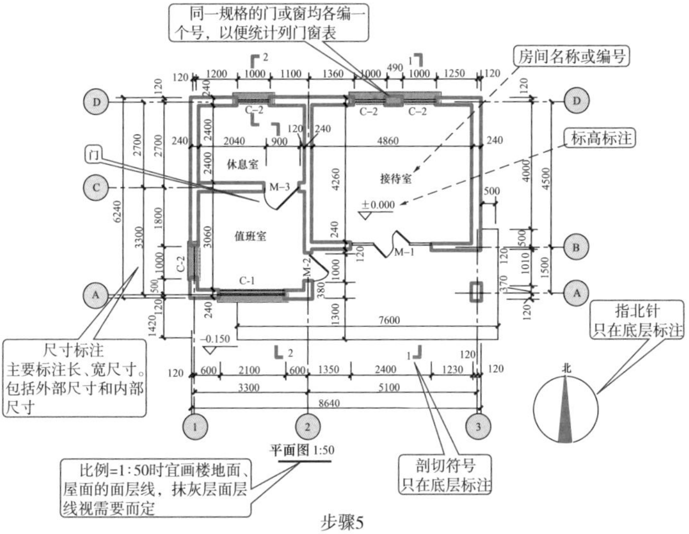

同一规格的门或窗均各编一个号，以便统计列门窗表
房间名称或编号
标高标注
门
休息室
接待室
值班室
±0.000
-0.150
尺寸标注 主要标注长、宽尺寸。包括外部尺寸和内部尺寸
指北针 只在底层标注
北
平面图 1:50
比例=1:50时宜画楼地面、屋面的面层线，抹灰层面层线视需要而定
剖切符号 只在底层标注

步骤5

平面图的形成主要步骤与解说（二）
</td></tr>
</table>

续表

项目	解说与图例
电气平面图是怎样画成的	电气平面图画法就是首先画定位线，然后画墙身线与门窗位置，再画有关尺寸，最后根据电器设备定位以及画电气连接线，主要步骤图例如下图所示 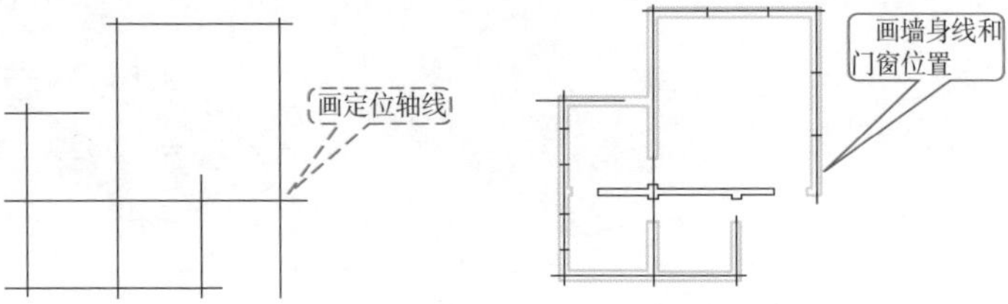 画定位轴线 画墙身线和门窗位置 步骤1　步骤2 电气平面图主要步骤图例（一） 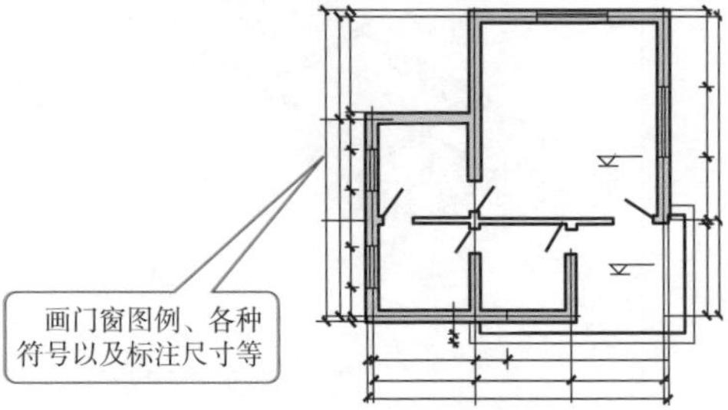 画门窗图例、各种符号以及标注尺寸等 步骤3 电气平面图主要步骤图例（二）

3.1.3 识读图

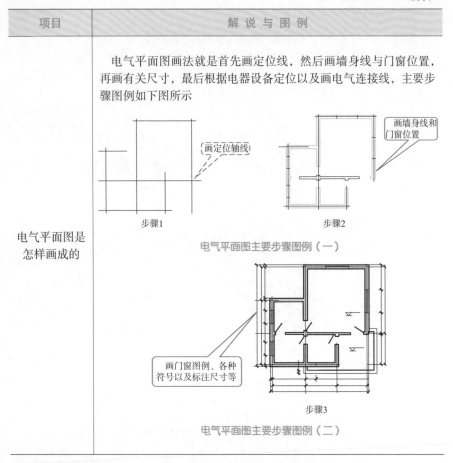

识读图的方法技巧见表 3-3。

表3-3　识读图的方法技巧

项目	解说与图例
照明平面图	照明平面图可以反映出电源进户装置、照明配电箱、灯具、插座、开关等电气设备的数量、型号规格、安装位置、安装高度、照明线路的敷设位置、照明线路敷设方式、照明线路敷设路径、照明线路导线的型号规格等。具体不同的图，实际有一些差异。灯、开关与插座图例如下图所示

续表

<table>
<tr><th>项目</th><th>解 说 与 图 例</th></tr>
<tr><td>照明平面图</td><td>
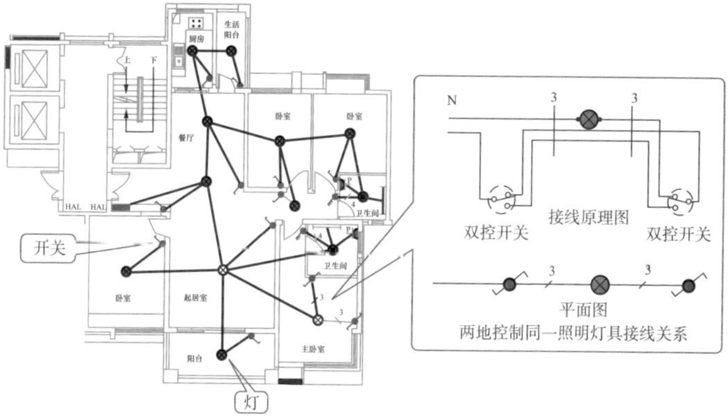
开关
灯
N
3
3
双控开关
接线原理图
双控开关
3
3
平面图
两地控制同一照明灯具接线关系

灯、开关平面图

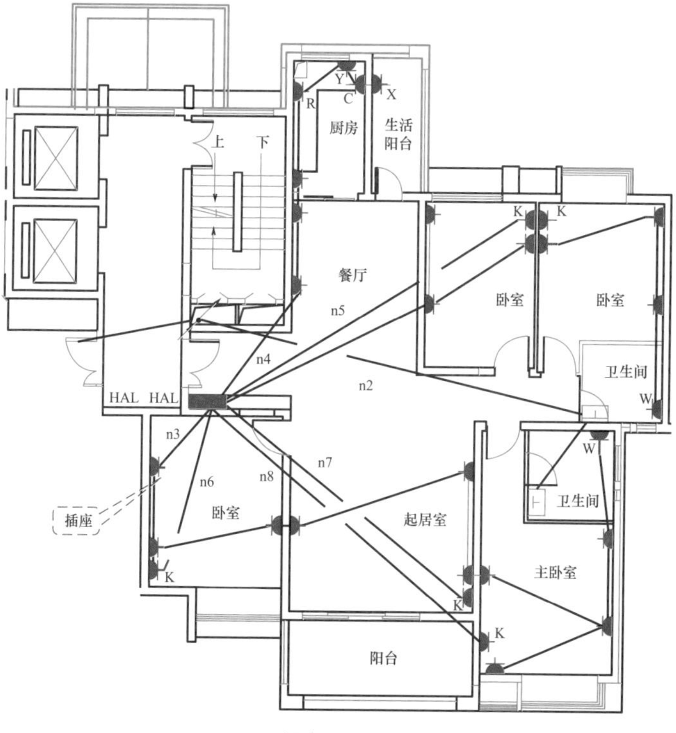
厨房
生活
阳台
上
下
餐厅
n5
n4
n2
HAL
HAL
卧室
卧室
卫生间
n3
n6
n8
n7
卧室
起居室
卫生间
主卧室
插座
阳台
K
W
Y
C
R
X

插座平面图
</td></tr>
</table>

续表

项目	解说与图例
弱电系统平面图	电视、电话的系统图可以反映电视、电话布局、插座安排等情况，如下图所示 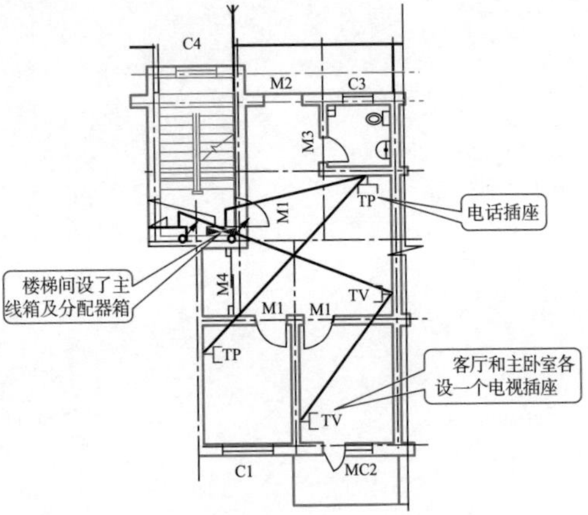 C4 M2 C3 M3 M1 TP 电话插座 楼梯间设了主线箱及分配器箱 M4 M1 M1 TV TP 客厅和主卧室各设一个电视插座 TV C1 MC2 弱电系统平面图
家庭智能化系统	家庭智能化系统包括煤气泄漏探测器、被动红外探测器、水/气表传感器、门磁、窗磁、紧急按钮等器件的安放位置及安装的要求等，图例如下图所示 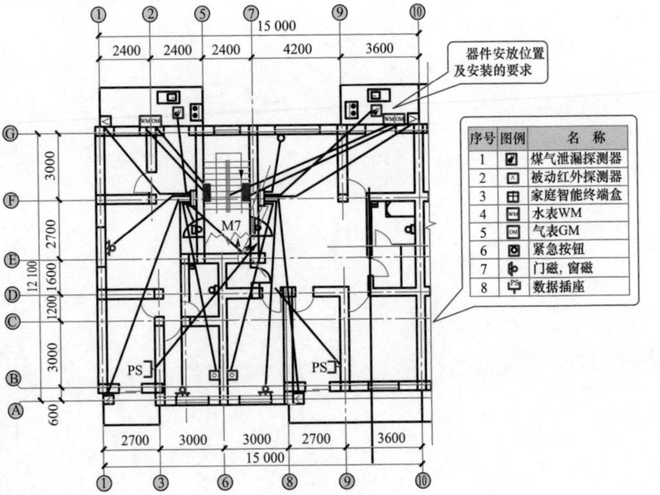 15 000 2400 2400 2400 4200 3600 器件安放位置及安装的要求 序号 图例 名称 1 煤气泄漏探测器 2 被动红外探测器 3 家庭智能终端盒 4 水表WM 5 气表GM 6 紧急按钮 7 门磁，窗磁 8 数据插座 3000 2700 1600 1200 3000 600 12 100 M7 PS PS 2700 3000 3000 2700 3600 15 000 家庭智能化系统

3.2 家居电工工艺

家居电工工艺的流程与要求见表3-4。

表3-4　　家居电工工艺的流程与要求

项目	图例与解说
家居装修流程	家居装修流程如下： 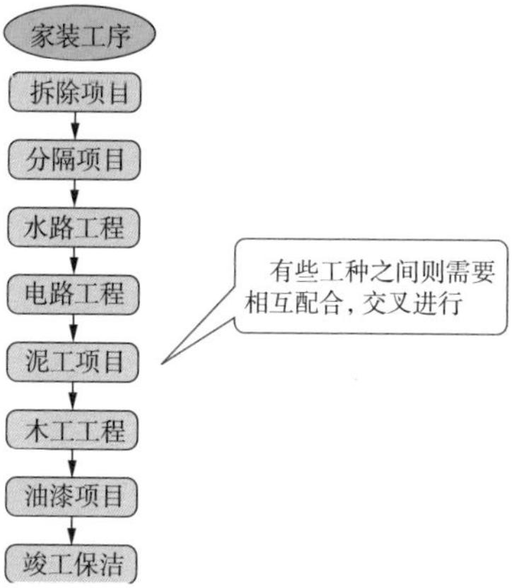家装工序 拆除项目 分隔项目 水路工程 电路工程 泥工项目 木工工程 油漆项目 竣工保洁 有些工种之间则需要相互配合，交叉进行 家居装修流程  分隔项目 一般水电工施工在泥工、油漆工、木工等工序之前，墙体打孔等之后。一些工序的图例如下：

续表

项目	图例与解说
家居装修流程	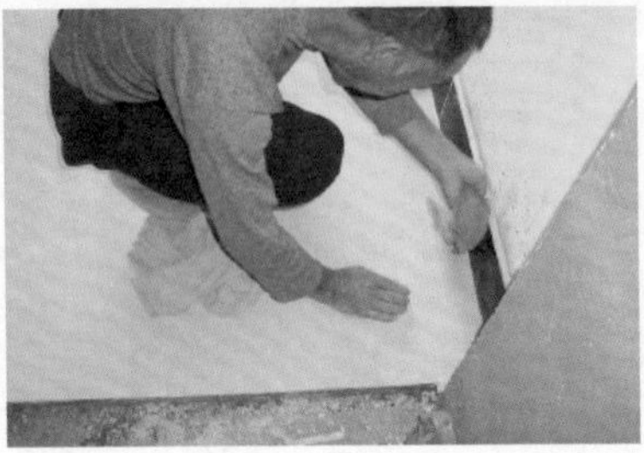 泥工  油漆工 泥工——主要从事家庭居室装修内墙抹灰、顶棚抹灰、地面抹灰、瓷砖铺贴等工程，即与水泥沾边。泥工有时也称为瓦工、泥瓦工。 油漆工——主要从事墙面、顶棚、家具等相关的粉刷。  木工 木工——主要从事家具的制作、细木制作、木制造型吊顶、木地板铺设等 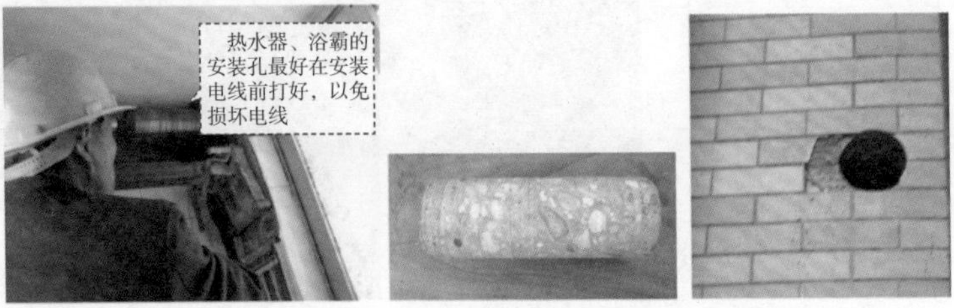 热水器、浴霸的安装孔最好在安装电线前打好，以免损坏电线 外墙打孔

续表

<table>
<tr><th>项目</th><th>图例与解说</th></tr>
<tr><td>家居电工工艺流程</td><td>家居电工工艺流程如下

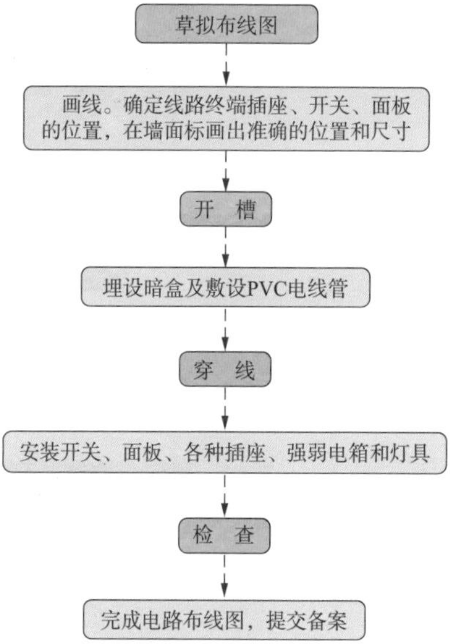
草拟布线图
画线。确定线路终端插座、开关、面板的位置，在墙面标画出准确的位置和尺寸
开　槽
埋设暗盒及敷设PVC电线管
穿　线
安装开关、面板、各种插座、强弱电箱和灯具
检　查
完成电路布线图，提交备案</td></tr>
<tr><td>电工与电工工艺要求</td><td>电工与电工工艺一些要求如下：
（1）电工穿戴规范，不得穿拖鞋等上班作业，如下图所示：

不得穿拖鞋上班</td></tr>
</table>

续表

项目	图例与解说
电工与电工工艺要求	（2）文明施工。不得出现上班喝酒等不良现象，如下图所示：  不得上班喝酒 （3）工作场地要整理、规范，消除安全隐患。例如下图中木棍上的圆钉没有去掉，对行人很危险！  木棍上的圆钉没有去掉，对行人很危险！ （4）选材、用材符合要求。对设备、材料、成品、半成品要进场验收。建筑用材如下图所示：  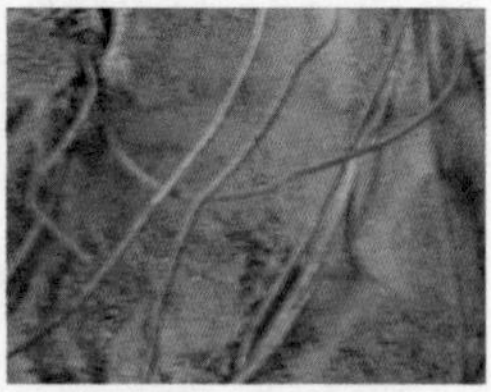 建筑用材 （5）持证上岗。操作规范。随时接受监察。 （6）临时用电要用电缆线。 （7）照明灯具与易燃易爆产品之间必须保护一定的距离。 （8）严禁接地线接于煤气管道上，以免发生严重的火灾事故。 （9）施工场地应准备灭火器等安全装置

第4章

线路与线槽及配电箱

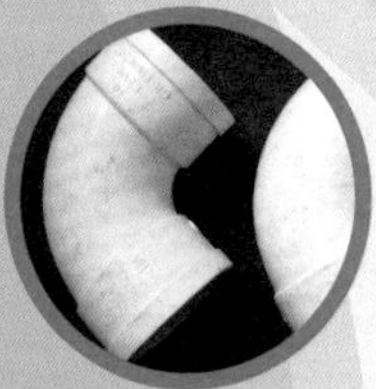

4.1 线路与线槽及配电箱施工依据

线路与线槽及配电箱的施工依据一般是根据装饰装修施工图。因此，电工作业前一定要全盘审视一下图纸，做到全局掌握。如果有疑义的地方或者认为不合理的地方，应及时与设计师或者业主等相关人员沟通、落实。

电工施工在一定意义上讲就是把图中设想变成现实（图例见图 4-1）。

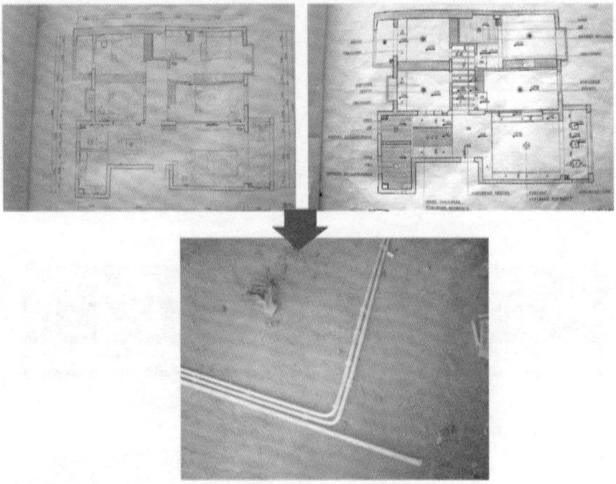

图 4-1 按图纸施工

如果是 DIY，则建议一定要事先规划一下，并且在脑袋中要有清晰的电路布局、插座分布、线槽布局等，同时应把这些设想绘制草图，有利于施工时参阅以及电气线路的存底。

4.2 线路与线槽

4.2.1 剥线工艺

剥线工艺就是剥离电线的绝缘层，具体的操作方法与技巧见表 4-1。

表4-1 剥线工艺

项目		图例与解说
塑料硬导线的剖削	横截面积不大于 $4mm^2$	横截面积不大于 $4mm^2$ 的塑料硬线绝缘层的剖削，可以用钢丝钳进行，具体剖削的方法与步骤如下： （1）根据实际需要的线头长度用钢丝钳刀口切割绝缘层。切割时注意用力适中，不能够损伤芯线。 （2）然后左手抓牢电线，右手握住钢丝钳头，钳头用力向外拉动，即可剖下塑料绝缘层。 （3）塑料绝缘层剖削完成后，查看线芯是否完整无损。如损伤较大，应重新剖削

续表

项　目		图例与解说
塑料硬导线的剥削	横截面积不大于4mm²	塑料硬线绝缘层的剖削图例如下 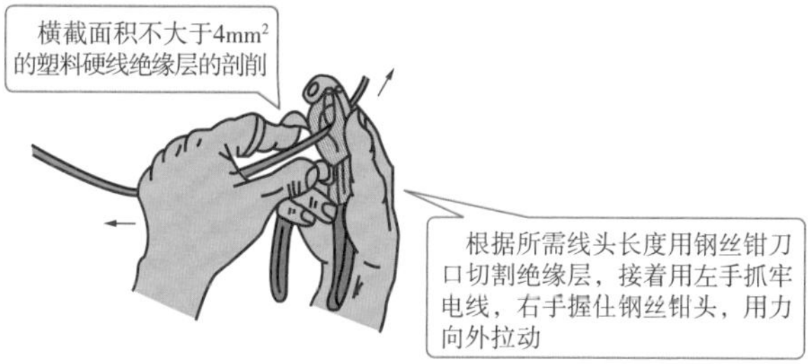 横截面积不大于4mm²的塑料硬线绝缘层的剖削 根据所需线头长度用钢丝钳刀口切割绝缘层，接着用左手抓牢电线，右手握住钢丝钳头，用力向外拉动 塑料硬线绝缘层的剖削图例
	芯线横截面积大于4mm²	首先根据所需线头长度用电工刀以45°左右倾斜切入塑料绝缘层，然后将电工刀与线芯保持15°左右均匀用力向线端推削，再削去一部分塑料层以及把剩余部分塑料层翻下、用电工刀在下翻部分的根部切去塑料层。即削去绝缘层，露出线芯。图例如下 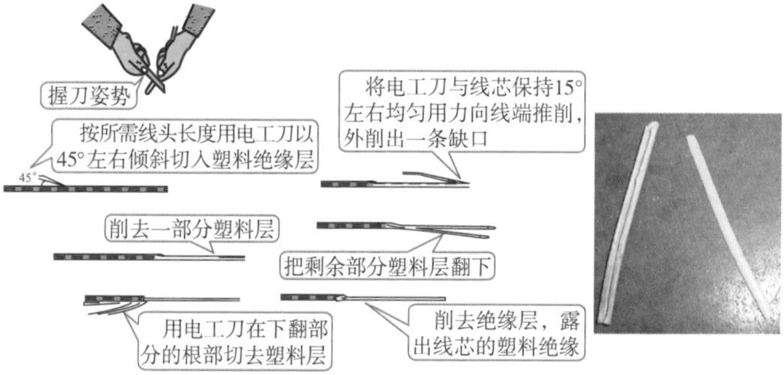 握刀姿势 按所需线头长度用电工刀以45°左右倾斜切入塑料绝缘层 45° 将电工刀与线芯保持15°左右均匀用力向线端推削，外削出一条缺口 削去一部分塑料层 把剩余部分塑料层翻下 用电工刀在下翻部分的根部切去塑料层 削去绝缘层，露出线芯的塑料绝缘 塑料硬导线的剥削
塑料软线绝缘层的剥削		塑料软线绝缘层的剖削，只能用剥线钳或钢丝钳进行，不可用电工刀剖削。电工刀实物图如下： 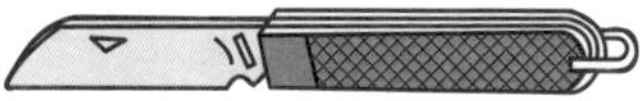 电工刀 **1. 用钢丝钳剥削** 根据实际需要的线头长度用钢丝钳刀口切割绝缘层。切割时注意用力适中，不能够损伤芯线。然后左手抓牢电线，右手握住钢丝钳头钳头用力向外拉动，即可剖下塑料绝缘层

续表

<table>
<tr><th>项　目</th><th>图 例 与 解 说</th></tr>
<tr><td>塑料软线绝缘层的剥削</td><td>

2. 剥线钳

剥线钳的使用方法比较简便：确定要剥削的绝缘长度，再把导线放入相应的切口中（直径 0.5 ~ 3mm），然后用手将钳柄握紧，导线的绝缘层即被拉断后自动弹出，图例如下

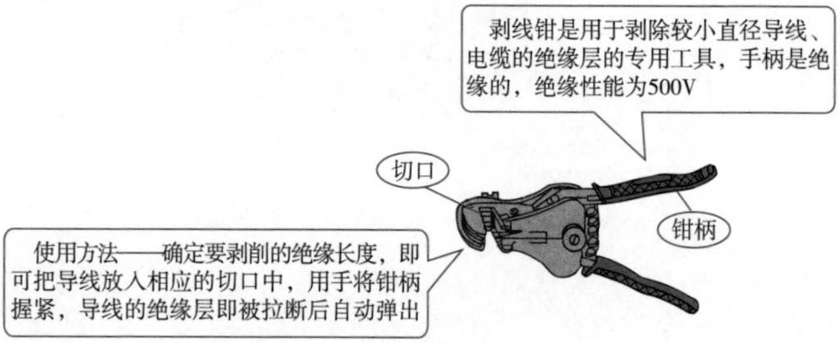
剥线钳是用于剥除较小直径导线、电缆的绝缘层的专用工具，手柄是绝缘的，绝缘性能为500V
切口
钳柄
使用方法——确定要剥削的绝缘长度，即可把导线放入相应的切口中，用手将钳柄握紧，导线的绝缘层即被拉断后自动弹出

剥线钳的应用

</td></tr>
<tr><td>塑料护套线绝缘层</td><td>

塑料护套线绝缘层分为公共护套层与每根线芯的护套层，公共护套层只能用电工刀来削剥：先按所需线头长度找好线芯缝隙，用电工刀尖划开护套层，然后向反方向扳翻护套层，用电工刀在根部切去护套层即可。另外，在距护套层 5 ~ 10mm 处，用电工刀或钢丝钳按削剥塑料硬导线绝缘层的方法，分别剥离每根芯线的绝缘层，示意图如下

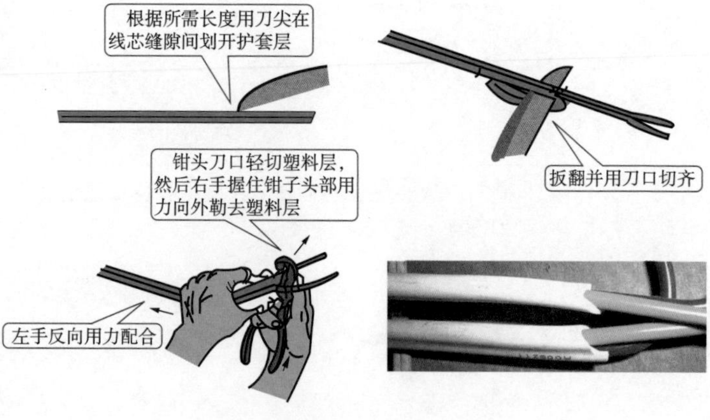
根据所需长度用刀尖在线芯缝隙间划开护套层
扳翻并用刀口切齐
钳头刀口轻切塑料层，然后右手握住钳子头部用力向外勒去塑料层
左手反向用力配合

电工刀剥削塑料护套线绝缘层

</td></tr>
</table>

续表

项 目	图例与解说
漆包线	针对不同直径的漆包线采用不同的剥削方法： （1）直径在 0.1mm 以上的漆包线线头，可以用细砂纸擦去漆层即可。 （2）直径在 0.6mm 以上的漆包线线头，用薄刀刮削漆层即可。 （3）直径在 0.1mm 以下的漆包线线头，可将线头浸沾溶化的松香液，用电烙铁边烫边摩擦，将漆层剥落
丝包线	可以针对不同直径的线采用不同的剥削方法： （1）线径较细的，只将丝包层向后推缩就可露出芯线。 （2）线径较粗的，首先松散一些丝包层，然后向后推缩就可露出芯线。 （3）线径很粗的线头，将松散后的丝线头首先打结扎住，再向后推缩露出芯线。对所有露出的芯线再用细砂纸擦去表面氧化层
玻璃丝包线	玻璃丝包线与丝包线的剥削方法一样，即可以针对不同直径的线采用不同的剥削方法： （1）线径较细的，只将丝包层向后推缩就可露出芯线。 （2）线径较粗的，首先松散一些丝包层，然后向后推缩就可露出芯线。 （3）线径很粗的线头，将松散后的丝线头首先打结扎住，再向后推缩露出芯线。对所有露出的芯线再用细砂纸擦去表面氧化层
纸包线	纸包线绝缘层的剥削方法与技巧如下： （1）先松散纸包层到所需芯线长度。 （2）再用绝缘清漆将纸粘牢。 （3）然后用细砂纸擦去芯线表面氧化层即可
纱包线	纱包线绝缘层的剥削方法与技巧如下： （1）将纱层松散到所需芯线长度。 （2）再打结扎住。 （3）然后用细纱纸擦去芯线表面的氧化层即可
铅包线	铅包线绝缘层剥削方法与步骤如下： （1）首先用电工刀把铅包层切割一刀。 （2）再用双手分左右上下扳齐切口处，铅层便会沿切口折断，再拉出铅层套。 （3）再按塑料线的剖削方法去除绝缘层即可，具体图例如下：

续表

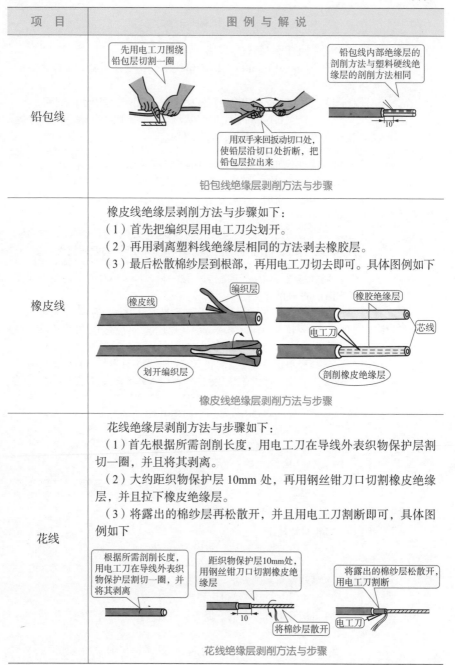

<table>
<tr><th>项 目</th><th>图 例 与 解 说</th></tr>
<tr><td>铅包线</td><td>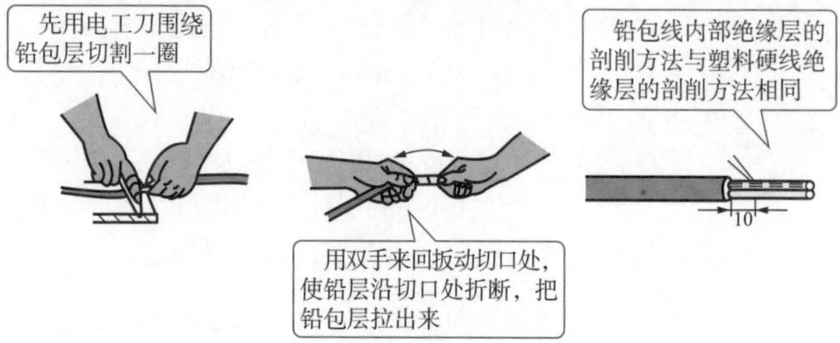
先用电工刀围绕铅包层切割一圈
用双手来回扳动切口处，使铅层沿切口处折断，把铅包层拉出来
铅包线内部绝缘层的剖削方法与塑料硬线绝缘层的剖削方法相同
10
铅包线绝缘层剥削方法与步骤</td></tr>
<tr><td>橡皮线</td><td>橡皮线绝缘层剥削方法与步骤如下：
（1）首先把编织层用电工刀尖划开。
（2）再用剥离塑料线绝缘层相同的方法剥去橡胶层。
（3）最后松散棉纱层到根部，再用电工刀切去即可。具体图例如下
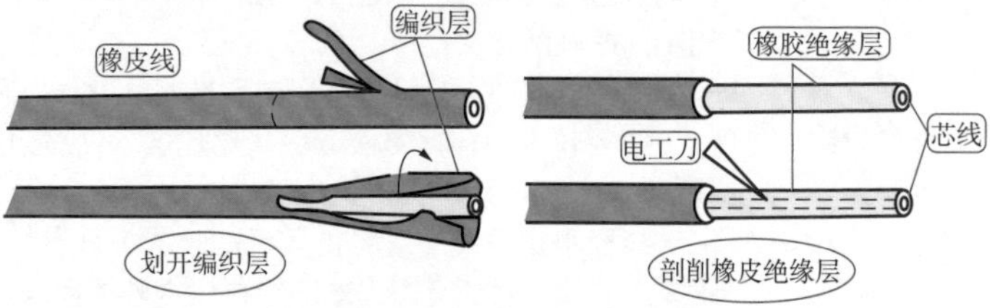
橡皮线
编织层
划开编织层
橡胶绝缘层
芯线
电工刀
剖削橡皮绝缘层
橡皮线绝缘层剥削方法与步骤</td></tr>
<tr><td>花线</td><td>花线绝缘层剥削方法与步骤如下：
（1）首先根据所需剖削长度，用电工刀在导线外表织物保护层割切一圈，并且将其剥离。
（2）大约距织物保护层 10mm 处，再用钢丝钳刀口切割橡皮绝缘层，并且拉下橡皮绝缘层。
（3）将露出的棉纱层再松散开，并且用电工刀割断即可，具体图例如下
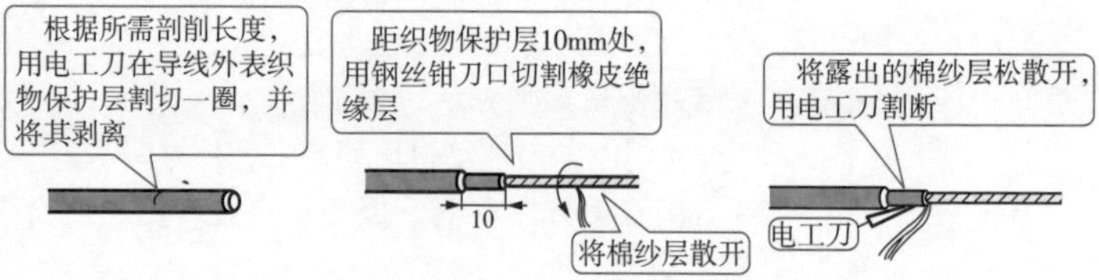
根据所需剖削长度，用电工刀在导线外表织物保护层割切一圈，并将其剥离
距织物保护层10mm处，用钢丝钳刀口切割橡皮绝缘层
10
将棉纱层散开
将露出的棉纱层松散开，用电工刀割断
电工刀
花线绝缘层剥削方法与步骤</td></tr>
</table>

4.2.2 线与接线柱（桩）的连接

接线柱可以分为针孔接线柱、平压接线柱、瓦形接线柱等。其中，针孔接线柱一般采用黄铜制作成矩形块，端面设有导线承接孔，顶面装有压紧导线螺钉。平压接线柱一般是利用圆头螺钉的平面进行压接，一般没有平垫圈。瓦形接线柱主要特点是其采用的垫圈为瓦形。

线与接线柱的连接工艺见表 4-2。

表4-2　**线与接线柱的连接工艺**

<table>
<tr><th>项目</th><th>图 例 与 解 说</th></tr>
<tr><td>封端</td><td>
导线的封端是为保证导线线头与电气设备的电接触与机械性能，在线头上焊接或压接接线端子的工艺过程。
$10mm^2$ 以下的单股铜芯线、$2.5mm^2$ 及以下的多股铜芯线与单股铝芯线一般可以直接与电器接线柱连接，不需要封端。
铜导线封端方法常用锡焊法或压接法。操作方法见下表：
铜导线封端方法
<table>
<tr><th>名　称</th><th>解　　说</th></tr>
<tr><td>锡焊法</td><td>首先除掉线头表面氧化层与污物、接线端子孔内表面氧化层与污物，然后涂上无酸焊锡膏，线头上先搪一层锡，并将适量焊锡放入接线端子的线孔内，用喷灯对接线端子加热，待焊锡熔化时，趁热将搪锡线头插入端子孔内，继续加热，直到焊锡完成渗透到芯线缝中并灌满线头与接线端子孔内壁之间的间隙，方可停止加热</td></tr>
<tr><td>压接法</td><td>首先把表面清洁，并且把加工好的线头直接插入内表面已清洁的接线端子线孔，再用压接管压接即可</td></tr>
</table>
实战·应用　UT 冷压端头的应用。
UT 冷压端头外形如下图：
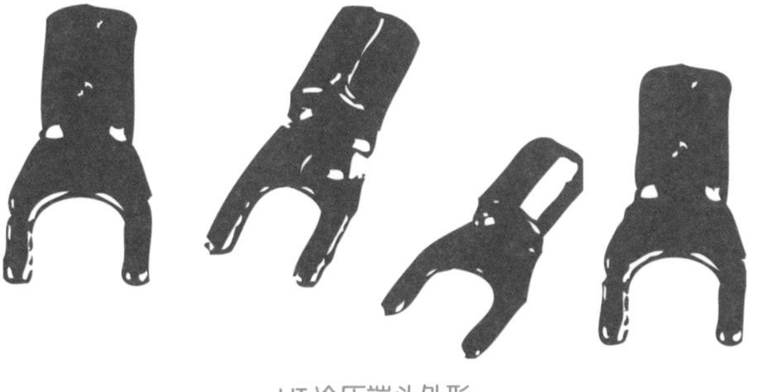
UT 冷压端头外形
</td></tr>
</table>

续表

项目	图例与解说
封端	冷压端头具有紫铜类型与黄铜材类型。目前，端头表面一般镀锡，接缝处银焊。适用导线横截面积为 0.35 ~ 6mm² 的端头可以配用 M2 ~ M6 直径的螺钉。 家装中一般选择的 UT 冷压端参数：50Hz 交流额定工作频率、400V 额定电压、–55℃ ~ 105℃工作环境温度即可。 **实战·应用** 保护套。 保护套的主要用途：电线末端绝缘处理、绝缘保护、耐老化性、防水、防寒、耐高压高温等特点。保护套的实际应用图例如下 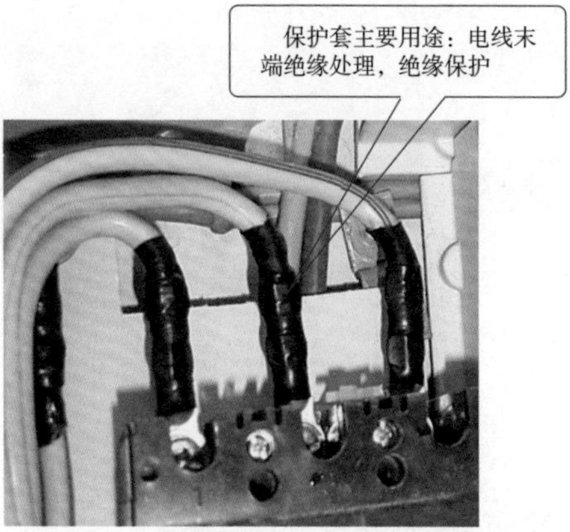 保护套主要用途：电线末端绝缘处理，绝缘保护 保护套的实际应用
单芯导线盘圈压接	用一字或十字机螺钉压接时，导线要顺着螺钉旋进方向紧绕一圈后再紧固。不允许反圈压接，盘圈开口不宜大于 2mm，压接后外露线芯的长度为 1 ~ 2mm。示意图如下： 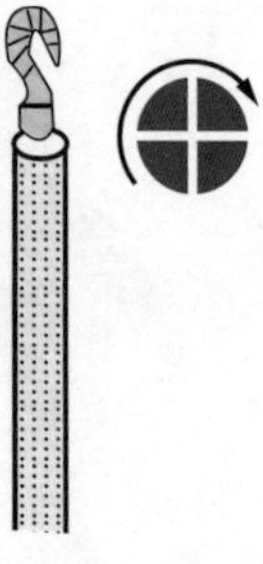 单芯导线盘圈压接

续表

项目	图例与解说
单股线头与接线柱的连接	单股线头与接线柱的连接方法、技巧，以及注意事项如下： （1）如果单股线头插入针孔接线柱承接孔后，孔间隙不多，则可以直接把单股线头插入针孔接线柱承接孔后，再拧紧螺钉即可。 （2）把要连接的导线的线芯插入接线柱头针孔内，导线裸露出针孔1～2mm即可，不可太多。 （3）如果单股线头插入针孔接线柱承接孔后，孔间隙较大，则需要把单股线头折成双股并列形状后再插入针孔接线柱承接孔后，再拧紧螺钉即可，图例如下： 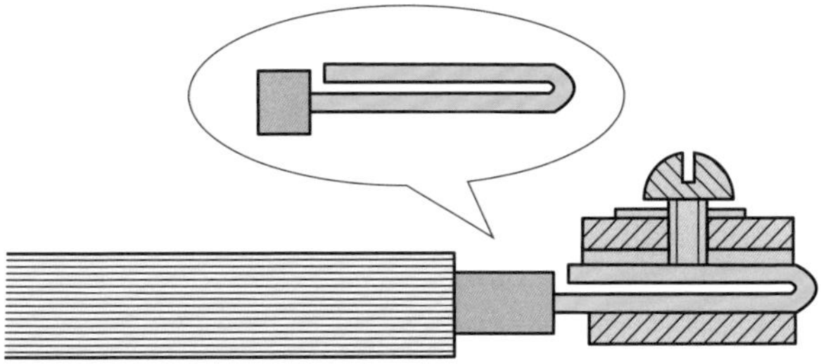 导线与针孔接线柱的连接 （4）单股线头应能够插入针孔接线柱承接孔的底部为宜，线头不可以裸露在接线柱外，以免留下安全隐患，同时，单股线没有去掉绝缘层的部分不应被螺钉压住，即绝缘层不能剥离得太少。 （5）单股线头与小容量平压接线柱的连接，首先要把单股线头按照拧紧螺钉的方向加工成压接圈，再套入圆头螺钉内，然后拧紧螺钉即可。线头与小容量平压接线柱的连接常见错误如下： 1）不加工压接圈。 2）压接圈加工错误：方向不对、弯得太大或者太小、弯时损坏铜芯。 3）绝缘部分压入螺钉内。 4）芯线外露太长。 5）螺钉拧得过力或者太松
多股线头与接线柱的连接	多股线头与针孔接线柱的连接的注意事项如下： （1）多股线头剥离绝缘层后，需要进一步把芯线绞紧。 （2）全根芯线端头不应有断股、露毛刺等现象。 （3）线头不可以裸露在接线柱外，以免留下安全隐患。 （4）多股线没有去掉绝缘层的部分不应被螺钉压住，即绝缘层不能剥离得太少。

续表

项目	图例与解说
多股线头与接线柱的连接	（5）多股线径太小，则需要折成双股并列形状后再插入针孔接线柱承接孔后，再拧紧螺钉即可。 （6）如果针孔过大，则可以选择一根直径大小相宜的铝、铜导线作绑扎线。在已绞紧的线头上紧密缠绕一层，使线头大小与针孔配合合适，插入后再进行压接，示意图如下： 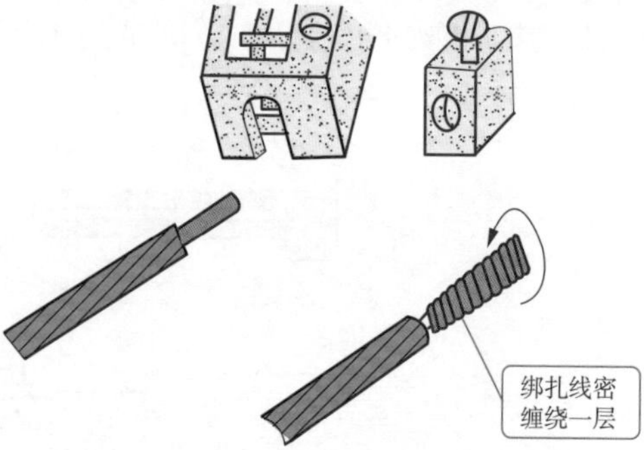 绑扎线密缠绕一层 铜导线作绑扎线 （7）如果多股线头插入针孔接线柱承接孔后，孔间隙较大，则需要把多股线头折成双股并列形状后再插入针孔接线柱承接孔后，再拧紧螺钉即可。 （8）如果线头过大，插不进针孔时，可将线头散开，适量减去中间几股。7股一般可剪去1 ~ 2股，19股一般可剪去1 ~ 7股，再将线头绞紧，然后压接即可，如下图所示： 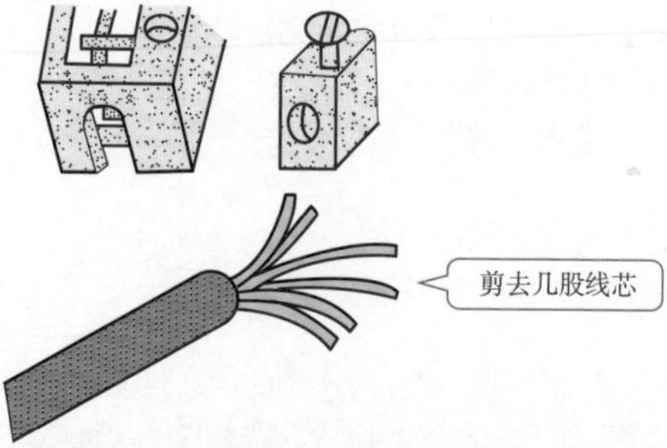 剪去几股线芯 直径大的多股线头与小孔接线柱的连接技巧 （9）软线线头的连接也可用平压式接线柱，但是，要注意导线线头与压接螺钉之间的要做绕结处理，如下图所示：

续表

项目	图例与解说
多股线头与接线柱的连接	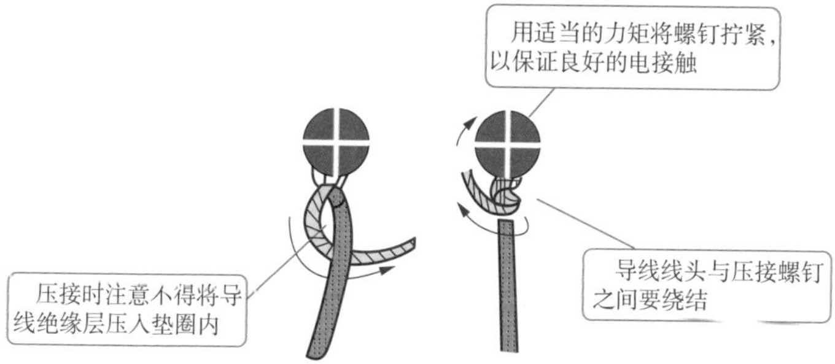 用适当的力矩将螺钉拧紧，以保证良好的电接触 压接时注意不得将导线绝缘层压入垫圈内 导线线头与压接螺钉之间要绕结 软线线头与平压接线柱的连接 （10）多股线压接均可以采用弯压接圈。一般横截面积不超过 $10mm^2$、股数为 7 股及以下的多股芯线，可以采用压接圈法压接。载流量较大，横截面积超过 $10mm^2$、股数多于 7 股的导线端头，一般不采用弯压接圈压接，而应采用接线耳安装 **实战·技巧** **多股线压接圈的制作。** 多股线压接圈制作的主要步骤如下图所示： 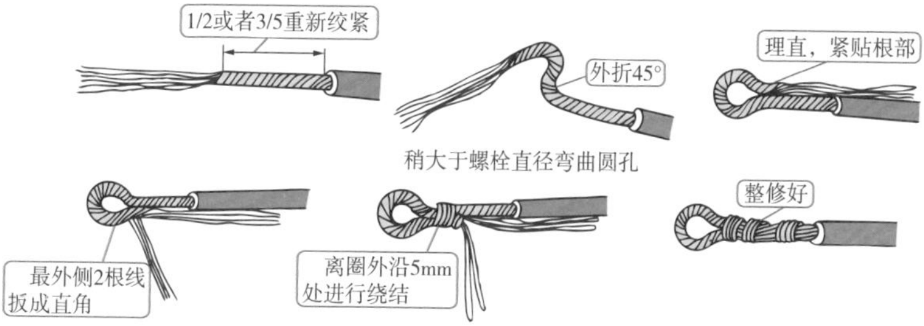 1/2或者3/5重新绞紧 外折45° 理直，紧贴根部 稍大于螺栓直径弯曲圆孔 最外侧2根线扳成直角 离圈外沿5mm处进行绕结 整修好 多股线压接圈制作的主要步骤 **实战·技巧** **多股铜芯软线盘圈压接。** 先将软线芯作成单眼圈状，涮锡后，将其压平再用螺钉加垫紧固。压接后外露线芯的长度为 1 ～ 2mm

4.2.3 接线工艺

电气线路、设备的安装过程中，如果当导线不够长或要分接支路时，就需要进行导线与导线间的连接，这就是接线工艺。如果电线连接不正确，则会引起电线接头处打火、短路、接触不良，甚至烧坏家用电器。其中，主线路的要求如下：① 主线路不能截断；② 主线路与支路的连接的线头的对接要缠绕数圈，然后刷锡、缠防水胶布、再缠绝缘胶布才可以。如果只是缠上绝缘胶布或者防水胶布均是错误的。

不同导线的接线工艺有所不同，具体内容见表 4-3。

表4-3　　　　接线工艺

<table>
<tr><th>项目</th><th>图例与解说</th></tr>
<tr><td>单股导线连接</td><td>
铜单股导线的连接方法如下图所示：
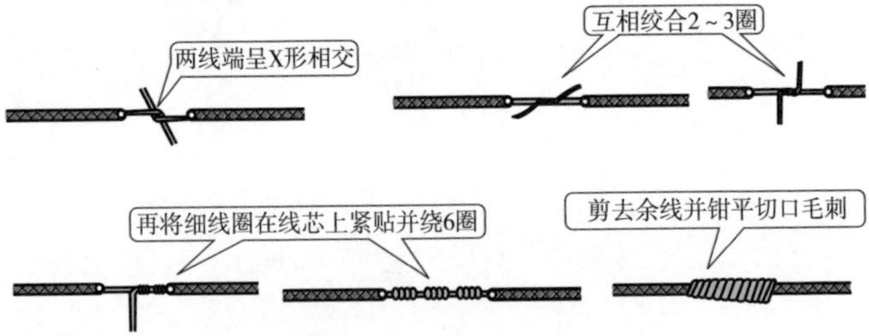
两线端呈X形相交
互相绞合2～3圈
再将细线圈在线芯上紧贴并绕6圈
剪去余线并钳平切口毛刺
铜单股导线的连接方法（一）
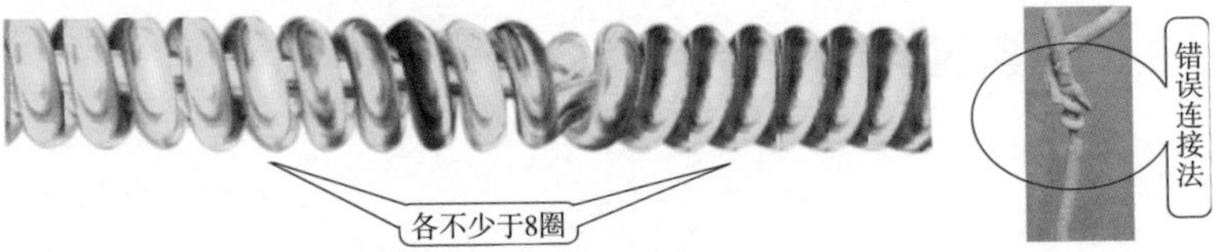
各不少于8圈
错误连接法
铜单股导线的连接方法（二）
绞接法——适用：适用于 $4mm^2$ 及以下的单芯线连接。操作：将两线互相交叉，用双手同时把两芯线互绞 2 圈后，将两个线芯在另一个芯线上缠绕 5 圈，再剪掉余头即可。
缠绕卷法——分类：加辅助线与不加辅助线两种。适用：适用于 $6mm^2$ 及以上的单芯线的直线。操作：将两线相互并合，加辅助线后用绑线在并合部位中间向两端缠绕，其长度为导线直径 10 倍，然后将两线芯端头折回，在此向外单独缠绕 5 圈，与辅助线捻绞 2 圈，将余线剪掉。
另外，单股导线连接还可以采用以下方法进行：
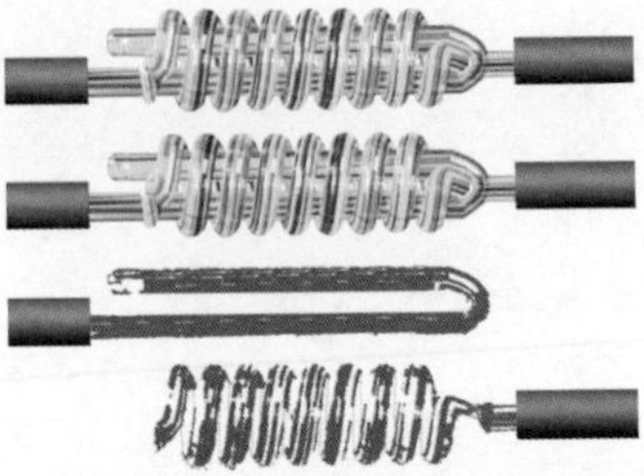
</td></tr>
</table>

续表

项目	图例与解说
单股导线连接	单股导线 T 分支连接方法，如下图所示

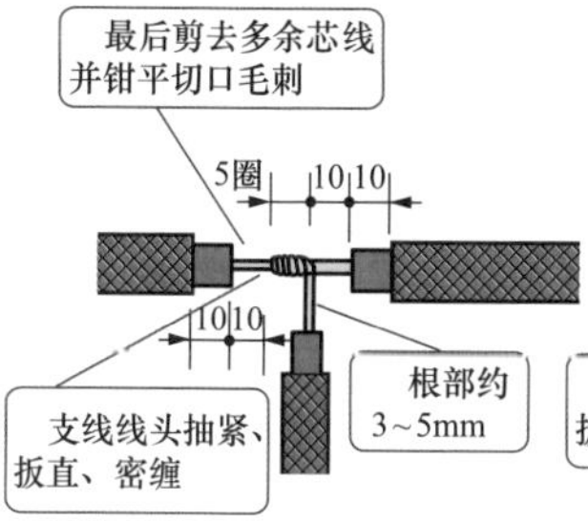
最后剪去多余芯线
并钳平切口毛刺
5圈
10
10
10
10
支线线头抽紧、
扳直、密缠
根部约
3～5mm

步骤（一）

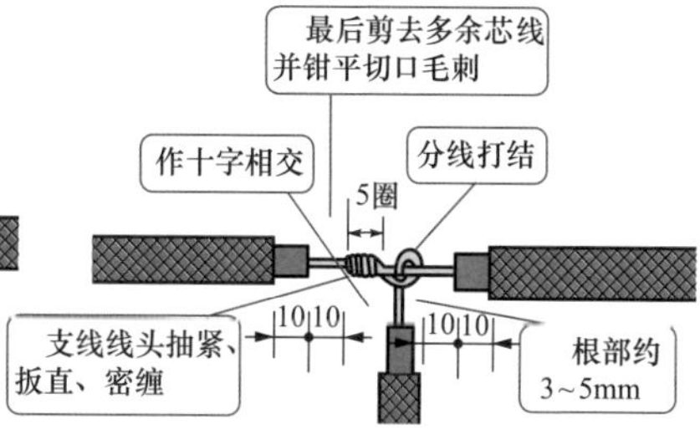
最后剪去多余芯线
并钳平切口毛刺
作十字相交
分线打结
5圈
10
10
10
10
支线线头抽紧、
扳直、密缠
根部约
3～5mm

步骤（二）

单股导线 T 的分支连接方法（一）

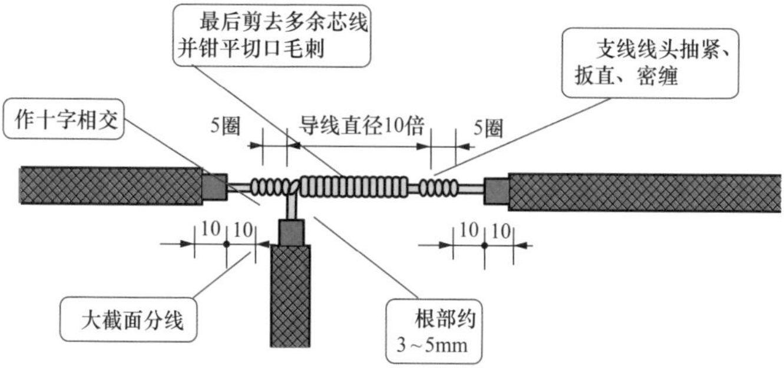
最后剪去多余芯线
并钳平切口毛刺
支线线头抽紧、
扳直、密缠
作十字相交
5圈
导线直径10倍
5圈
10
10
10
10
大截面分线
根部约
3～5mm

步骤（一）

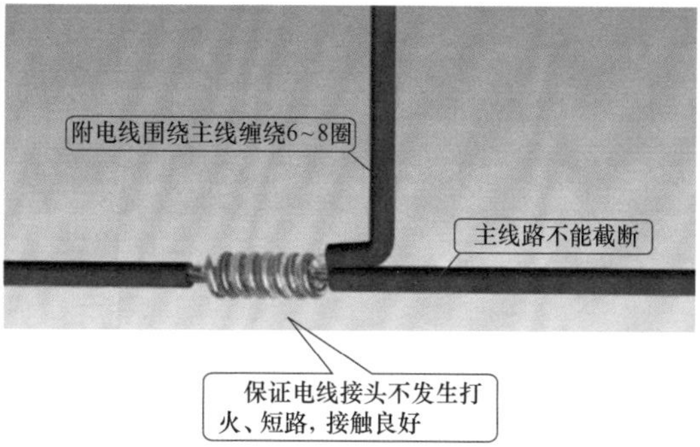
附电线围绕主线缠绕6～8圈
主线路不能截断
保证电线接头不发生打
火、短路，接触良好

步骤（二）

单股导线 T 的分支连接方法（二）

续表

项目	图例与解说
双芯导线的连接	双芯导线的连接，注意各导线连接处应错开一点位置，连接方法如下图所示 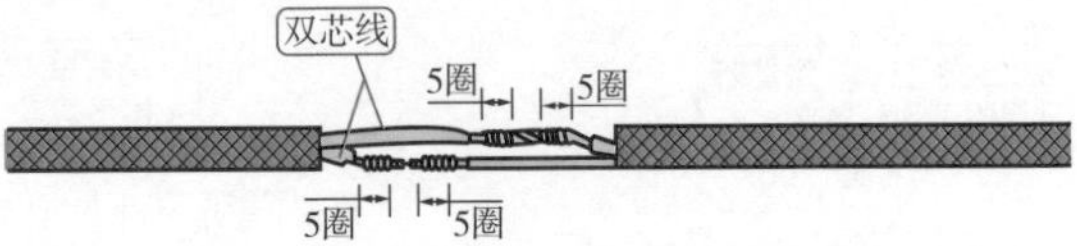 双芯线 5圈 5圈 5圈 5圈 双芯导线的连接
导线连接处的锡焊与浇焊	**1. 电烙铁锡焊** 如果铜芯导线横截面积不大于 10mm²，导线的接头可用 150W 电烙铁进行锡焊。另外，家居装饰中的线盒电源接头的连接，即使导线横截面积小于 10mm²，也应采用锡焊处理，并且缠绕不少于 8 圈，以免功率大接头松动，引起打火等现象。 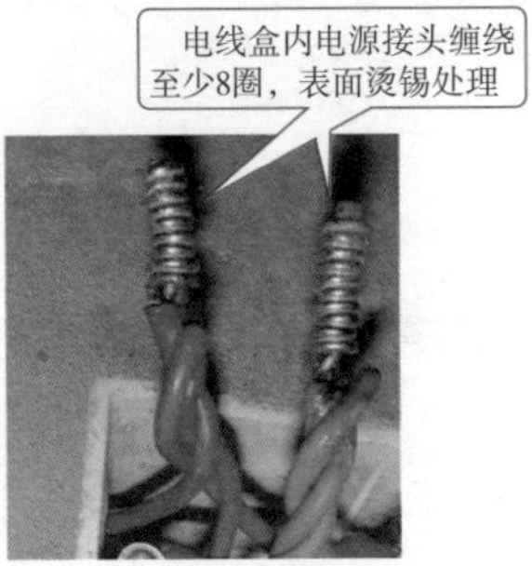 电线盒内电源接头缠绕至少8圈，表面烫锡处理 电源接头的连接 **2. 浇焊** 横截面积大于 16mm² 的铜芯导线接头，可以采用浇焊法，具体方法如下图所示： 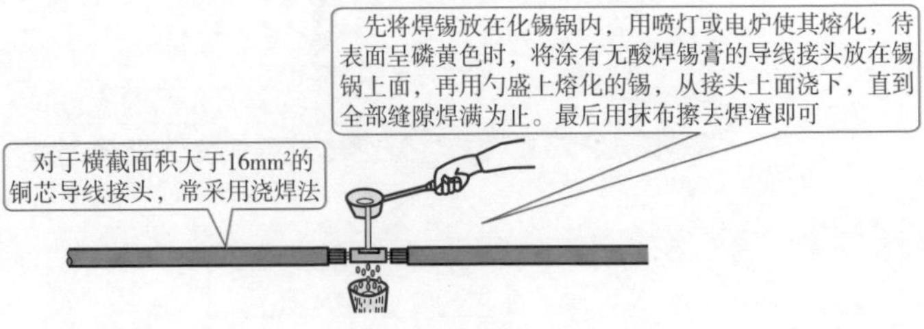 先将焊锡放在化锡锅内，用喷灯或电炉使其熔化，待表面呈磷黄色时，将涂有无酸焊锡膏的导线接头放在锡锅上面，再用勺盛上熔化的锡，从接头上面浇下，直到全部缝隙焊满为止。最后用抹布擦去焊渣即可 对于横截面积大于16mm²的铜芯导线接头，常采用浇焊法 浇焊法 **3. 压线帽** 线盒中的线头要全部藏入线盒里，并且要用压线帽进行保护

4.2.4 绝缘层的恢复

绝缘层的恢复方法和技巧见表 4-4。

表4-4　　　　　　　　**绝缘层的恢复方法和技巧**

项目	图例与解说
绝缘层恢复方法和技巧	要求：绝缘层恢复后的绝缘强度一般不应低于剖削前的绝缘强度。 步骤：家居装饰装修中一般采用绝缘带宽度为 20mm 就可以了。包缠的主要步骤为：先将黄蜡带从线头的一边在完整绝缘层上离切口 40mm 处开始包缠，使黄蜡带与导线保持 55°的倾斜角，后一圈压叠在前一圈 1/2 的宽度上，常称为半迭包。黄蜡带包缠完以后将黑胶带接在黄蜡带尾端，朝相反方向斜叠包缠，仍倾斜 55°，后一圈仍压叠前一圈 1/2。 效果：绝缘层恢复的效果如下图所示： 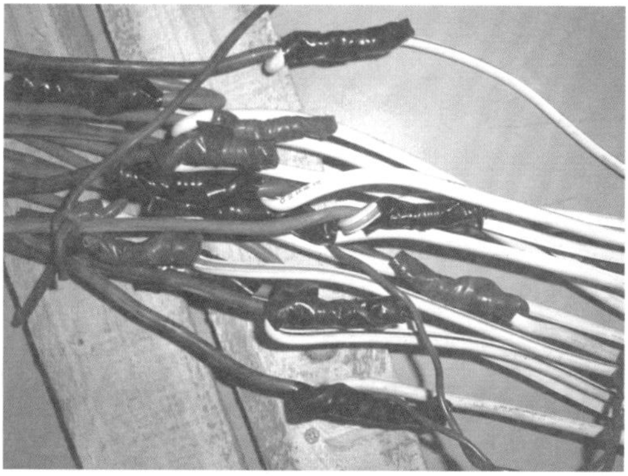 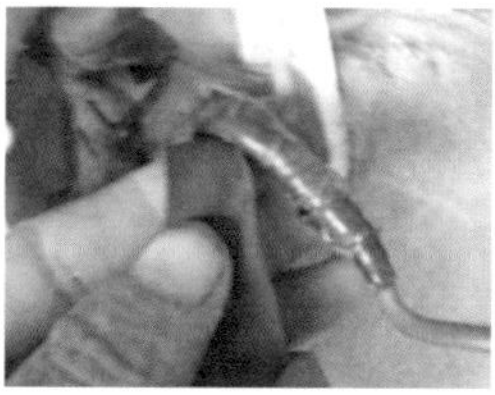  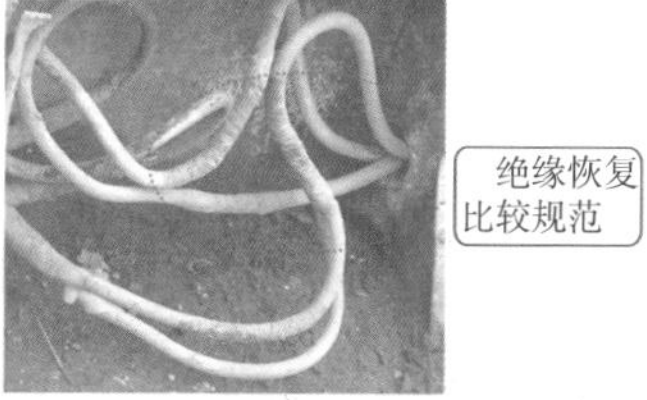绝缘恢复比较规范 绝缘层恢复的效果

续表

<table>
<tr><th>项目</th><th>图 例 与 解 说</th></tr>
<tr><td>绝缘层恢复方法和技巧</td><td>

实战·技巧 **厨房与卫生间的电线接头要做防水处理。**

厨房与卫生间的电线接头一般要做防水处理。电源导线接头均进行双层绝缘处理，即绝缘胶带与防水胶带均要使用。

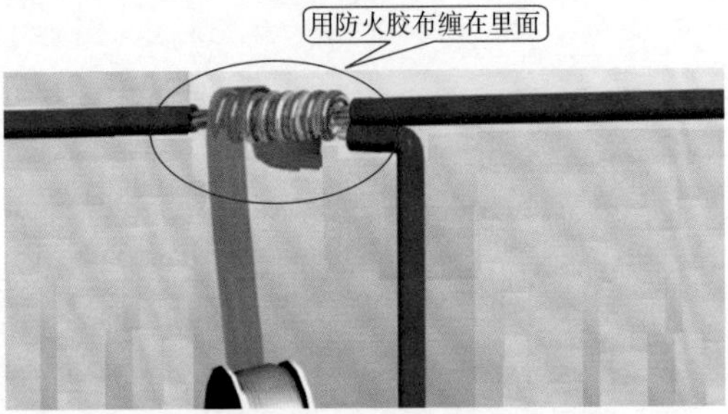
用防火胶布缠在里面

因此，采用木方做龙骨的吊顶的导线连接均要采用这种处理

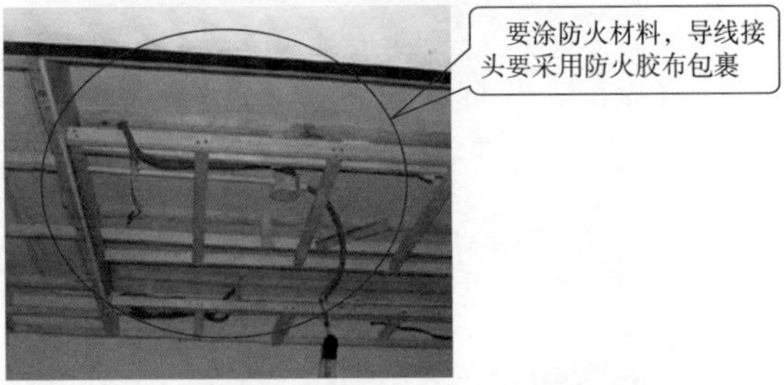
要涂防火材料，导线接头要采用防火胶布包裹

</td></tr>
</table>

4.2.5 配线方式

配线的主要方式有绝缘子配线、有瓷（塑料）夹板配线、槽板配线、护套线配线、电线管配线等。目前，城镇家居装饰配线主要是电线管暗敷配线，如图 4-2 所示。

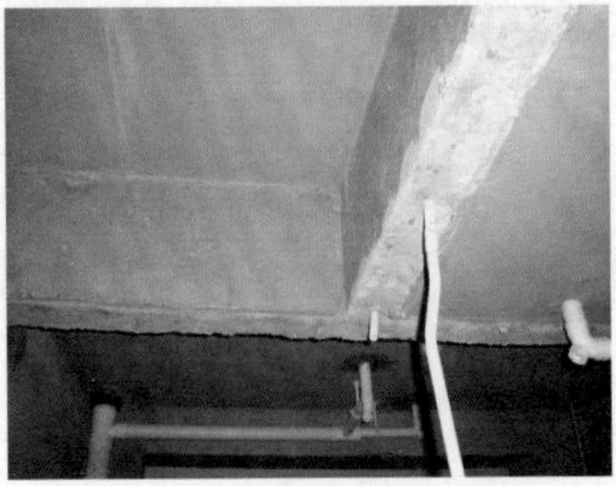

图 4-2 电线管暗敷配线

新农村因地方不同，有所差异。一般以槽板明敷配线为多。

1. 暗线暗敷

暗线的操作技能、特点与要求见表 4-5。

表4-5 暗线的操作技能、特点与要求

<table>
<tr><th>项目</th><th>图例与解说</th></tr>
<tr><td>暗敷</td><td>暗线室内配线安装就是敷设室内用电器具、设备的供电与控制线路穿管埋设在墙内、地下、顶棚里的一种安装方法。暗槽就是把所有的线路都藏在墙体里面，即通过墙体上开出的槽来放置线路的套管，具有看不到电线与套管外露这一特点。
目前，城镇家居装饰装修基本上采用暗敷线路。为此，掌握暗敷线路是装饰装修电工必须具备的基本技能。
要掌握暗敷线路的基本技能，就是要掌握开槽、布管、拉线、接线的技能</td></tr>
<tr><td>怎样开电线槽</td><td>开电线槽，简称为开槽，其主要用于暗装电线，即用于放置穿有电线的PVC 管，这样可以保证墙壁的平整性不受到影响，同时，又保证了电线具有的相应功能与保护措施。
开电线槽具有一定的规范、操作技巧。开电线槽基本要求是：满足线路与线管要求、横平竖直。线槽外形如下图所示：

线槽外形
开槽的难易程度主要取决于房屋建筑结构以及应用的建筑用砖，例如建筑用砖的种类有：
根据材料分为炉渣砖、灰砂砖、黏土砖、粉煤灰砖等。
根据形状分为实心砖、空心砖、多孔砖等。
常见称呼有红砖、青砖、土砖等。
一般土砖最容易开槽，实心砖比空心砖要难一点。常见建筑用砖如下图所示：</td></tr>
</table>

续表

项目	图例与解说
怎样开电线槽	 常见建筑用砖 开槽的基本程序是：掌握线路、开关、灯具、电器布局或者读懂电气施工图，确定电气有关项目实际定位、弹线 / 画标志框 / 写标志、切槽边、去块、修整等。当然，实际工作中不一定会严格按照这一程序
弹线	弹线是根据事前设计要求的线槽进行具体位置的定位。如果不弹线，则可能开的线槽不整齐，大小不一，有的可能放不下线管，造成修修补补，费工费时。 弹线的基本要求是横平竖直、清晰明了。因此，可以借助定位仪、水平仪等工具进行水准定位。弹线技巧如下： （1）首先，根据需要布线的高度距离地板画两处高度标志，再用一根塑料管装上水，一端固定在一确定的高度，另外一端检测另一处高度标志是否相符，不符合进行调整，然后针对调整的两处连接起来画水平线。 （2）画水平线可以采用墨斗弹线实现。 （3）画垂直线可以采用吊排定垂直两点，再利用墨斗弹线实现。 （4）具体尺寸可以利用钢尺、卷尺测量。 弹线技巧图例如下：  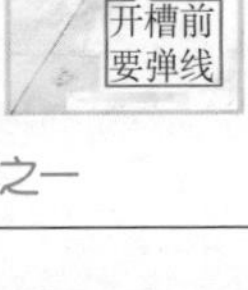 开槽前要弹线 弹线技巧图例之一

续表

项目	图 例 与 解 说
弹线	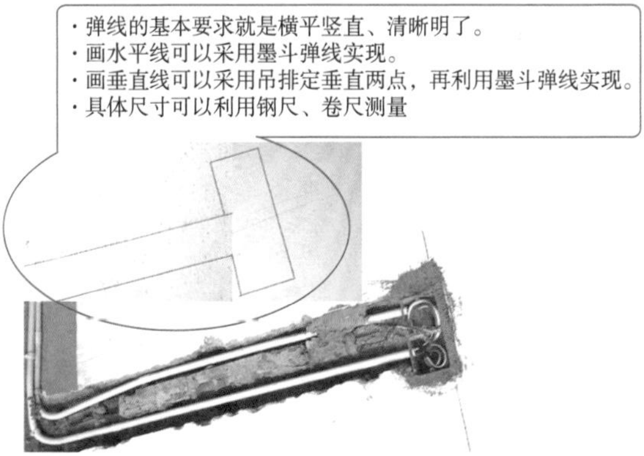 · 弹线的基本要求就是横平竖直、清晰明了。 · 画水平线可以采用墨斗弹线实现。 · 画垂直线可以采用吊排定垂直两点，再利用墨斗弹线实现。 · 具体尺寸可以利用钢尺、卷尺测量 弹线技巧图例之二 对于开关低盒、接线盒的定位画线一般与弹线时一起完成，图例如下 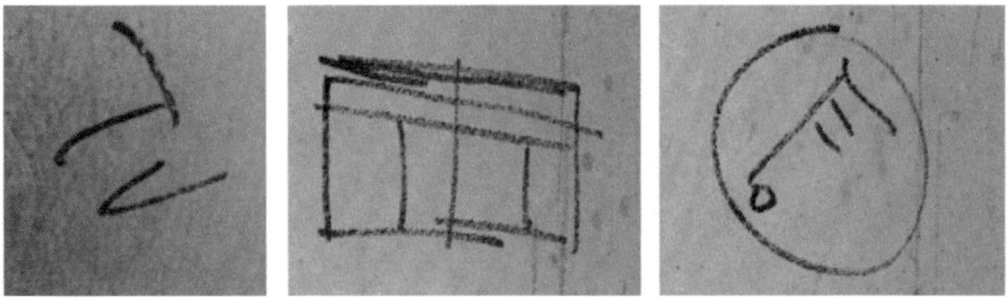 开关低盒、接线盒的定位
切槽边、去块、修整	弹线之后就是利用切割机、开槽机切到相应的一定深度（即切槽边），再利用电锤或用手锤凿到相应的一定深度（即去块）。锤子与錾子在此工序中得以应用，它们的外形如下图所示： 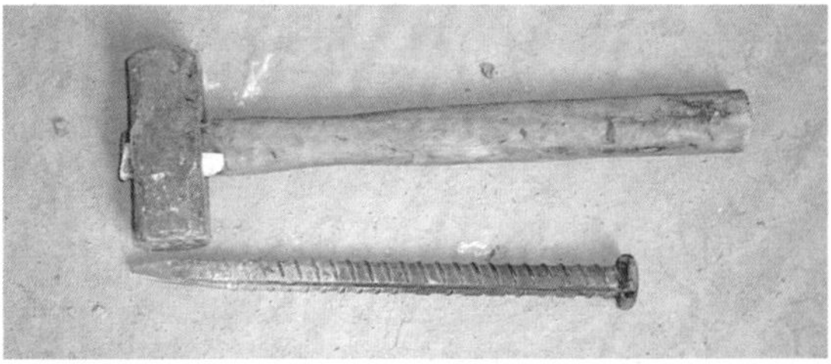 锤子与錾子 毛坯槽子往往需要修整，主要是为了槽底尽量平、槽子深度基本相等进行的操作

续表

项目	图例与解说
切槽边、去块、修整	**实战·技巧** **切割机沿着弹线切割开槽时要灌水。** 电路开槽时，同时要灌水，这样可以防止升温，保护切割机刀刃，另外，也可减少灰尘
电线槽开多深	电线槽开多深可以根据加 12 法——电线槽的深度是线管的直径 +12mm 的抹灰层。不过，实际中 16mm 的 PVC 管，则开槽深度为 20mm；若选用 20mm 的 PVC 管，则开槽深度为 25mm。同一房间开槽深度应一致。电线槽开多深图例如下 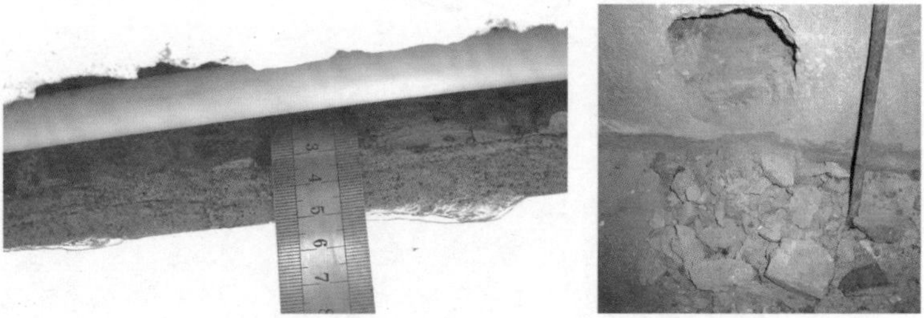 电线槽开多深图例
电线槽开多宽	电线槽开多宽一般认为能够放进去即可，但是，考虑抹灰固定牢靠，为线管 +2cm，如果是“多管一槽”，即一槽内 PVC 管超过 2 根，则管与管之间应留大于或等于 15mm 的间缝，其图例如下 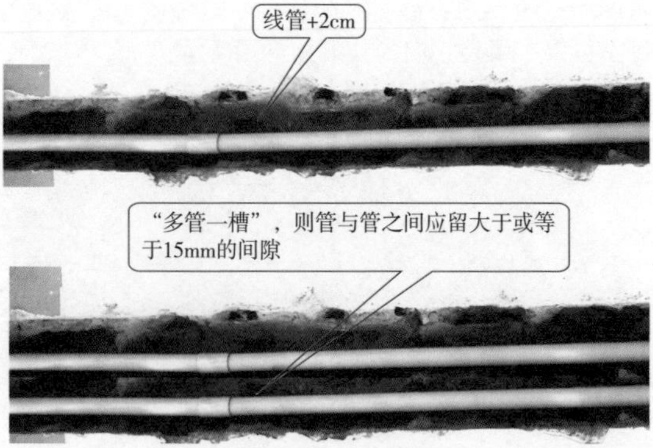 线管+2cm “多管一槽”，则管与管之间应留大于或等于15mm的间隙 电线槽开多宽图例

续表

项目	图例与解说
开槽的次序	家居装饰电工开槽可能涉及顶棚、地面、墙壁。那么，开槽次序应先地面后顶面，再墙面，其示意图例如下 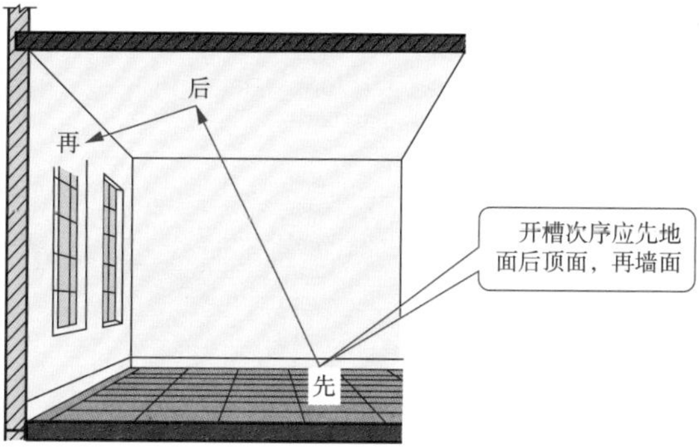 后 再 先 开槽次序应先地面后顶面，再墙面 开槽的次序

注意电线开槽布局有些特殊要求，其他按照常规开槽布局即可。电线的开槽布局注意事项见表4-6。

表4-6 **电线的开槽布局注意事项**

项目	图例与解说
电线与暖气、热水、煤气管之间的平行距离	电线与暖气、热水、煤气管之间的平行距离不应小于300mm，交叉距离不应小于100mm，实际图例如下 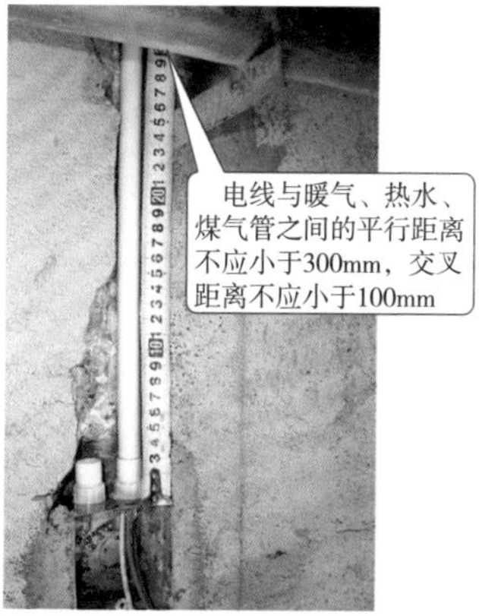 电线与暖气、热水、煤气管之间的平行距离不应小于300mm，交叉距离不应小于100mm 电线与暖气、热水、煤气管之间的平行距离

续表

<table>
<tr><th>项目</th><th>图 例 与 解 说</th></tr>
<tr><td>PVC 管的固定</td><td>PVC 管放入槽内后应采用固定措施，实际工作中有的电工随手从地下拣点鹅卵石、水泥块塞在管与槽壁间来固定，这是不规范的，正确应用管卡固定。
PVC 管接头一般均要用配套接头，再用 PVC 胶水粘牢，不能够采用 90°弯头。底盒、拉线盒与 PVC 管的连接要 采用锣接固定。PVC 管的固定实际图例如下
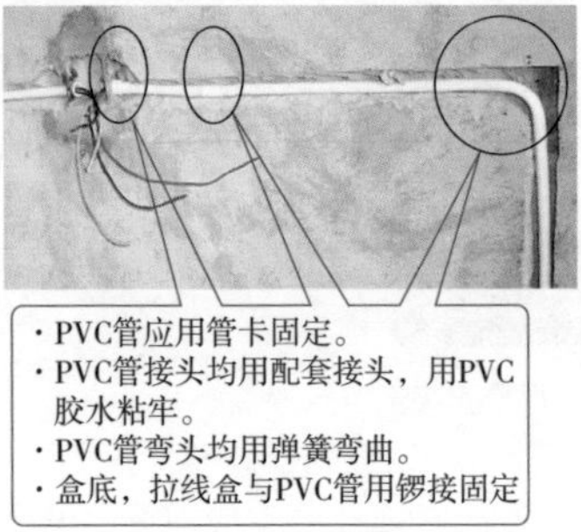
·PVC管应用管卡固定。
·PVC管接头均用配套接头，用PVC胶水粘牢。
·PVC管弯头均用弹簧弯曲。
·盒底，拉线盒与PVC管用锣接固定

PVC 的固定实际图例</td></tr>
<tr><td>不得打断钢筋</td><td>柱、梁、承重墙以及轻体墙，开槽时均不能打断其内部的钢筋，否则，影响建筑物质量。另外，在开槽布局时，也不得使钢筋外露。下图中在开槽时，使钢筋外露，这是不规范的操作
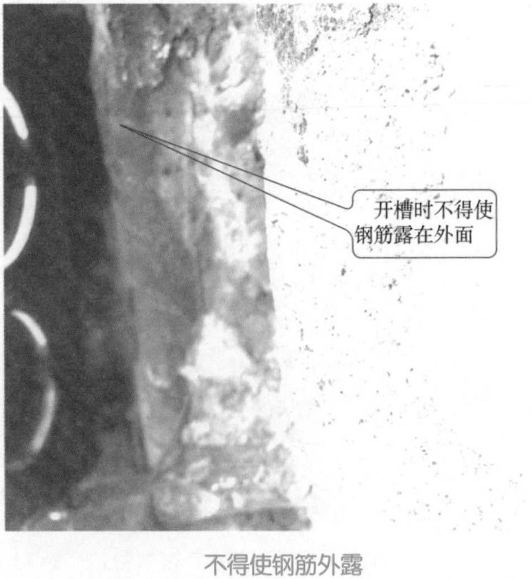
开槽时不得使钢筋露在外面
不得使钢筋外露</td></tr>
</table>

续表

<table>
<tr><th>项目</th><th>图例与解说</th></tr>
<tr><td>不得开横槽</td><td>空心板顶棚，忌横向开槽，如右图所示。对于轻体墙上开横槽虽然不影响整体房屋的结构，但对轻体墙本身的结构有影响，因此，也不允许开横槽。如果业主要求，则必须事先取得物业同意，在承重墙上应开少于 80cm 的横槽

空心板顶棚，忌横向开槽
横向开槽</td></tr>
<tr><td>弯管</td><td>电线 PVC 管不得采用 90° 弯头，但是，在遇到墙角时，PVC 管还得要“弯曲”。如果徒手则 PVC 管会折断、折扁，因此，需要借助弯管器来冷弯即可。弯管器实物图如下：

弯管器实物

禁忌使用三通
禁忌采用直角接头、三通
弯管器的主要操作步骤：用一根绳子或者线系住弯管器一端，然后把另一端深入 PVC 管内，并且弯管器的中间正处于 PVC 管需要弯曲的地方，然后，双手弯曲 PVC 管，角度满意后，拉着弯管器一端的绳子或者线把弯管器拉出来即可，示意图如下

弯管器的操作</td></tr>
<tr><td>PVC 管端头</td><td>PVC 管端头要平齐，因此，建议采用 PVC 管专用剪刀剐断操作。如果没有 PVC 管专用剪刀，临时用其他工具代替也可以，只是端头要平齐，不可倾斜呈尖状。示意图如下</td></tr>
</table>

续表

<table>
<tr><th>项目</th><th>图 例 与 解 说</th></tr>
<tr><td>PVC 管端头</td><td>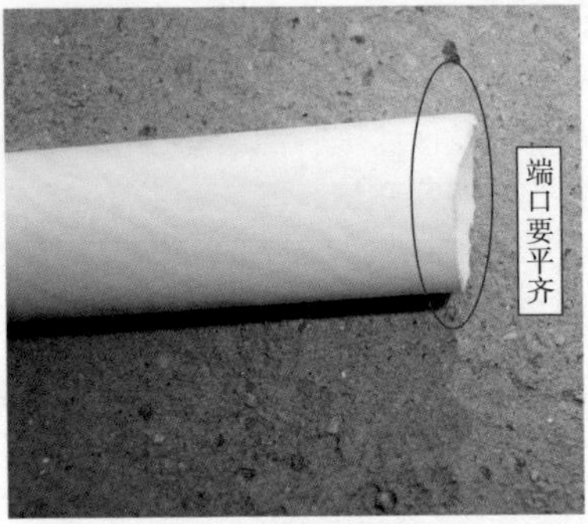
端口要平齐
PVC 管端头要平齐</td></tr>
<tr><td>PVC 管接头</td><td>电线管接头一般不设在转角处，电线管接头一般采用专用接头，图例如下：

电线管接头一般不设在转角处
PVC 管接头
电线管材接口处，不得仅简单地用胶布裹住，甚至不采用任何保护操作，如下图所示。应该用此类管材配套的特制接头与管材
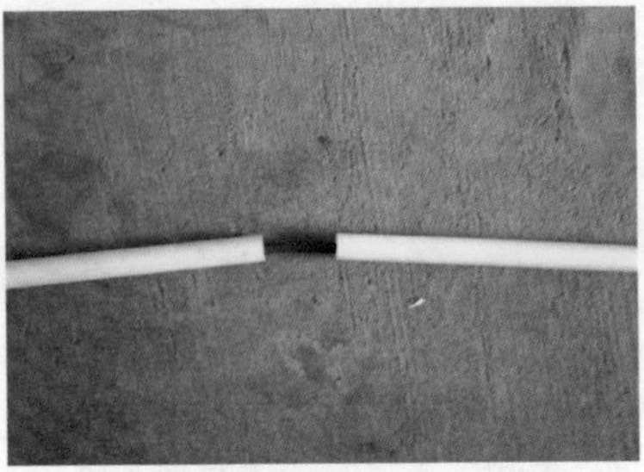
不得没有采用任何保护操作</td></tr>
</table>

续表

项目	图 例 与 解 说
厨房顶上一段软管代替PVC管	厨房顶上的线路，应采用一段软管，以免吊顶的铝扣板划伤电线从而导致漏电。如果用 PVC 管，则不利于操作。图例如下 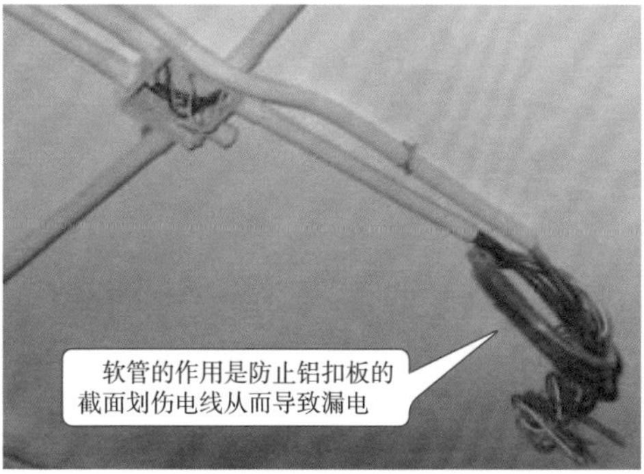 软管的作用是防止铝扣板的截面划伤电线从而导致漏电 软管代替 PVC 管
PVC管内导线最大总截面	线管内导线的横截面积不超过线管横截面积的 40%，也就是直径为 16mm 的线管最多穿 3 根线，直径为 20mm 的线管最多穿 4 根线，下图直径 20mm 的线管穿 2 根电线，是正确的操作；如果穿了 5 根以及 5 根以上的电线，则是错误的操作  正确穿线图例
柜子相关引线要事先确定好	对于一些书柜、鞋柜等需要安装灯具的一定要事先确定好，以免木工竣工后，达不到要求。下图就是柜子预留的电线——相线、中性线，用于灯具照明

续表

<table>
<tr><th>项目</th><th>图例与解说</th></tr>
<tr><td>柜子相关引线要事先确定好</td><td>
柜子预留的电线</td></tr>
<tr><td>电线管</td><td>强线管排列有序，不得交错无序，如下图所示为错误操作图。另外，强电、弱电线管也不能捆在一起
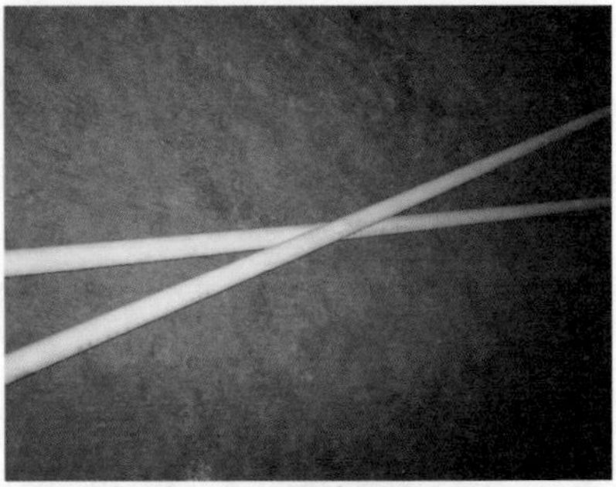
不得交错无序</td></tr>
<tr><td>同一线路禁忌错开开槽</td><td>同一房间、同一线路禁忌错开开槽，应一次开到位。错误操作示意图如下
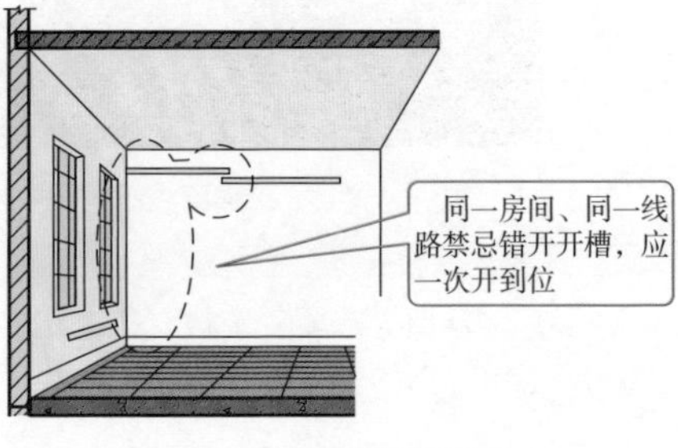
同一房间、同一线路禁忌错开开槽，应一次开到位
同一线路禁忌错开开槽</td></tr>
</table>

续表

项目	图例与解说
布管与拉线的顺序	目前，一些施工是布管与拉线同时进行。但是，建议先布管，后再拉线，这样更合理一些，示意图如下 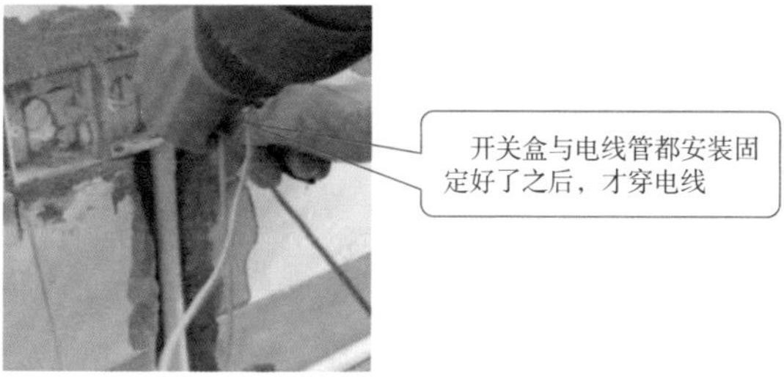 开关盒与电线管都安装固定好了之后，才穿电线 布管与拉线的顺序
封槽	封槽主要步骤有：调制补槽墙面水泥砂浆、湿水、涂抹水泥砂浆。其中，调制补槽墙面水泥砂浆一般采用 1∶3 水泥砂浆配制而成，如果是用于房屋顶面补槽用砂浆，则一般采用 801 胶 + 水泥砂浆 + 少许细砂组成。湿水主要是用水湿透补槽处墙面。涂抹水泥砂浆就是用谡子将调制好的补槽墙面水泥砂浆补槽。线管摸灰要防止产生空鼓。补槽墙面水泥砂浆图例如下：  补槽墙面水泥砂浆图例 封槽时的注意事项如下图所示 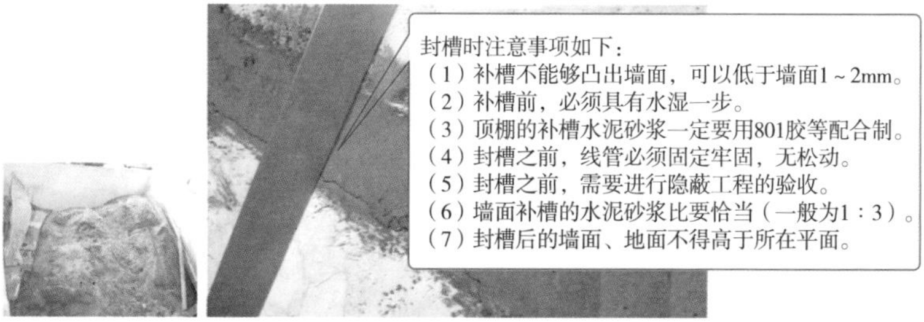 封槽时注意事项如下： （1）补槽不能够凸出墙面，可以低于墙面1 ~ 2mm。 （2）补槽前，必须具有水湿一步。 （3）顶棚的补槽水泥砂浆一定要用801胶等配合制。 （4）封槽之前，线管必须固定牢固，无松动。 （5）封槽之前，需要进行隐蔽工程的验收。 （6）墙面补槽的水泥砂浆比要恰当（一般为1∶3）。 （7）封槽后的墙面、地面不得高于所在平面。 封槽时的注意事项

续表

<table>
<tr><th>项目</th><th>图 例 与 解 说</th></tr>
<tr><td>其他要求</td><td>其他的开槽布局要求与原则如下：
（1）配电线管要根据线路与线槽、电线管的特点综合考虑。
（2）尽量少接、少切电线管。
（3）根据先配长管，再配短管原则进行配管。有时，沿电路线槽配管也可以。
（4）管线长度超过 15m 或有两个弯角时，应增设拉线盒。
（5）天棚上的灯具应设拉线盒固定。
（6）严禁不采用电线管，将导线直接埋入抹灰层。
（7）电线管大小应一致。
（8）开槽一般遵循就近、方便、合理、高效、美观原则。
（9）一般强电走上，弱电在下，相应强电线槽在上，弱电线槽在下。
（10）清理开槽的垃圾一般需要袋装，统一放置在指定地方，清理时应洒水防尘，示意图如下：

清理开槽的垃圾一般需要袋装
（11）每个回路在线槽内的电线一般应分段绑扎，以方便识别与检修</td></tr>
</table>

2. 明线

目前，城镇家居电气线路采用明线明敷比较少。因此，简单介绍一下明线明敷的特点与注意事项，具体见表 4-7。

表4-7 明线明敷的特点与注意事项

项目	图 例 与 解 说
概念	明线明敷就是把线穿在套管里面，套管放置在地砖上面、墙壁表面上或者导线没有直接穿在套管里面，而直接放于地砖上面、墙壁表面上、天花板表面上、梁表面上、柱子表面上等。通俗地讲，装饰装修竣工后，能够看到导线或者其保护用的套管的一种线路敷设方式，也就是“明布的电线、外露的插座”

续表

项目	图 例 与 解 说
明线采用的电线槽	明线采用电线槽有利于地面明线的保护：明线的整理归位、避免安全隐患。明线电线槽的要求：具有足够适用的壁厚、长期使用不变形等特点。 电线槽操作特点：先用玻璃胶或用螺钉把底座固定于地面，然后扣上电线槽面板即可。明线采用电线槽的类型如下图所示  线槽 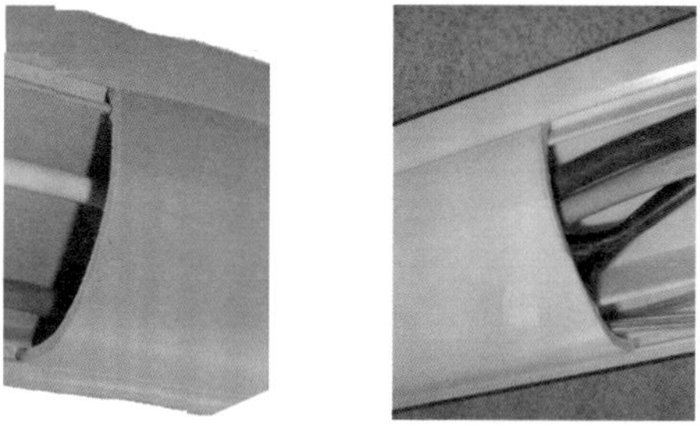 PVC 管弧形地板槽 / 布线槽
明线 PVC 管的连接	明线 PVC 管的连接一般通过专用连接器连接，采用 PVC 管专用胶水，示意图例如下  PVC 管专用胶  连接处，采用专用接头与专用胶 PVC 管的连接一般通过专用连接器

续表

项目	图例与解说
明线的安放	明线尽管是不埋入墙壁内，但是其安放也有要求，例如不能够放置人容易触及的地方，明线槽要固定稳当等。下图明线的安放就是错误的： 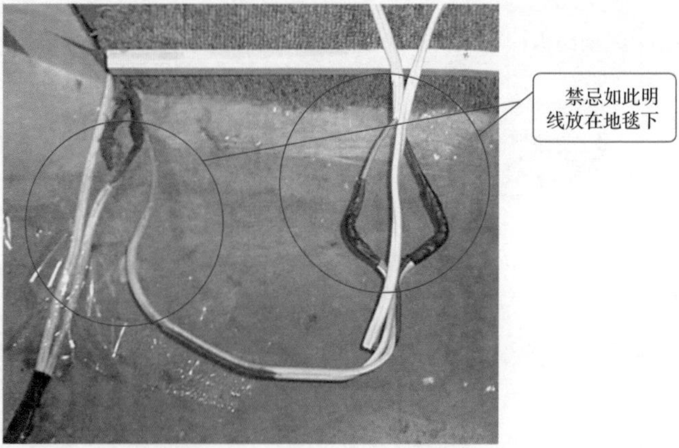 禁忌如此明线放在地毯下 明线的安放固定图例如下： 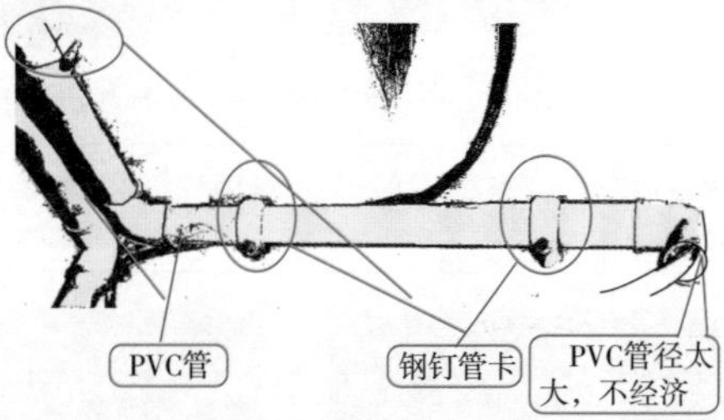 PVC管 钢钉管卡 PVC管径太大，不经济 明线的安放固定 卫生间顶部的走线也要采用 PVC 管穿线，并且注意要用吊夹将 PVC 管固定。不可以用黄蜡管代替 PVC 管，示意图如下：  卫生间的线管敷设走顶不走地，走竖不走横 卫生间顶部走线

续表

<table>
<tr><th>项目</th><th>图例与解说</th></tr>
<tr><td>明线的安放</td><td>目前，家居装饰电线管一般采用 PVC 管，采用镀锌管比较少。镀锌管在公装中应用比较多，图例如下

镀锌管以及接线盒
镀锌管的应用与固定</td></tr>
</table>

4.2.6 线路与线槽的固定

线路与线槽的固定方法和技巧见表 4-8。

表4-8　　线路与线槽的固定方法和技巧

<table>
<tr><th>项目</th><th>图例与解说</th></tr>
<tr><td>木榫固定</td><td>木榫固定就是利用打入墙壁、地面、顶棚的木榫与木螺钉把管卡或者夹线器把电线或者线管固定的一种方式。其中，木榫正确安装图例如下：
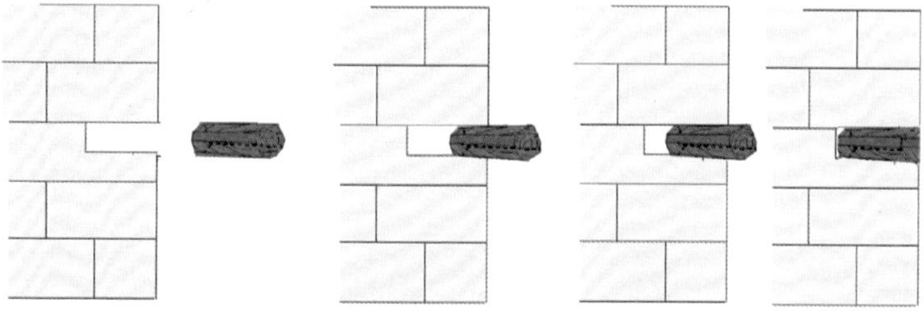
木榫正确安装图例</td></tr>
</table>

续表

项目	图例与解说
木榫固定	固定木榫常见错误图例如下 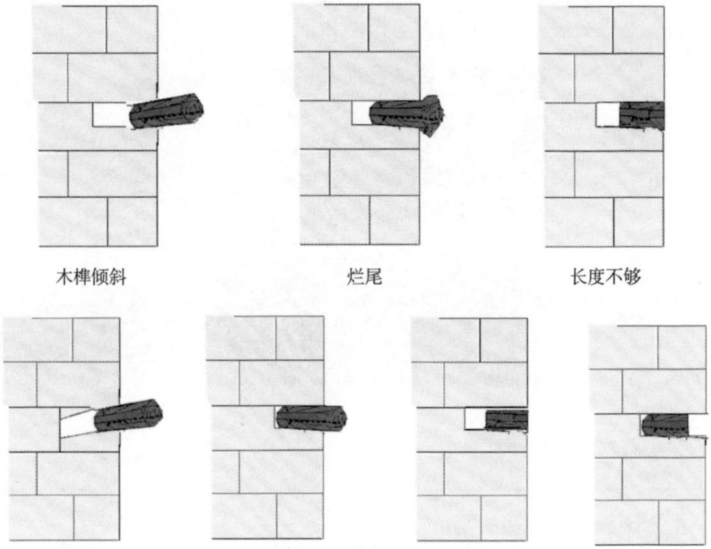 木榫倾斜 烂尾 长度不够 孔打歪 木榫太长 松动 木榫太短 木榫常见错误图例
膨胀螺栓	膨胀螺栓之所以能够胜任，其主要是利用木螺钉或者螺母的拧紧使胀管胀开，从而压紧建筑孔，达到固定作用。膨胀螺栓有塑料膨胀管、鱼形膨胀管、膨胀壁虎、膨胀墙塞、膨胀管、普通膨胀栓等种类，其膨胀套种类也多，图例如下图所示： 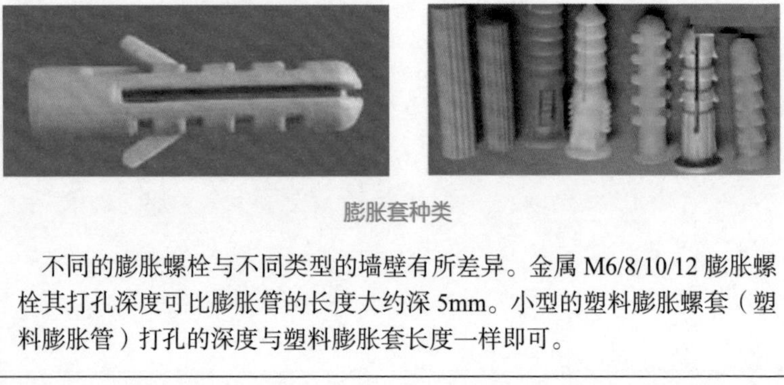 膨胀套种类 不同的膨胀螺栓与不同类型的墙壁有所差异。金属 M6/8/10/12 膨胀螺栓其打孔深度可比膨胀管的长度大约深 5mm。小型的塑料膨胀螺套（塑料膨胀管）打孔的深度与塑料膨胀套长度一样即可。

续表

<table>
<tr><th>项目</th><th>图 例 与 解 说</th></tr>
<tr><td>膨胀螺栓</td><td>空心砖墙可以固定小型膨胀螺栓，对于大号的膨胀螺栓无法固定，例如如果空心砖墙体需要悬挂液晶电视与热水器等比较重的物品，需要将固定膨胀螺栓的墙体刨除，使用红砖盒水泥砂浆重新砌筑，然后才能采用膨胀螺栓固定。
PVC 管一般采用小型塑料膨胀套与膨胀螺栓固定即可，图例如下

膨胀螺栓固定线管
膨胀螺栓固定线管
采用小型塑料膨胀套与膨胀螺栓固定 PVC 管</td></tr>
<tr><td>卡子</td><td>卡子安装固定示意图如下：
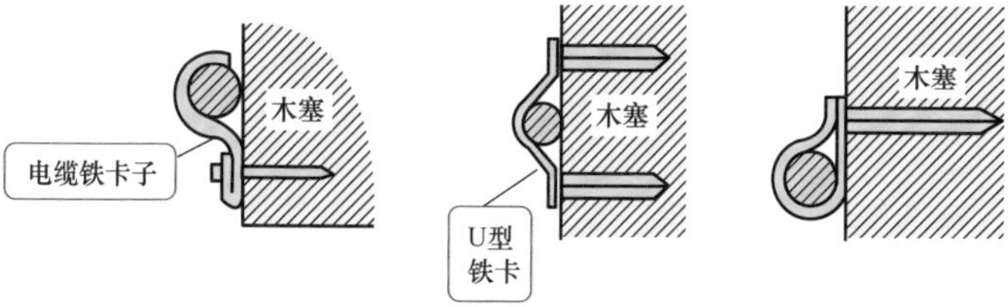
木塞
电缆铁卡子
木塞
U型铁卡
木塞
卡子安装固定示意图
卡子安装比较简单，只是注意与相应管配套即可。另外，卡子具有金属类型的、塑料类型的等种类</td></tr>
</table>

4.2.7 接地

接地的有关说明见表 4-9。

表4-9 **接地的有关说明**

项目	图 例 与 解 说
接地	目前，一般房屋均有接地线引入户内。户外电能表箱外壳电力部门应安装接地设施，如下图所示：

续表

项目	图例与解说
接地	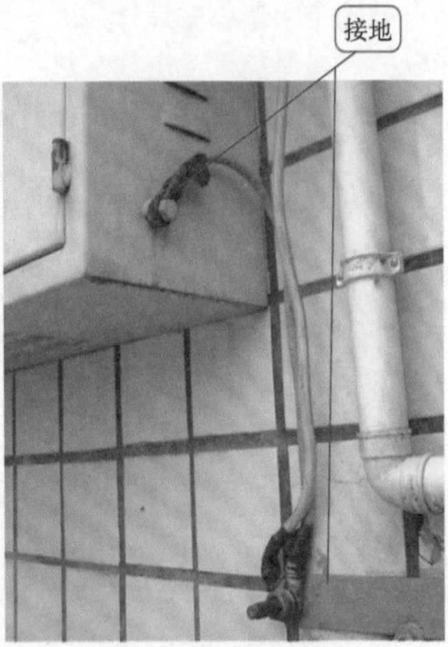 接地 接地 如果没有引户接地线，则可以在室内配电箱处设置接地点，然后统一引接地线。检测时，接地线也要检测，看是否为断路状态

4.2.8 线路其他有关要求

线路其他有关要求如下：

（1）中性线与地线的位置不要接错，否则会频频跳闸，甚至烧毁电器。

（2）穿入配管导线的接头应设在接线盒内，线头要留有余量 150mm，接头搭接应牢固，刷锡，绝缘带包缠应均匀紧密。

（3）导线间电阻必须大于 0.5MΩ。

（4）导线对地间电阻必须大于 0.5MΩ。

（5）用绝缘电阻表摇测新敷设线路导线间及导线对地电阻要大于 0.5MΩ。

（6）线路敷设完后，要用试灯或试电笔检测，以免增加返工的困难。

（7）进入接线盒内的电线，线头要用绝缘胶布等包扎好，并且用 ϕ16mm 的线管卷圈。

（8）电线在单个底盒内留线长度应大于 150mm 且小于 250mm。

（9）2 个插座或多个插座并排的地方，电线不宜开断，应根据实际长度留线。

（10）地线在底盒内也应留一定的长度。

（11）照明线路与低压线路均要设置负荷保护。

（12）中性线与地线之间的电压一般要小于 1V；如果等于 0，说明中性线与地线可能接在一起了。

（13）电源线不得裸露在吊顶上。

（14）电源线不得直接用水泥抹入墙中，以保证电源线可以拉动或更换。

（15）钉木地板时，电源线应沿墙角铺设，以防止电源线被钉子损伤。

（16）电源线走向横平竖直，不可斜拉。

（17）电源线走向注意避开壁镜、家具等物的安装位置，以免壁镜、家具安装时，被电锤、钉子损伤。

4.3 强电配电箱

配电箱是联系户外与户内导线的枢纽，可以分为弱电配电箱与强电配电箱。其中，一般讲配电箱时，多数是指强电配电箱。下面对强电配电箱进行介绍（见表4-10），弱电配电箱将在弱电一章中进行介绍。

表4-10 强电配电箱的有关知识

项目	图例与解说
配电箱	将测量仪器、控制器件、保护器件、信号器件等按一定规律安装在专业的板上，便制成配电板。将配电板装入专用的箱内，即成了配电箱。目前，家用配电箱主要把保护器、开关等器件安装在其内，而电能表一般统一安装在户外电表箱里，因此，家居电工不得随意动户外电表箱以及其前面线路，如果需要，则与物业电工联系。 配电箱有两大基本功能： （1）保护。它有一级自动漏电保护装置。如某一条电源线路或者电器发生故障，它会自动断开相线、中性线或者相线、中性线同时断开，不影响其他线路的正常使用。 （2）配电。配电箱可以把从外面接进来的电源总线通过其分为4路、6路、8路以及10路，即把回路合理的分配到不同的房间与不同的用电设备上
断路器	目前，配电箱基本上配有断路器。家用断路器安装的目的如下： （1）防止单相触电事故。 （2）防止因电气设备漏电引发触电事故。 （3）防止因电路漏电引发触电事故。 （4）切断故障线路防止因漏电引发火灾事故。 （5）防止因电气设备使用不当造成人身触电。 （6）防止电气设备本身的缺陷引发触电事故。 家用断路器的特点如下： （1）额定电流有6、10、16、20、25、32、40、50A等。 （2）漏电断路器常见的种类有漏电保护器与普通断路器，建议选择漏电保护器。

续表

项目	图例与解说

断路器

（3）具有单极 1P、双极断路 2P、3P、4P、1P+N 类型。其中，单极断路的缺点在于：相线与中性线接反或中性线对地电位偏高会造成人身、火灾等危害。采用双极或 1P+N（相线 + 中性线）断路器，当线路出现短路或漏电故障时，能够切断电源的相线与中性线，因此，更安全一些。各开关特点见下表：

各开关特点

极数	电流（A）	电压（V）	漏电灵敏度（mA）	应用
1P	6 ~ 63	230	—	分回路
2P	6 ~ 63	230	—	可做总开关
1P+N	6 ~ 32	230	—	作为分路隔开
漏电开关	25 ~ 50	230	30	可用于插座回路

家用断路器的选择方法与技巧如下：

（1）选择极数——家庭中作总电源保护的家用断路器一般用二极（即 2P）断路器，作分支保护的家用断路器一般用单极（1P）作分支保护。

（2）选择额定电流——禁忌偏小或者偏大。如果偏小，则断路器会频繁跳闸。偏大，起不到保护作用。

1）住户配电箱总开关选择 32 ~ 40A 小型断路器或隔离开关。

2）照明回路一般选择 10 ~ 16A 小型断路器。

3）插座回路一般选择 16A/30mA 的漏电保护断路器。

4）空调回路一般选择 16 ~ 25A 小型断路器。

断路器外形图例如下：

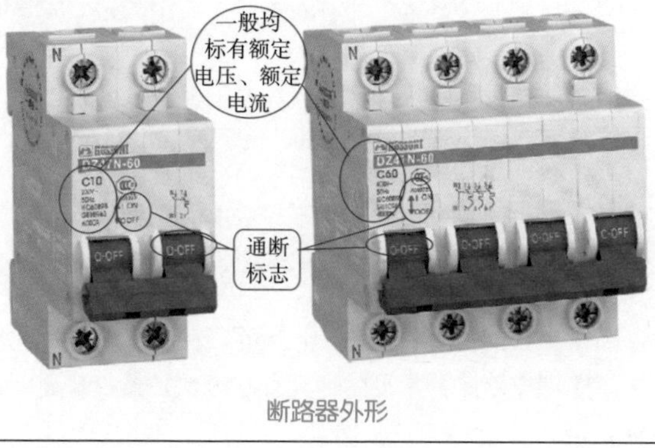
一般均标有额定电压、额定电流
通断标志
N
C10
C60

断路器外形

续表

项目	图 例 与 解 说
断路器	开关箱箱体为标准型 PZ-30（5 ~ 24 位），可以任意组合。箱板面具有金属不锈钢面、塑料面，颜色可以根据装饰环境来选板色
回路	前面提到了配电箱可以把房屋电源分为不同的回路。回路就是指同一个控制开关及保护装置引出的线路，包括相线、中性线或直流正、负 2 根电线，且线路自始端至用电设备器具之间或至下一级配电箱之间不再设置保护装置的线路。以下是配电箱设置了不同的回路的图例 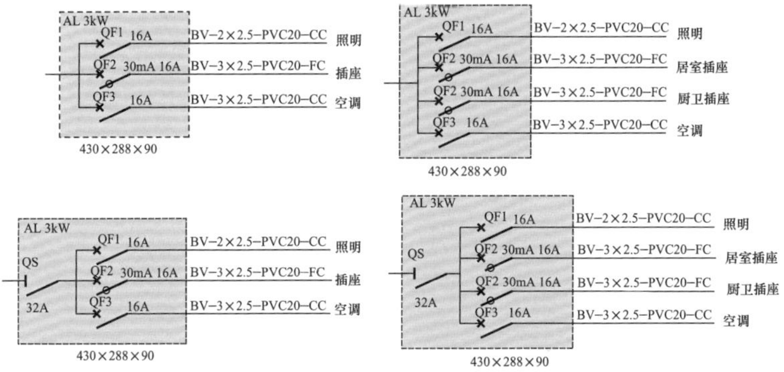AL 3kW QF1 16A QF2 30mA 16A QF3 16A BV−2×2.5−PVC20−CC 照明 BV−3×2.5−PVC20−FC 插座 BV−3×2.5−PVC20−CC 空调 430×288×90 AL 3kW QF1 16A QF2 30mA 16A QF2 30mA 16A QF3 16A BV−2×2.5−PVC20−CC 照明 BV−3×2.5−PVC20−FC 居室插座 BV−3×2.5−PVC20−FC 厨卫插座 BV−3×2.5−PVC20−CC 空调 430×288×90 AL 3kW QS 32A QF1 16A QF2 30mA 16A QF3 16A BV−2×2.5−PVC20−CC 照明 BV−3×2.5−PVC20−FC 插座 BV−3×2.5−PVC20−CC 空调 430×288×90 AL 3kW QS 32A QF1 16A QF2 30mA 16A QF2 30mA 16A QF3 16A BV−2×2.5−PVC20−CC 照明 BV−3×2.5−PVC20−FC 居室插座 BV−3×2.5−PVC20−FC 厨卫插座 BV−3×2.5−PVC20−CC 空调 430×288×90 配电箱设置了不同的回路（一） 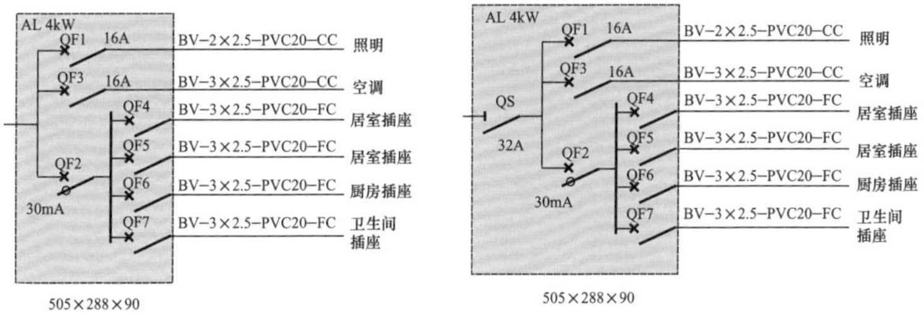AL 4kW QF1 16A QF3 16A QF2 30mA QF4 QF5 QF6 QF7 BV−2×2.5−PVC20−CC 照明 BV−3×2.5−PVC20−CC 空调 BV−3×2.5−PVC20−FC 居室插座 BV−3×2.5−PVC20−FC 居室插座 BV−3×2.5−PVC20−FC 厨房插座 BV−3×2.5−PVC20−FC 卫生间插座 505×288×90 AL 4kW QS 32A QF1 16A QF3 16A QF2 30mA QF4 QF5 QF6 QF7 BV−2×2.5−PVC20−CC 照明 BV−3×2.5−PVC20−CC 空调 BV−3×2.5−PVC20−FC 居室插座 BV−3×2.5−PVC20−FC 居室插座 BV−3×2.5−PVC20−FC 厨房插座 BV−3×2.5−PVC20−FC 卫生间插座 505×288×90 配电箱设置了不同的回路（二）
配电箱位置	一般位于户内靠近入口附近的承重墙上安装，而且箱内全部断路器安装要成一行。箱体尺寸一般根据箱内断路器的位数来确定。 配电箱位置需要变动时，需要得到物业的同意，方能改动
开安装孔	配电箱一般在户内靠近入口附近的承重墙上安装，因此，能够利用原来的（房屋开发商已安装的配电箱），则尽量应用。如果需要改动，则打洞需要到物业备案。对于承重墙更应注意。

续表

项目	图例与解说
开安装孔	打洞可以利用电锤等工具配合进行。电锤实物外形如下图所示  电锤实物外形
安装的有关要求和规范	配电箱有关一些规范、要求如下： （1）电线连接要规范。下图的下引线有的乱、露芯等问题。如果，内部线路空间狭小，则可以选大一点的外壳。 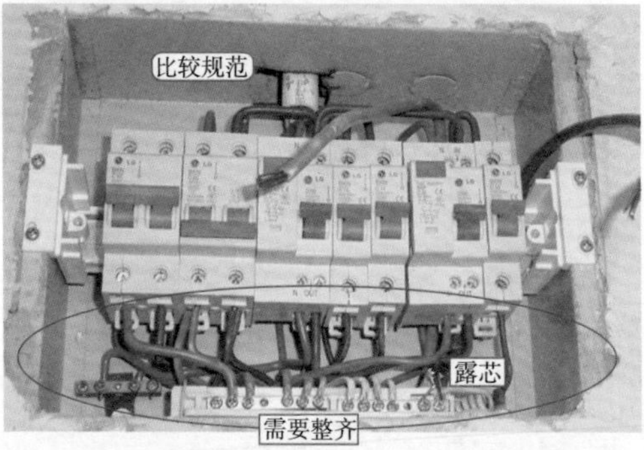 比较规范 露芯 需要整齐 配电箱 为使电线整齐、有序可以采用扎带捆绑，参考图如下： 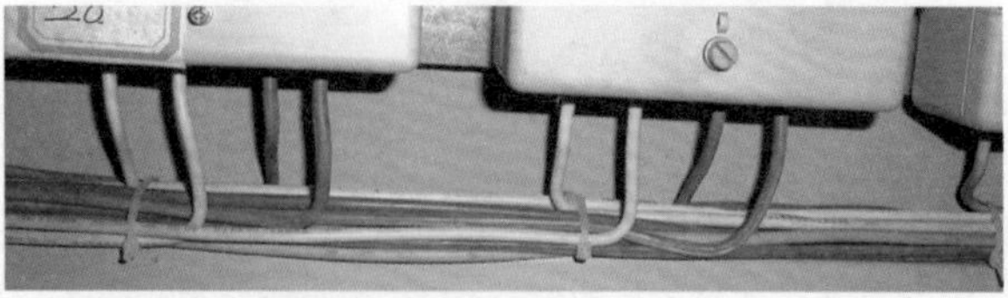 采用扎带捆绑 如果是新装配电箱，则导线一定要留足（见下图），配电箱内线保留长度不少于配电箱的半周长，以免安装导线不足。

续表

<table>
<tr><th>项目</th><th>图 例 与 解 说</th></tr>
<tr><td>安装的有关要求和规范</td><td>

导线一定要留足
一个接线柱内连接的电线不得超过 3 根，如下图所示：

DZ47-60
I-ON
接线柱与电线根数
（2）断路器方向要安装正确。断路器方向要安装正确，一般根据断路器上的文字、符号安装即可，也就是不要把文字符号倒过来。图例如下：
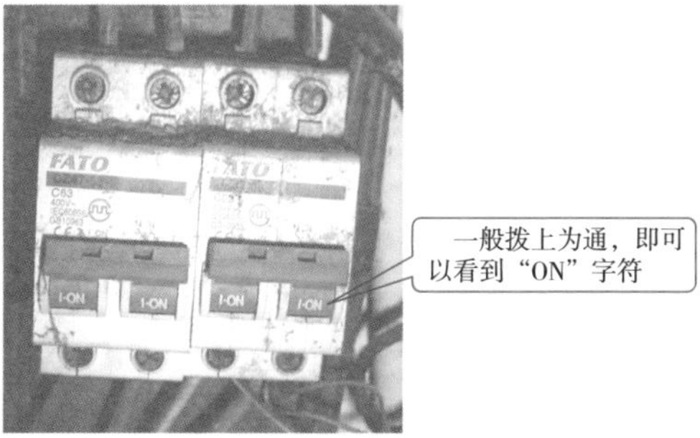
FATO
FATO
C63
I-ON
I-ON
I-ON
I-ON
一般拨上为通，即可以看到“ON”字符
断路器方向要安装正确
</td></tr>
</table>

续表

项目	图例与解说
安装的有关要求和规范	（3）回路都做了标注。配电箱内部所有的线路都要整整齐齐，回路都做了标注，可以采用标签，采用标志框（见下图，一般不适用）。照明配电箱板上注明用电回路的名称，其字迹应清楚、工整。  标志框 （4）每户应设置分户配电箱。 （5）配电箱内的漏电断路器一般漏电动作电流应不大于 30mA。 （6）配电箱应具备过负荷、过电压保护功能。 （7）配电箱各回路应确保负荷正常使用。 （8）箱体需要具备一定的机械强度。 （9）箱体周边平整无损坏。 （10）箱体油漆无脱落、整洁，框平整无变形。 （11）箱内所装空气开关漏电保护器，通断操作灵活。 （12）箱内接线端子排列导线，压接牢固、排列整齐。 （13）箱内压线螺钉无滑丝现象。 （14）使用的产品是合格的产品。 （15）照明、插座、空调按至少 3 个回路以上设计敷设。 （16）配电箱底边距地面距离不少于 1.5m。 （17）配电箱的进线口宜设在配电箱的上端口。 （18）配电箱的出线口宜设在配电箱的下端口。 （19）进户配电箱各接口要牢固。 （20）每户配电箱一般只有一个。 （21）配电箱内部应设置总开关与若干分开关。 （22）应配有过负荷、过电压保护功能、分数路出线等特点的配电箱。 （23）箱内开关应安装牢固，无松动现象。 （24）配电箱及各回路配线均按规范要求进行分色

第5章

开关与插座及接线盒

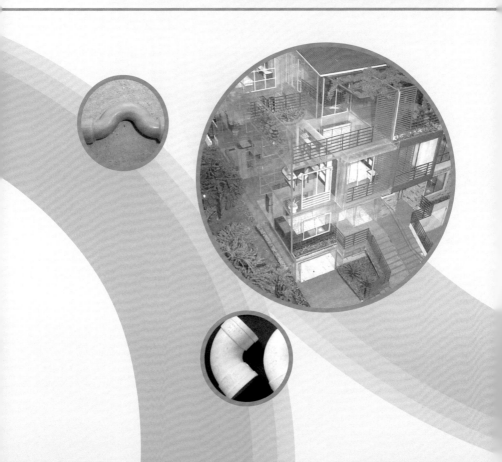

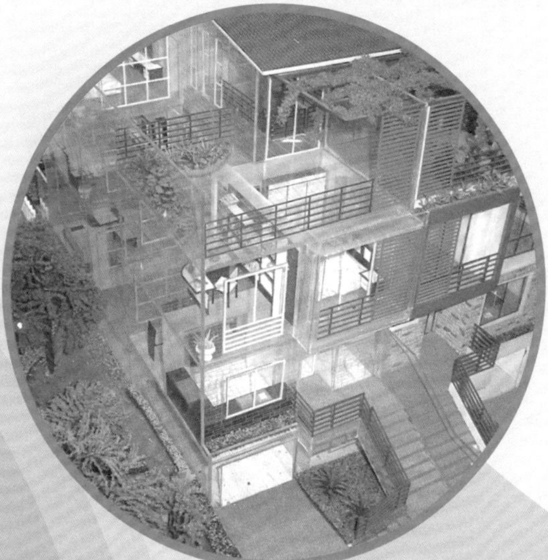

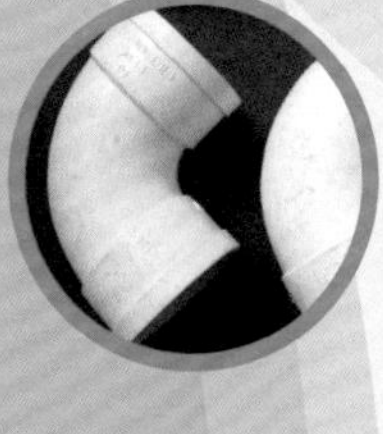

5.1 概述

开关、插座底盒的安装需要在电工施工时完成，而开关、插座面板的安装可以等墙壁等装饰完后进行。另外，对于原有线路尽量保存，如果是拆卸工作引起开关与插座及接线盒的变动，则应进行相应地处理，以及对开关、插座、接线盒等器材的保管好，以便再次利用，示意如图 5-1、图 5-2 所示。

图 5-1　拆卸墙壁

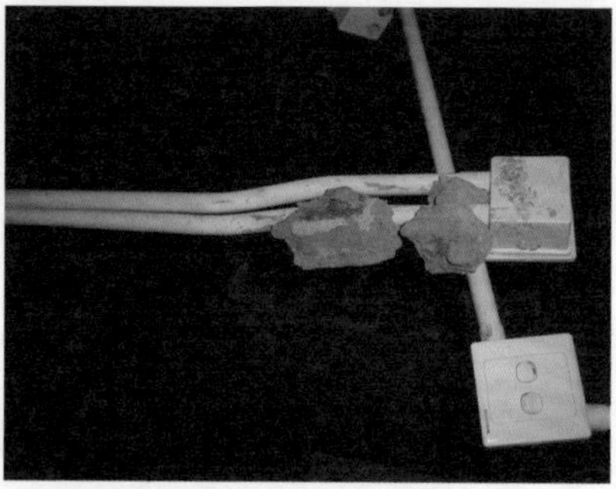

图 5-2　原有开关、插座、接线盒

开关、插座底盒的基本安装流程如图 5-3 所示。

其中，根据图纸定位开关、插座主要是了解具体开关、插座的实际尺寸位置以及种类，图 5-4 所示为两幅开关、插座的安装位置图。

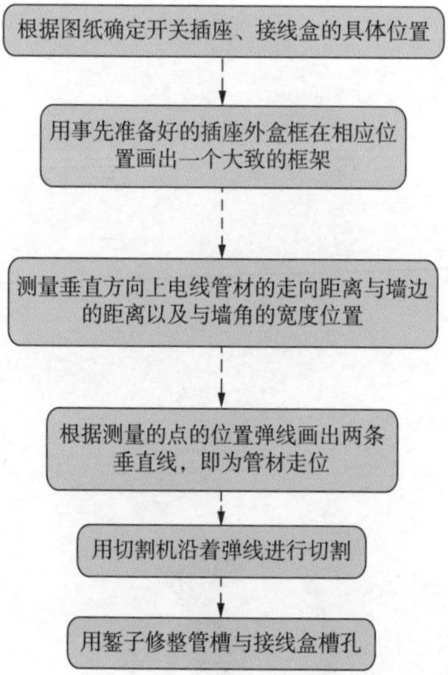
根据图纸确定开关插座、接线盒的具体位置
用事先准备好的插座外盒框在相应位置画出一个大致的框架
测量垂直方向上电线管材的走向距离与墙边的距离以及与墙角的宽度位置
根据测量的点的位置弹线画出两条垂直线，即为管材走位
用切割机沿着弹线进行切割
用錾子修整管槽与接线盒槽孔

图 5-3　开关、插座底盒的基本安装流程

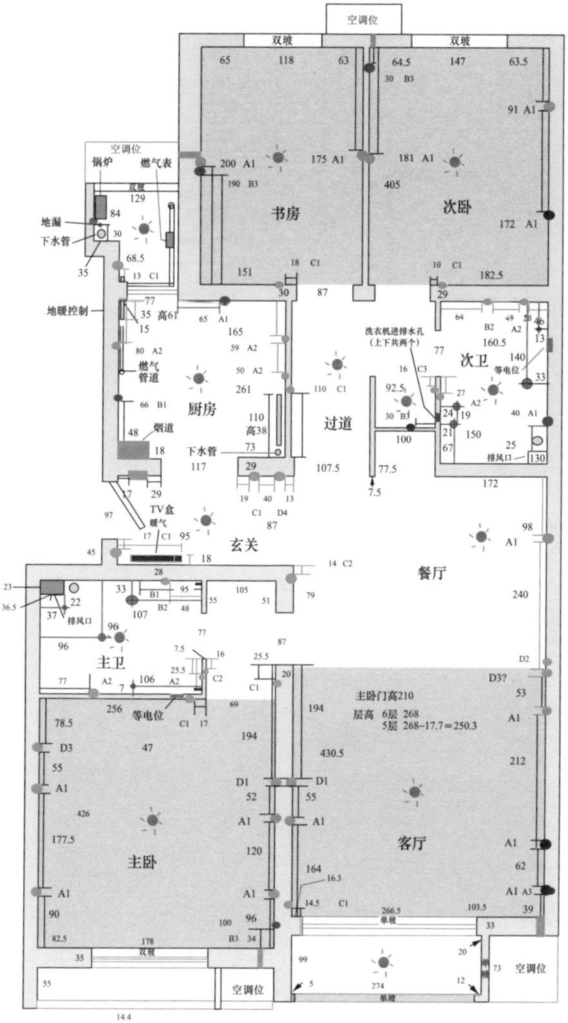
空调位
双玻
书房
次卧
锅炉
燃气表
地漏
下水管
地暖控制
燃气管道
厨房
烟道
过道
洗衣机进排水孔（上下共两个）
次卫
等电位
排风口
TV盒
暖气
玄关
餐厅
主卫
主卧门高210
层高 6层 268
5层 268−17.7=250.3
主卧
客厅
单玻
单玻
(a)

说明：

(1) 所有插座、开关尺寸均为8.6cm×8.6cm。

(2) 开关高度距地基本分为三种：

高位。空调插座，210~240cm；

中位。开关，距地143~154cm；

低位。有线电视等，33.5cm。

(3) 插座标称的距离指插座离墙最近的一边到墙的距离，即不含插座本身的尺寸。

(4) 插座类型：

A1：两相三相插座。

A2：两相三相插座带防水盖。

A3：两相三相插座带开关。

B1：三项插座。

B2：三项插座带防水盖。

B3：三项插座带开关。

C1：单开关。

C2：双开关。

C3：三开关。

D1：有线电视。

D2：电话。

D3：网线。

D4：门禁对讲。

注：图中单位为cm。

灯

图 5-4 开关、插座的安装位置图

（a）图一

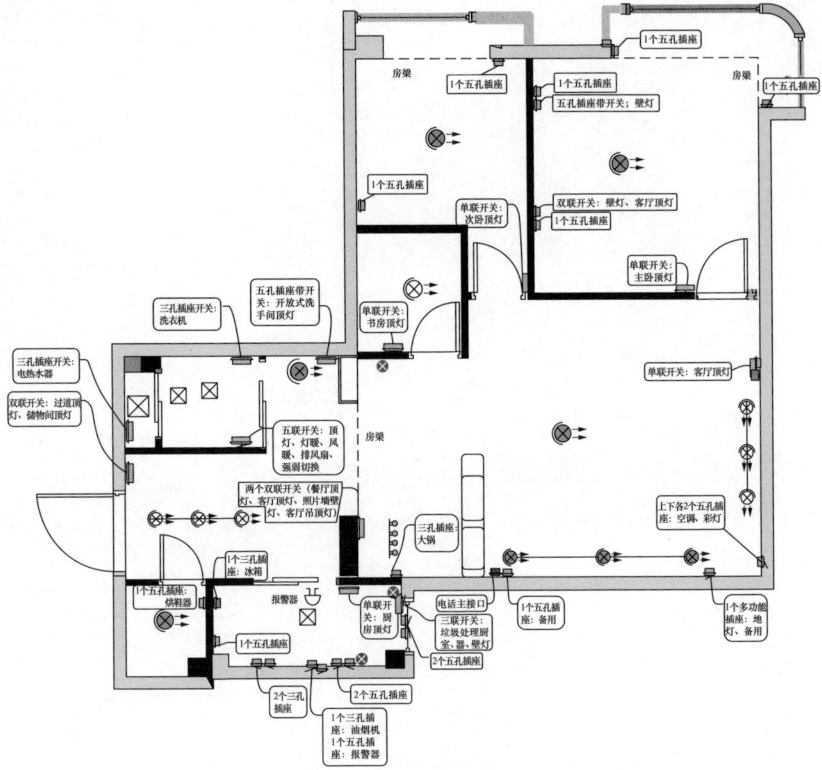
1个五孔插座
房梁
1个五孔插座
1个五孔插座
五孔插座带开关；壁灯
房梁
1个五孔插座
1个五孔插座
单联开关：次卧顶灯
双联开关：壁灯、客厅顶灯
1个五孔插座
单联开关：主卧顶灯
五孔插座带开关：开放式洗手间顶灯
三孔插座开关：洗衣机
单联开关：书房顶灯
三孔插座开关：电热水器
单联开关：客厅顶灯
双联开关：过道顶灯、储物间顶灯
五联开关：顶灯、灯暖、风暖、排风扇、强弱切换
房梁
两个双联开关（餐厅顶灯、客厅顶灯、照片墙壁灯、客厅吊顶灯）
上下各2个五孔插座：空调、彩灯
三孔插座：大锅
1个三孔插座：冰箱
1个五孔插座：烘鞋器
报警器
单联开关：厨房顶灯
电话主接口
三联开关：垃圾处理厨室、器、壁灯
1个五孔插座：备用
1个多功能插座：地灯、备用
1个五孔插座
2个五孔插座
2个三孔插座
2个五孔插座
1个三孔插座：油烟机
1个五孔插座：报警器

(b)

图 5-4 开关、插座的安装位置图
（b）图二

5.2 开关

家居装饰装修所用开关可以分为家庭开关箱中的总开关、分路开关、房间控制灯具开关、其他电器所用各种开关。开关根据开关位数可以分为 1 ~ 4 位，根据电流大小可以分为 6 ~ 10A，按特点可以分为分断开、调光、调速、延时开关、门铃按钮、防潮开关等。根据特征可以分为明装的扳把式开关、拉线式开关、床头式开关、暗装板式开关、钮式开关等。目前，城镇家居装饰装修广泛应用的是暗装板式开关。

开关的有关选用要求与安装规范见表 5-1。

表5-1 开关的有关选用要求与安装规范

项目	图例与解说
选对开关面板	由于开关面板种类较多（一些开关面板如下图所示），因此在安装面板前一定要确定选择的面板是否为所要安装的类型，以免返工。

续表

项目	图例与解说
选对开关面板	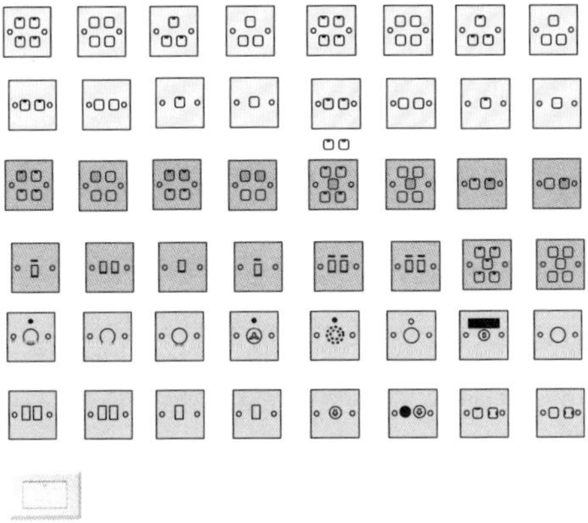 开关面板种类 另外，除了要考虑所选开关面板的种类是否正确外，还要察看开关面板是否是合格的产品。一些室内照明开关的技术要求如下： （1）开关通过 1.25 倍额定电流时，其导电部分的温升不应超过 40℃。 （2）开关在通以试验电压 220V、实验电流为 1 倍额定电流、功率因素为 0.8，在操作 10 000 次（开关额定电流为 1 ~ 4A）、15000 次（开关额定电流为 6 ~ 10A），零件不应出现妨碍正常使用的损伤（例如紧固零件松动、弹性零件失效、绝缘零件碎裂等现象），以 1500V（50Hz）的电压试验 1min 不发生击穿或闪络，通以额定电流时其导电部分的温升不超过 50℃。 （3）开关的塑料零件表面应无气泡、裂纹、缺粉、肿胀、明显的擦伤与毛刺等缺陷。 （4）开关应具有良好的光泽等。 （5）开关的操作机构应灵活轻巧，触头的接通与断开动作应由瞬时转换机构来完成。 （6）开关的接线端子应能可靠地连接 1 根或 2 根横截面积为 1 ~ 2.5mm^2 的导线。 **实战·类型** 146 型开关插座 146 型的开关插座宽比普通 86 型开关插座多 60mm，因此有些四位开关、十孔插座要配 146 暗盒才能安装
位置	一般开关均是用方向相反的一只手进行开启关闭，多数人是用右手。一般家居开关的装设与下列情况有关：房门开启方向、进门开关前的家具高度、人的操作习惯等情况

续表

<table>
<tr><th>项目</th><th colspan="2">图 例 与 解 说</th></tr>
<tr><td rowspan="2">要求与规范</td><td>使用开关时，应查看开关是否为需要的</td><td>使用开关时，应查看开关是否为所需要的，以免重新安装，其中开关的额定电流与额定电压是否正确。照明灯具用控制开关，开关的额定电流应大于控制灯具的总电流。
位数：一位开关、二位开关还是其他位数。
参数：10A、250V的，还是其他参数（额定电压有：130、250、440V。额定电流有：6、10、16、20、25、32、63A。电磁遥控开关、延时开关等的瞬动或开关的额定电流可以是1、2、4A等。）
型号：86、146型，还是其他型号的。
其他：单联三位中板带荧光单控开关，还是双联、大板等。
双控或者多控开关一定要考虑。
实战·概念　开关的一些名称术语
多位开关——也就是几个开关并列，各自控制各自的灯。其具有双联、三联、一开、二开等具体称呼。
双控开关——也就是两个开关在不同位置可控制同一盏灯。
夜光开关——便于夜间寻找位置，开关上带有荧光或微光指示灯。
调光开关——具有开关作用的同时可以通过旋钮调节灯光强弱。调光开关是不能与节能灯、日光灯配合使用。
插座带开关——可以控制插座通断电，也可以单独作为开关使用。一般用于微波炉、洗衣机、镜前灯等。
特殊开关——具有遥控开关、声光控开关、遥感开关等，主要用于特殊场合</td></tr>
<tr><td>不能凹于墙面</td><td>开关面板与边框安装时，紧贴墙壁，不得凹于墙面，如下图所示

开关凹于瓷砖墙面、开关与瓷砖边间隙过大，使得需要大量白水泥填充
不能凹于墙面</td></tr>
</table>

续表

<table>
<tr><th colspan="2">项目</th><th>图例与解说</th></tr>
<tr><td rowspan="3">要求与规范</td><td>导线与接线柱连接</td><td>开关的接线端子具有螺纹铜柱式端子、夹板式接线端子、自动夹紧型端子等种类。不同的接线端子具有不同的连接方法。一般开关的接线柱与导线连接，导线的绝缘层去掉长度大约10mm即可。接线柱不得压住电线绝缘层或者电线铜芯外露太长，图例如下
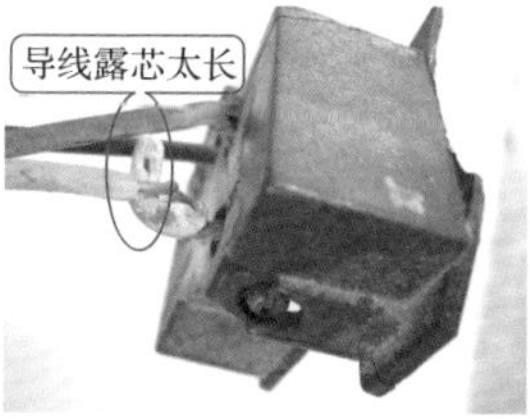
导线露芯太长
电线铜芯露出不能太长
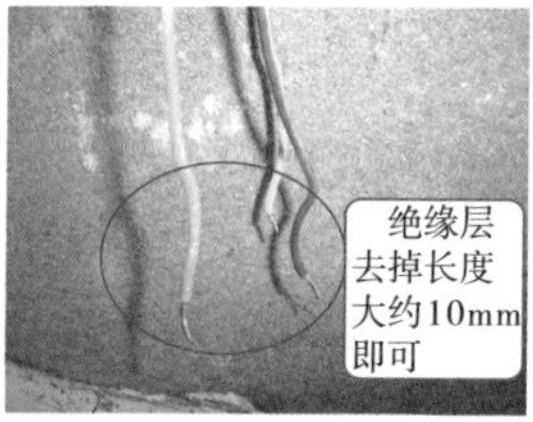
绝缘层
去掉长度
大约10mm
即可
导线的绝缘层去掉长度大约 10mm 即可</td></tr>
<tr><td>开关高度要一致</td><td>同一室内同一平面开关必须安排在同一水平线上，开关方向应一致。下图就是不规范的开关排列
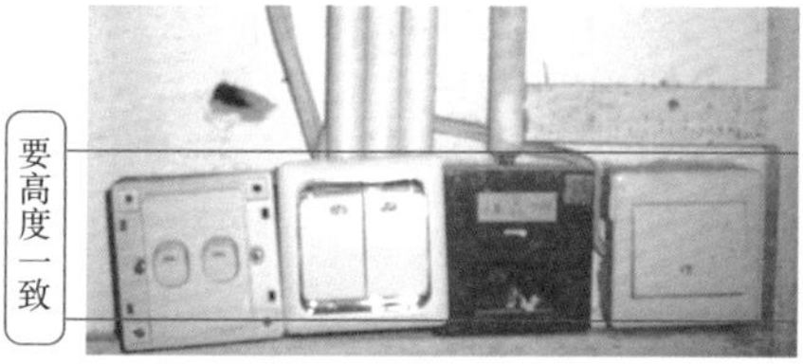
要高度一致
同一室内同一平面开关必须安排在同一水平线上</td></tr>
<tr><td>开关安装高度与距离</td><td>家装开关安装有关尺寸见下表：
家装开关安装有关尺寸
<table><tr><th>项　目</th><th>距　离</th></tr><tr><td>开关边缘距门框边缘的距离</td><td>0.15 ~ 0.2m</td></tr><tr><td>开关距地面高度</td><td>1.3m</td></tr><tr><td>拉线开关距地面高度</td><td>2 ~ 3m</td></tr><tr><td>小于 3m 的层高，拉线开关距顶板的高度</td><td>不小于 100mm</td></tr><tr><td>电源开关离地面</td><td>一般在 120 ~ 135cm 之间</td></tr></table>家装开关安装高度图例如下：</td></tr>
</table>

续表

<table>
<tr><th>项目</th><th colspan="2">图 例 与 解 说</th></tr>
<tr><td rowspan="2">要求与规范</td><td>开关安装高度与距离</td><td>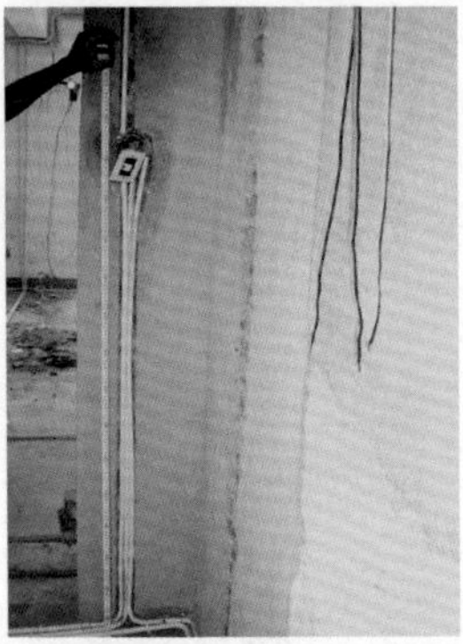
家装开关安装高度
电气开关接头与燃气管间距离间隔规定见下表
电气开关接头与燃气管间距离间隔规定 mm<table><tr><th>位　置</th><th>距　离</th></tr><tr><td>同一平面</td><td rowspan="2">≥ 50</td></tr><tr><td>不同平面</td></tr></table></td></tr>
<tr><td>其他要求与规范</td><td>其他要求与规范如下：
（1）当接插有触电危险家用电器的电源时应选择能断开电源的带开关插座开关，而且断开的是相线。
（2）开关的安装一般在灯具安装后。
（3）开关必须串联在相线上。
（4）开关面板垂直度允许偏差小于或等于 1mm。
（5）成排安装开关的面板之间的缝隙小于或等于 1mm。
（6）开关安装后应方便使用，即以实用为原则。
（7）同一室内同一平面开关的多个开关必须按最常用、很少用的顺序排列。
（8）开关一般向上按为开灯状态。跷板开关安装方向一致，并且下端按入为通状态，上端按入为断状态。
（9）开关位置应与灯头位置相对应。
（10）出水口下方一般不要有开关。也就是开关不要装在太靠近水的地方。
（11）有的开关需要专用暗盒。</td></tr>
</table>

续表

项目	图例与解说	
要求与规范	其他要求与规范	（12）开关不宜装在门后。 （13）开关安装完毕后，不得再次进行喷浆，以保持面板的清洁。 （14）开关不得倾斜安装，如下图所示：  开关不得倾斜安装 （15）民用住宅严禁装设床头开关。 （16）电工连接多联开关的时候，应具有一定逻辑标准，例如按照灯方位的前后顺序，一个一个渐远。 （17）书柜内、橱柜内灯光的插座与控制开关在装饰装修时充分考虑。 （18）防盗报警器、煤气报警器、壁挂式液晶电视机、玄关灯光等的插座与控制开关在装饰装修时充分考虑。 **实战·技巧 开关插座面板紧固可以用木螺钉或石膏板螺钉替代配套螺钉吗?** 开关插座面板紧固时，应用配套的螺钉紧固。不得采用木螺钉、石膏板螺钉替代，否则可能会损坏底盒。开关插座面板的固定一般应使用镀锌产品的螺钉

5.3 插座

家居装饰工程中用的插座可以分为明装插座、暗装插座两种。明装插座一般与导线明敷配套选用。暗装插座一般与导线穿暗管敷设配套使用。暗装插座应用广泛，需要注意盒体与面板的安装孔距要配套。

家用插座应选择表面无气泡、无裂纹、无缺粉、无肿胀、没有明显的擦伤与毛刺等缺陷的插座。

插座的有关选用要求与安装规范见表 5-2。

表5-2　**插座的有关选用要求与安装规范**

项目	图例与解说
选对插座面板	由于插座面板种类较多（一些插座面板如下图所示），因此，在安装面板前一定要确定是所要安装的类型，以免返工（如下图所示）。 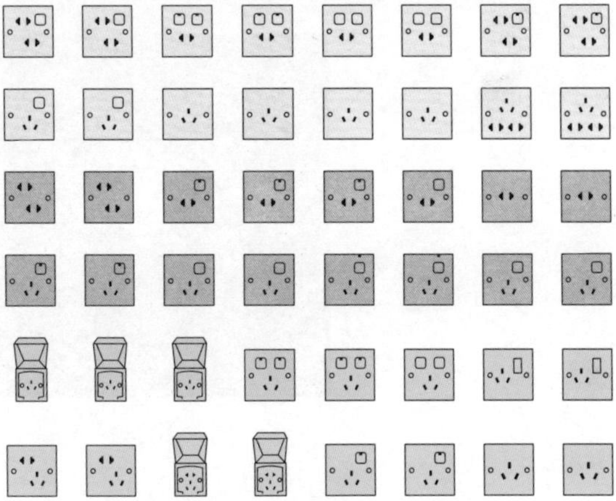 一些插座面板 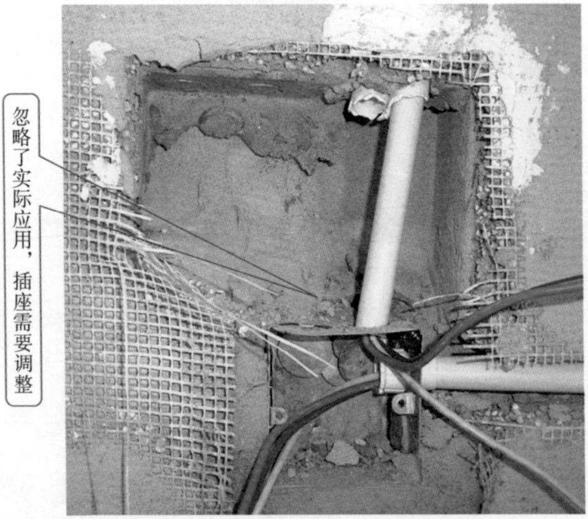 忽略了实际应用，插座需要调整 返工图例 安装前核对插座的类型，例如位数是一位开关带多功能插座，还是其他类型的；参数是 13A，还是其他参数的；型号是 86 型或 146 型，还是其他种类的。

续表

项目	图例与解说
选对插座面板	实战·技巧 插座应用特点。 一般插座用 10A、250V 即可。 空调插座一般选用 16A、250V 插座。 常规家用电器插座一般选用 10A、250V 的插座即可。 实战·技巧 插座的种类。 10A 插座——可满足家庭内普通电器用电限额。 16A 插座——可以满足家庭内空调或其他大功率电器。一般电器的插头规格 16A 会比 10A 大。 多功能插座——可以兼容多种插头，该插座一般为非标准插座，多用于插座转换器中。 专用插座——具有英式方孔、欧式圆脚、美式电话插座、带接地插座等。 信息插座——常见的有电话、电脑、电视等信号源接入插座。 宽频电视插座——具有 5 ~ 1000MHz，适应个别小区高频有线电视信号，外形与普通电视插座相近，但对抗干扰能力要求更高，频带覆盖范围也更宽。 TV-FM 插座——功能与电视插座一样，增加的调频广播功能用的很少，但可以作为两位电视使用，接线十分方便，只需接一进线用户端则可以实现两个终端同时使用。 串接式电视插座（也称电视分支）——电视插座面板后带一路或多路电视信号分配器。 插座分为强电插座、弱电插座。本节主要讲述强电插座。强电插座又可以分为暗装插座、明装插座。明装插座如下图所示  明装插座

续表

项目	图例与解说
打洞时，不要破坏梁柱内部钢筋	打洞时，不要破坏梁柱内部钢筋，包括打断钢筋、钢筋外露等现象。图例如下  不要损坏梁柱内部钢筋 不要损坏梁柱内部钢筋
插座要足够	在装饰装修时，插座设计要充分考虑，一定要考虑以后的电器扩容，不然会出现下面图例问题 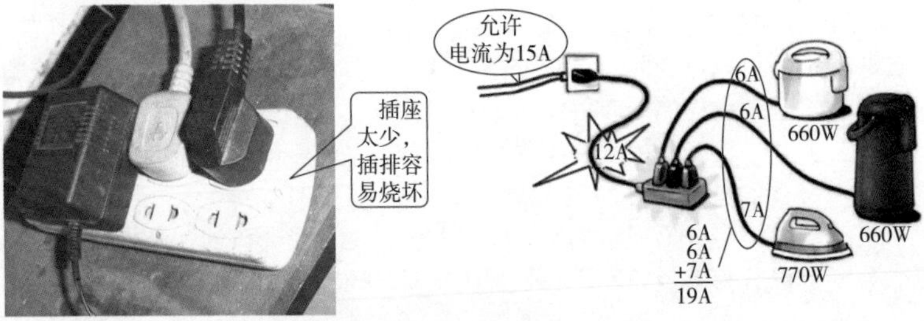 插座太少，插排容易烧坏 允许电流为15A 12A 6A 6A 7A 660W 660W 770W 6A 6A +7A 19A 插座太少，使用排插
插座要根据相应设备的特点来设计、安装	如果插座设计、安装不当，则其对应的插头延长线不可避免地压在家具或重物下方，也就难避免发生损坏、产生危险等现象，图例如下 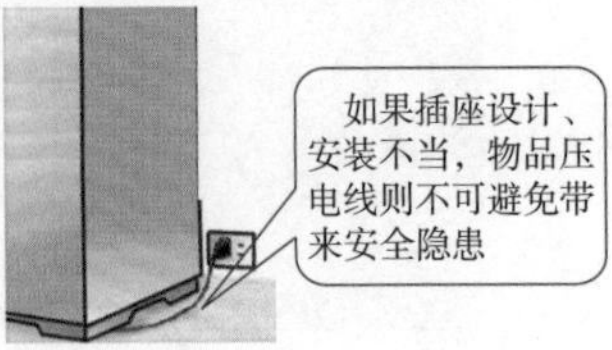 如果插座设计、安装不当，物品压电线则不可避免带来安全隐患 如果插座设计、安装不当带来的危害

续表

项目	图例与解说
插座安装参数	有关插座安装参数见下表：

有关插座安装参数

内　容	参　数	内　容	参　数
电源插座底边距地面	300mm	挂壁空调插座	高 1900mm
挂式消毒柜插座	1900mm	厨房插座	高 950mm
洗衣机插座	1000mm	电视机插座	650mm
脱排插座	高 2100mm	一般插座高度	200 ~ 300mm
同一室内的电源、电话、电视等插座面板高度应一致	误差小于 5mm	明装插座距地面	不低于 1.8m
视听设备墙上插座一般距地面	30cm	暗装插座距地面	不低于 0.3m
台灯墙上插座一般距地面	30cm	电冰箱的插座	150 ~ 180cm
接线板墙上插座一般距地面	30cm	排气扇插座距地面	190 ~ 200cm
儿童活动场所插座安装高度	不应低于 1.8m	当插座上方有暖气管时的间距	大于 0.2m
插座下方有暖气管时其间距	大于 0.3m	电视馈线线管、插座与交流电源线管、插座之间的距离	0.5m 以上
并列安装相同型号开关距水平地面高度相差	≤ 1mm	同一水平线的开关	≤ 5mm

插座安装图例如下

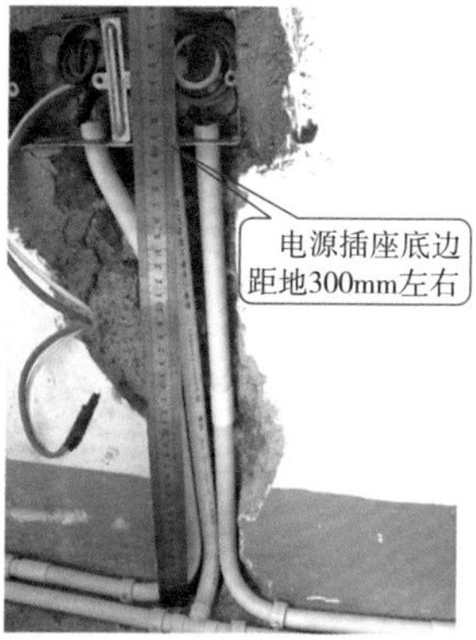
电源插座底边
距地300mm左右

插座安装图例

续表

<table>
<tr><th>项目</th><th>图例与解说</th></tr>
<tr><td>插座与外连线槽的要求</td><td>与插座外连的线槽要水平，不要交错，下图就是不规范的操作

插座外连的线槽要水平</td></tr>
<tr><td>插座面板接线柱不能压住电线绝缘层</td><td>插座面板的安装就是按接线要求，将盒内甩出的导线与插座的面板连接好。连接时，就是把电线剥掉一小段绝缘层，然后插入相应接线孔后，拧紧相应螺钉即可。但是，电线剥掉一小段绝缘层不能够太少，以免螺钉压在绝缘层上，图例如下

螺钉压在绝缘层上</td></tr>
<tr><td>预留长度要考虑的因素</td><td>安装插座面板比较容易，但是有时为什么安装需花费很长时间？原因之一是底盒预留的电线太短。下面以图例说明插座的底盒预留的电线应该考虑的因素。

倾斜安装　　“翻过来安装”</td></tr>
</table>

续表

<table>
<tr><th>项目</th><th>图例与解说</th></tr>
<tr><td>预留长度要考虑的因素</td><td>

维修与安装需要把插座面板倾斜安装甚至是“翻过来安装”，而且许多插座的螺钉既有顶上、侧面旋具方向，如下图所示。因此，欲留的长度至少为：插座面板安装电线后，能够翻转，并且具有一定的松弛性即可

螺钉在侧面

螺钉在顶上

</td></tr>
<tr><td>安装插座位置不但要考虑使用，也要考虑维修方便</td><td>

安装插座位置一定要考虑使用，同时也要考虑维修方便。例如下图中的插座对于维修就带来不方便的一面

左为给水管，右为排水管，插座维修时，起子手柄不好操作

</td></tr>
<tr><td>插座是否需要连线</td><td>

现在，插座面板类型多，有的为“一体化”开关与插座的导线已经连接好了，有的由用户自己针对性连接。对于，需要用户自己针对性连接的插座面板图例如下：

开关＋插座

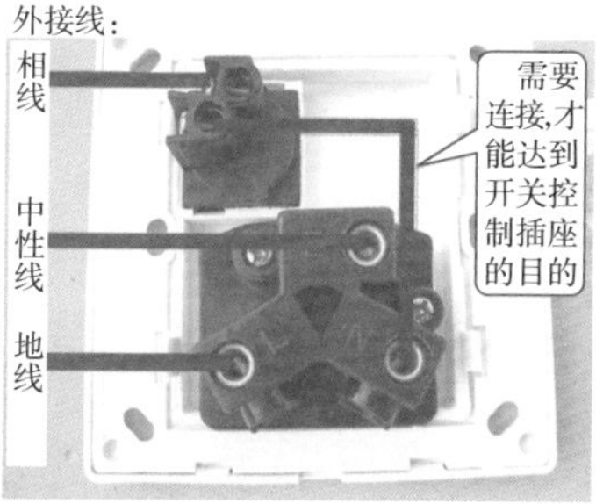
外接线：
相线
中性线
地线
需要连接,才能达到开关控制插座的目的

开关控制插座错误连线图

</td></tr>
</table>

续表

项目	图例与解说
插座是否需要连线	连接时，需要注意开关要与相线相连，即断开的是相线，然后再把开关另一端引线引到插座相线接线柱上，即一般标注“L”的接线柱。上面“开关控制插座错误连线图”错误的原因是：开关另一端引线引到插座标注“N”的中性线接线柱上。 另外，也得注意：开关与插座的连线一定要采用单股实芯线，如果是多股线一定要采用接线端子才能安装。如果，多股线不采用接线端子，直接连接，则当螺钉固定时，可能压断细股铜丝，现场图例如下：  细多股线连接  压断细股铜丝 当然，如果不想开关控制插座，则面板可以不需要如此连接电线。 **实战·技巧　安装插座插孔时是否需要注意其上的“L”、“N”符号?** 安装插座插孔时应注意其上的“L”、“N”符号与实际连接的相线、中性线一致：L 表示是相线，N 表示中性线。并且还要注意插座是左 N 右 L
不得损坏电线绝缘层	插座连接时，因导线较硬或者预留线不具有松弛性，因此，借助钳子夹住导线。其实，这容易损坏导线绝缘层，带来安全隐患。 对于，家居中的插座导线一般 $4mm^2$ 的线，用手整理即可。如果，确实需要钳子等夹持工具的配合，则只能够夹住导线端头附近，因为，即使绝缘层损伤，此部分与其他导线基本不会相碰，安全系数较高。如果像下图夹住电线的部位，可能带来安全隐患  这样夹住电线的部位，可能带来安全隐患

续表

<table>
<tr><th>项目</th><th>图 例 与 解 说</th></tr>
<tr><td>整理电线</td><td>插座面板接线完成后，可以把插座面板对正盒眼，推入盒内。但是，为什么有的面板比较难推入，有的还可能损坏接线柱呢？这主要原因就是暗盒中的电线没有整理好。因此，在把插座面板对正盒眼，推入盒内之前，应对暗盒中的电线进行盘缠，缩短面板与暗盒的距离以及电线垂直面板的距离。
下图中就是把暗盒中的电线整理好后，很容易把面板推入盒内
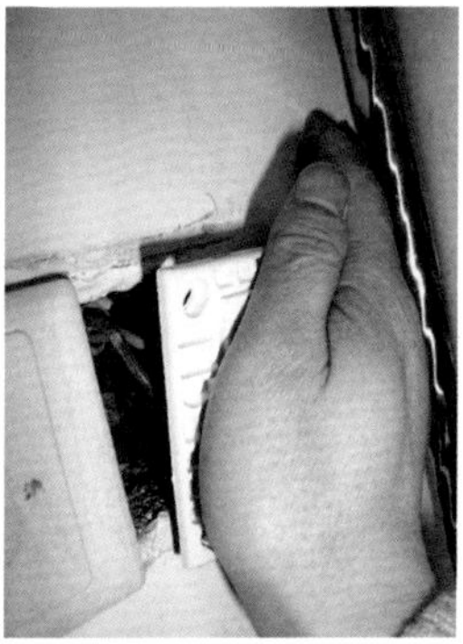
插座面板推入盒内</td></tr>
<tr><td>固定螺钉</td><td>插座面板推入盒内之后就是用螺钉把其固定牢固。固定时要使面板端正，并与墙面平齐。面板安装孔上有装饰帽的应一并装好，图例如下：

固定螺钉
在实际工作中有时出现固定比较困难，主要原因是暗盒质量差，没有对准螺钉孔。对于没有对准螺钉孔可以采用这种方法：把暗盒的螺钉孔对应引出到暗盒边沿墙壁上，并且做一标志，然后插座面板螺钉孔对应标志位置即可</td></tr>
</table>

续表

<table>
<tr><th>项目</th><th>图例与解说</th></tr>
<tr><td>厨卫插座一定要选择防溅盒的插座</td><td>
防溅是指防止任何方向的溅水进入外壳的水量达到对电气产品产生有害影响的防护。
防溅盒就是具有防溅功能的盒子。防溅盒插座就是插座上自带了防溅盒，外形如下图所示：
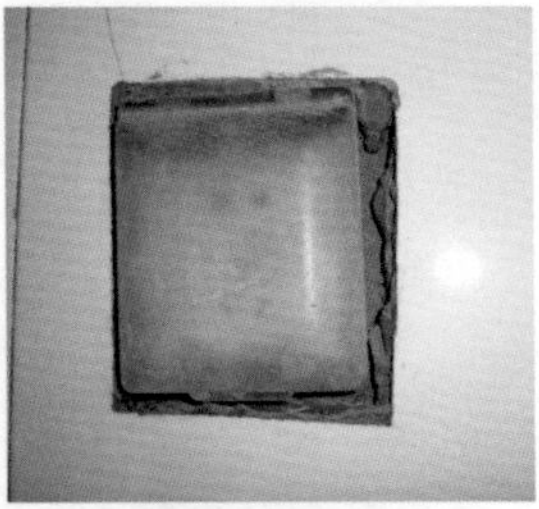
防溅盒插座
家居装饰装修中的厨卫插座一定要选择防溅盒的插座，以确保安全。有的家居装饰装修中的厨卫采用普通插座是不规范的操作，图例如下：

卫生间应采用防水插座
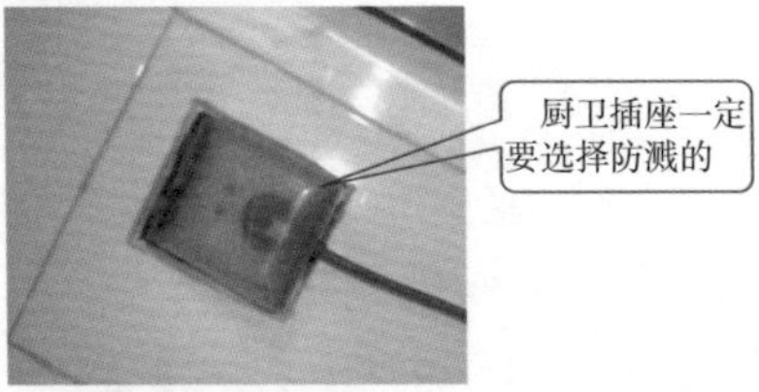
厨卫插座一定要选择防溅的
厨卫插座一定要选择防溅盒的插座
厨卫的防溅盒的插座在安装其他厨卫设备时，一定要注意保管，如果损坏后，应及时更换，图例如下：
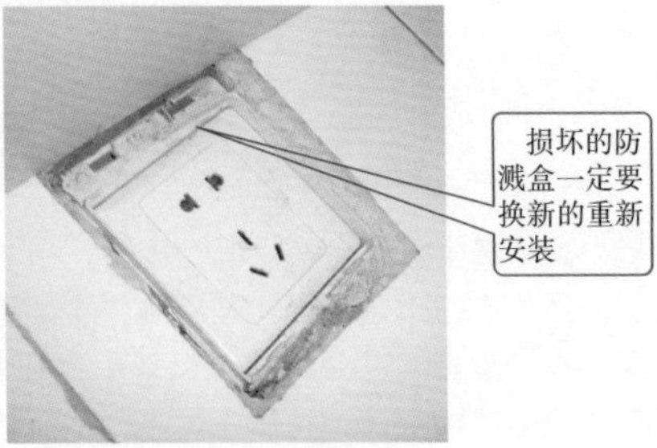
损坏的防溅盒一定要换新的重新安装
损坏的插座应及时更换
</td></tr>
</table>

续表

<table>
<tr><th>项目</th><th>图例与解说</th></tr>
<tr><td>厨卫插座一定要选择防溅盒的插座</td><td>

实战·技巧 **怎样检测插座的安装是否合格？**

暗装的插座面板紧贴墙面，而且四周无缝隙、无碎裂划伤、安装牢固、表面光滑整洁、装饰帽齐全等。地插座面板应紧贴地面，或与地面齐平、盖板固定牢固、密封良好

</td></tr>
<tr><td>其他规范、要求</td><td>

插座其他规范、要求如下：

1. 常见插座接线要求

常见插座接线要求见下表：

常见插座接线要求

<table>
<tr><th>类　型</th><th>解　　说</th></tr>
<tr><td>单相两孔插座</td><td>面对插座，则右孔或上孔与相线连接，左孔或下孔与中性线连接</td></tr>
<tr><td>单相三孔插座</td><td>面对插座，右孔与相线连接，左孔与中性线连接，中间上方应接保护地线。插座的接地端子不与中性线端子相连</td></tr>
<tr><td>三相四孔、三相五孔插座</td><td>三相四孔、三相五孔插座的接地（PE）或接中性（PEN）线接在上孔。插座的接地端子不与中性线端子连接。另外，同一场所的三相插座，接线的相序一致</td></tr>
</table>

注：插座的接地线、接中性线在插座间不应串联。

2. 特殊情况下插座接线的要求与规范

特殊情况下插座接线的要求与规范如下：

（1）潮湿场所采用密封型并带保护地线触头的保护型插座，安装高度不低于 1.5m。

（2）当接插有触电危险的家用电器的电源时，采用能断开电源的带开关插座，并且开关断开相线。

（3）镜子旁边根据需要预留插座，以便接插吹风机。

（4）卫生间一定要选用防水插座。

（5）为防止幼童把手指头伸进插座孔中，距离地面 30cm 高的插座都必须带保险装置。

（6）插座在墙的上部，垂直向上开槽。

（7）插座在墙的下部，垂直向下开槽。

（8）厨房插座不要装在灶台上方，防止过热。

（9）每个房间吸尘器使用插座应在装饰装修时充分考虑。

（10）卫星电源插座应在装饰装修时充分考虑。

（11）壁挂式鱼缸电源插座应在装饰装修时充分考虑。

（12）开放式阳台装开关插座应采用专用防溅盖。

</td></tr>
</table>

续表

项目	图例与解说
其他规范、要求	（13）出水口下方一般不要有插座。 实战·技巧　家装插座安装有哪些常见误区？ 家装插座安装常见的误区如下： （1）全部使用同一种插座。 （2）插座缺少防护措施。 （3）插座导线随意安装。 （4）多个电器共用同一插座。 （5）只有一个回路。 （6）插座位置过低。 （7）潮湿场所没有采用密封或保护式插座。 （8）开关插座后面的线没有理顺成波浪状置于底盒内。 实战·技巧　开关插座的接线不得头攻头连接吗？ 家装的开关插座的接线一般只允许接一根线。如果导线并头，则需要采用搪锡或用压线帽压接后分支连接，不得头攻头连接

5.4 接线盒、底盒

接线盒、底盒内的导线连接要求与规范见表5-3。

表5-3　接线盒、底盒内的导线连接要求与规范

项目	图例与解说
概述	暗盒就是安装于墙体内，走线前都要预埋，目前具有86、120、118、146等规格。暗盒一般与开关、插座面板配合使用。暗盒广义上讲包括开关底盒与接线盒。 接线盒主要是电线连接处，其面板一般是空白面板。空白面板还有一个作用就是可以用来封闭墙上弃用的墙孔。 嵌墙开关底盒尺寸有A、B、C类型，其中B类是中国的86底盒，外形为正方形。A类为美国、加拿大的底盒，外形为长方形。C类是欧洲各国的底盒，外形为圆形。 常用的86底盒外形尺寸为长86mm×宽86mm。其中有的安装孔中心距为60mm/70mm、线管直径为25mm等，图例如下：

续表

<table>
<tr><th>项目</th><th>图 例 与 解 说</th></tr>
<tr><td>概述</td><td>

开关底盒

开关底盒所用材料一般应采用防火材料制作。底盒的固定一般用水泥与泥钉固定，如下图所示：

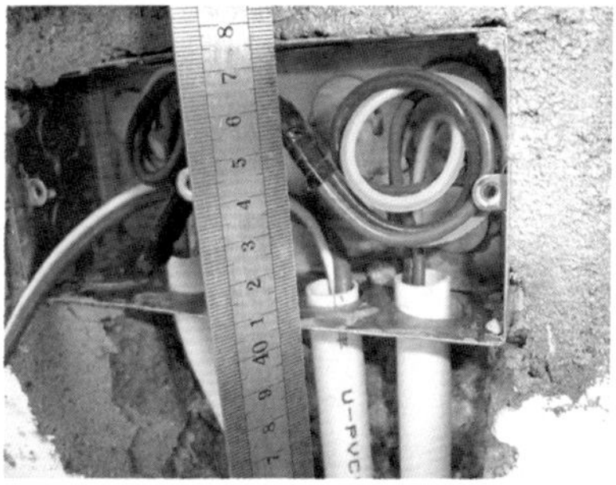

底盒的固定

底盒可由不同的材质制成，因此，底盒也具有不同的种类。

开关盒、接线盒、灯头盒按材质可分为钢质、塑料两种。如果穿线管选用金属电线管，则与其连接的接线盒一般应选用钢质的。若穿线管选用PVC，则与其连接的接线盒一般选用塑料盒或 PVC 盒。底盒根据是否标准分为标准件与非标准件。型号有 86、146 等。常用底盒与对应的面板见下表

常用底盒与对应的面板

<table>
<tr><th>适用面板</th><th>所有86型开关、插座、电话、电视网络接口</th><th>两个86型组合或146型所有面板</th></tr>
<tr><td>钢盒</td><td>86H40、86H50、86H60</td><td>146H50、146H60</td></tr>
<tr><td>塑料盒（PVC）</td><td>86HS50 Ⅰ、86HS60 Ⅰ、86HM33 Ⅰ</td><td>86HS50 Ⅱ、86HS60 Ⅱ、146HM33 Ⅱ</td></tr>
</table>
</td></tr>
</table>

续表

项目	图例与解说
操作方法与技巧	主要操作方法与技巧如下： （1）底盒安装前要弹线、定位。在实际工作中，一些电工师傅出现过要么开孔太大，要么太小，主要原因是没有弹线、定位，凭直觉。有的可能是弹线、定位没有掌握好。弹线、定位主要步骤：① 找基准；② 弹水平线；③ 再翻转定位。 基准—— 一般以开关的高度为基准。 弹水平线——在装底盒的墙面弹一水平线。 再翻转定位——向上翻或下翻确定另一水平线，即确定底盒洞水平位置线。然后，根据底盒宽度 +3mm 左右确定底盒洞宽度。 然后根据弹线打洞，这一步一般与开槽一并完成，图例如下： 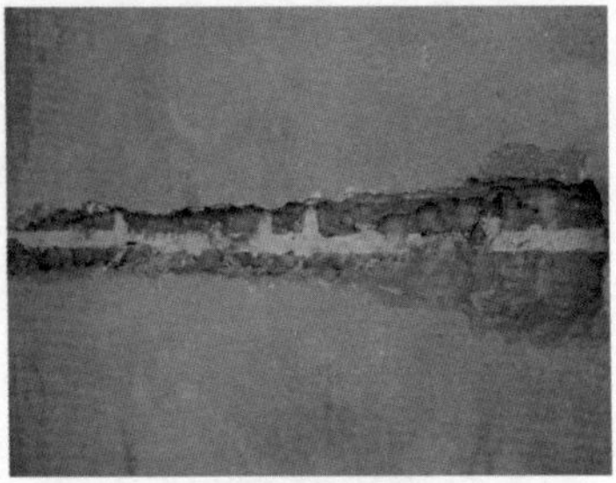 墙壁底盒洞 注意：底盒安装洞要湿透。即用水将洞浇透，并且，注意洞浇透前应把洞内的墙灰等杂物清除。 （2）根据使用的 PVC 管，把相应底盒孔挡板去掉，即把一个底盒孔打开，并从盒内向外嵌入一个接头，图例如下： 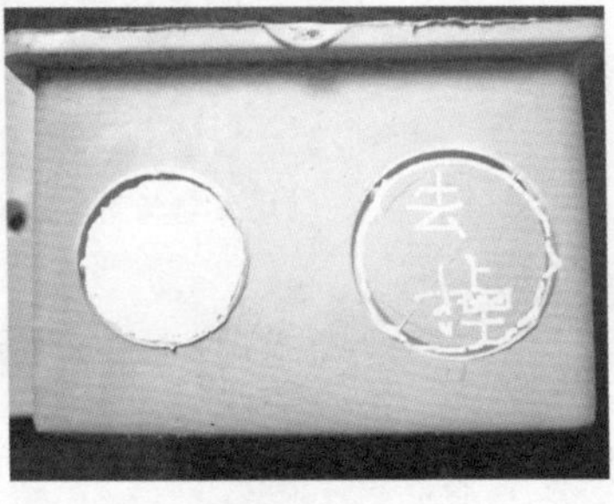 去掉 去掉底盒孔挡板

续表

项目	图 例 与 解 说
操作方法与技巧	（3）固定底盒，图例如下： 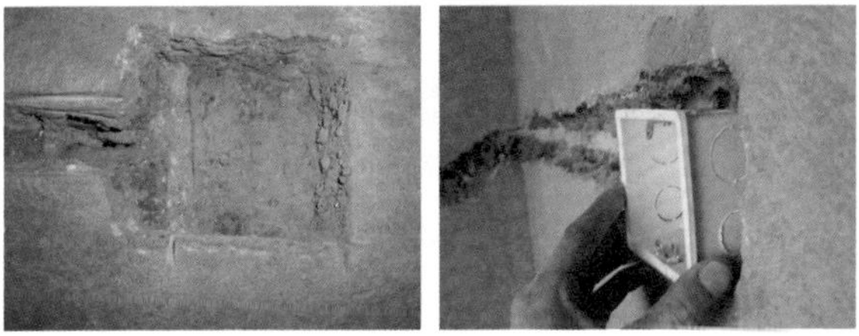 固定底盒 （4）PVC管与底盒连接时，必须在管口套锁扣。底盒、拉线盒与PVC管用螺母连接固定图例如右图所示： （5）安装与清理。一般用1∶3水泥砂浆将底盒稳固洞中，并保证底盒与墙面平正。安装后就要清理多余的水泥砂浆 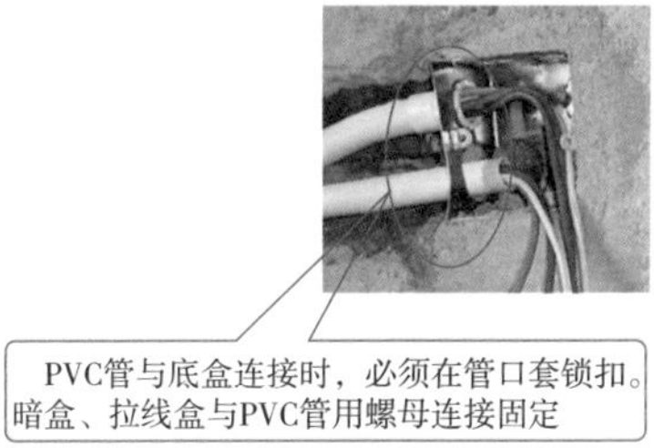 PVC管与底盒连接时，必须在管口套锁扣。 暗盒、拉线盒与PVC管用螺母连接固定 PVC 管与底盒连接时图例
有关要求与规范	接线盒、底盒有关要求与规范如下： （1）别忘记要盖面板。接线盒、底盒的面板是在墙壁装饰后再进行安装。虽然安装容易，但是实际常有遗漏个别没有安装的现象。接线盒、盖板见下图： 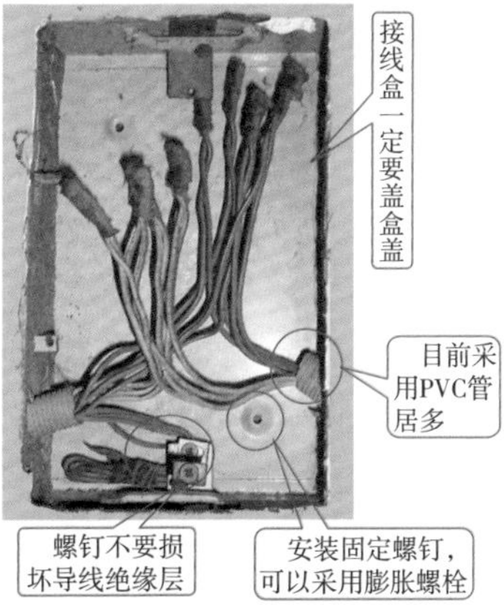 接线盒一定要盖盒盖 目前采用PVC管居多 螺钉不要损坏导线绝缘层 安装固定螺钉，可以采用膨胀螺栓 接线盒 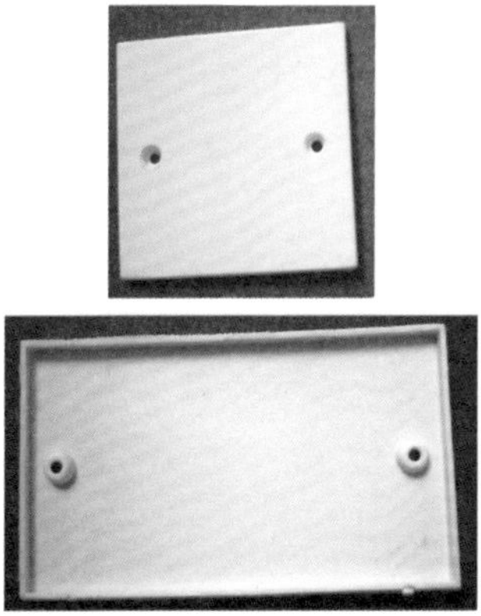 盖板

续表

项目	图例与解说
有关要求与规范	（2）接线盒内同一导线颜色要相同。图例如下： 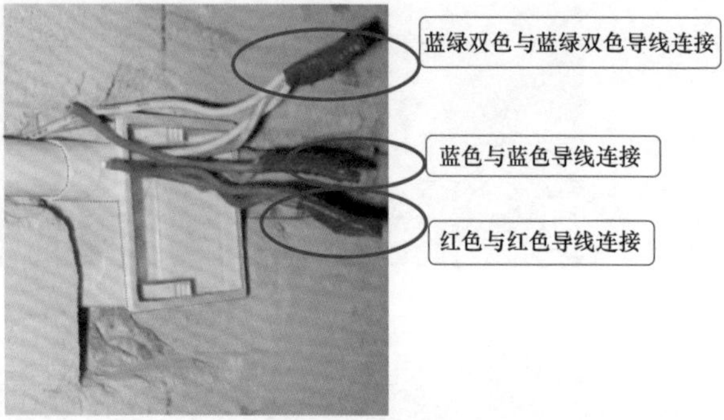 蓝绿双色与蓝绿双色导线连接 蓝色与蓝色导线连接 红色与红色导线连接 接线盒内同一导线颜色要相同 （3）接线盒内导线连接处要挂锡。图例如下：  电线头袒露，不安全。线盒处线头应做好必要的保护 接线盒内导线连接处要挂锡 接线盒内导线连接处挂锡的主要步骤如下：  步骤（一） 熔锡 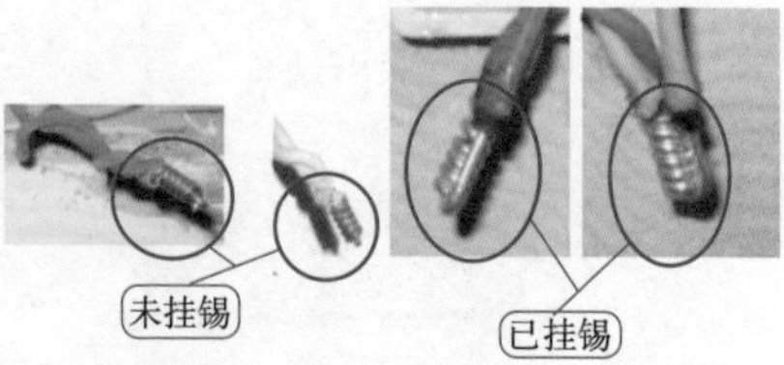 未挂锡 已挂锡 未挂锡导线连接处为铜的颜色——紫色。 已挂锡导线连接处的颜色——白色。 步骤（二） 挂锡

续表

项目	图 例 与 解 说
有关要求与规范	（见下）

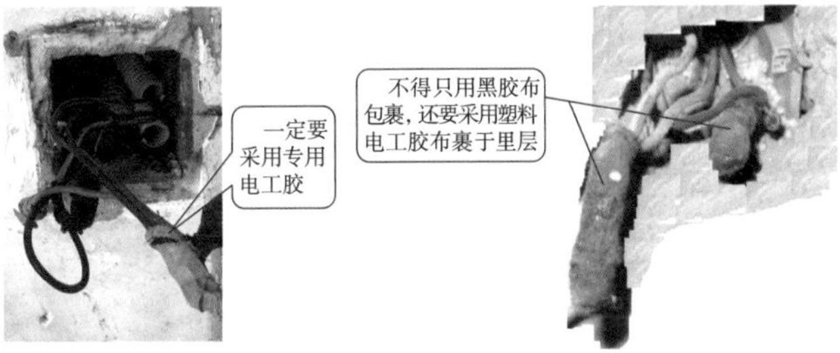
一定要
采用专用
电工胶
不得只用黑胶布
包裹，还要采用塑料
电工胶布裹于里层

步骤（三） 绝缘恢复

另外，也可以套线帽，即压线帽，图例如下：

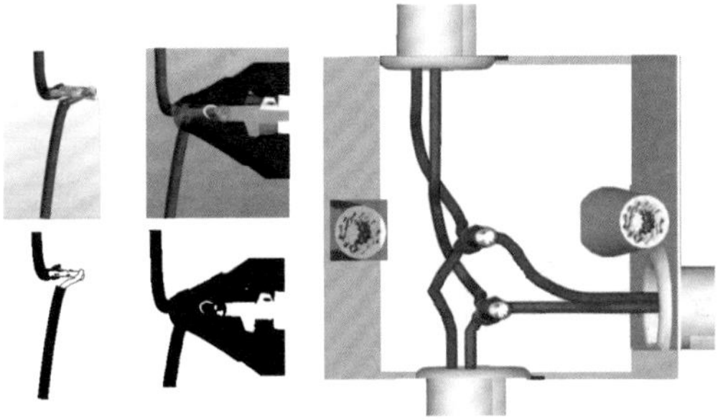

压线帽

（4）电线盒中导线的预留长度要足够。导线预留长度的要求见下表：

导线预留长度的要求

项　目	导线的预留长度
接线盒、开关盒、插销盒及灯头盒内导线	预留长度应为 15cm
配电箱内导线的预留长度	应为配电箱箱体周长的 1/2
出户导线	预留长度应为 1.5m
公用导线在分支处	不剪断导线而直接穿过

（5）没有安装开关面板的电线要卷好，端头用绝缘层包好放入底盒内。图例如下：

续表

<table>
<tr><th>项目</th><th>图例与解说</th></tr>
<tr><td>有关要求与规范</td><td>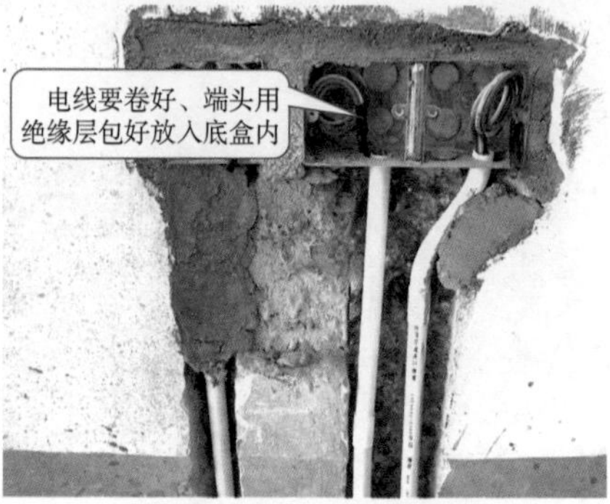
电线要卷好、端头用绝缘层包好放入底盒内
没有安装开关面板的电线图例
（6）底盒的开口面应与墙面平整、牢固、方正（厨房、卫生间的暗盒要凸出墙面 20mm）。
（7）底盒尽量不要装在混凝土上。
（8）底盒与底盒并列安装，它们之间应留有 4 ~ 5mm 的缝隙。
（9）进门开关底盒边距门口边为 150 ~ 200mm，距地面应在 1.2 ~ 1.4m。
（10）如果底盒装在封石膏板的地方，则需要用至少 2 根 20mm × 40mm 的木方，固定在龙骨架上。
（11）一个底盒不能装在四块瓷砖上。
（12）在贴瓷砖的地方，底盒尽量装在瓷砖正中，不得装在腰线与花砖上。
（13）如果底盒主线达不到大功率电器负荷要求时，必须走专线。
实战·技巧　**插座面板是在墙面刷涂料或贴墙纸的工作之前，还是之后？**
电工灯具以及开关插座面板的安装应在墙面刷涂料或贴墙纸的工作之后，以免划花、损坏、弄脏或者影响墙面刷涂料或贴墙纸的工作</td></tr>
</table>

第6章

弱 电

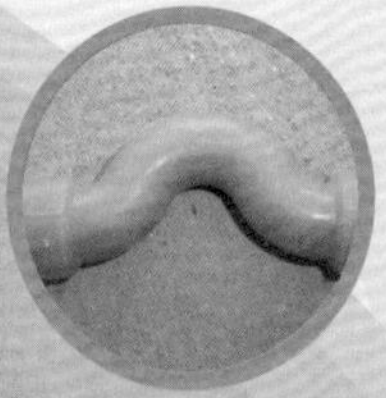

6.1 概述

强电设备就是使用的电源为强电，电能引入建筑物，经过用电设备转换为机械能、热能、光能的设备。强电就是动力、照明这样输送能量的电力。因此，家装的照明灯具、空调、冰箱、电视机、电热水器、取暖器、DVD 等用电器均是强电设备。强电与弱电是相对而言的，家装中的弱电一般指交流电压在 24V 以下的电压或者低直流电压电路，也就是传播信号、进行信息交换的电能。

实际的家庭智能化系统布线，应根据实际情况来选择布线方式以及他们的混合使用方式。家庭智能化系统方案如图 6-1 ~图 6-3 所示。

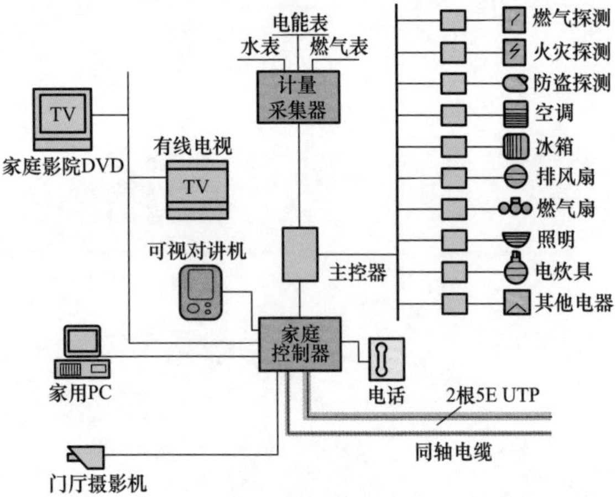
电能表
水表
燃气表
计量
采集器
TV
家庭影院DVD
有线电视
TV
可视对讲机
主控器
家庭
控制器
家用PC
电话
2根5E UTP
同轴电缆
门厅摄影机
燃气探测
火灾探测
防盗探测
空调
冰箱
排风扇
燃气扇
照明
电炊具
其他电器

图 6-1　家庭智能化系统

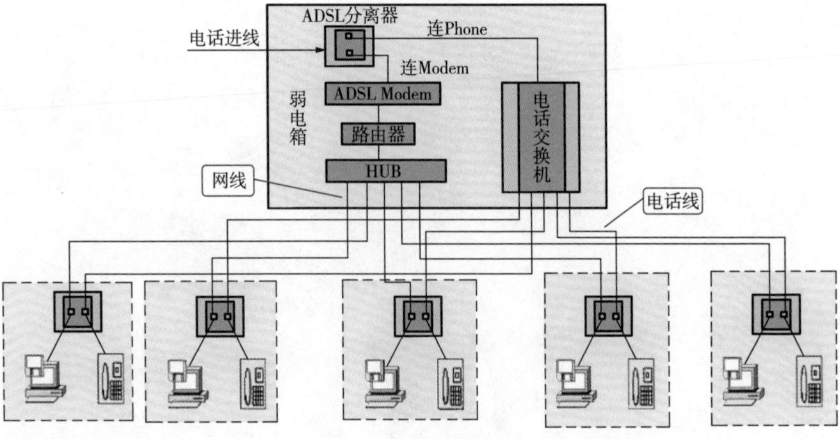
ADSL分离器
电话进线
连Phone
连Modem
ADSL Modem
弱
电
箱
路由器
HUB
电话交换机
网线
电话线

图 6-2　ADSL 方式接入布线

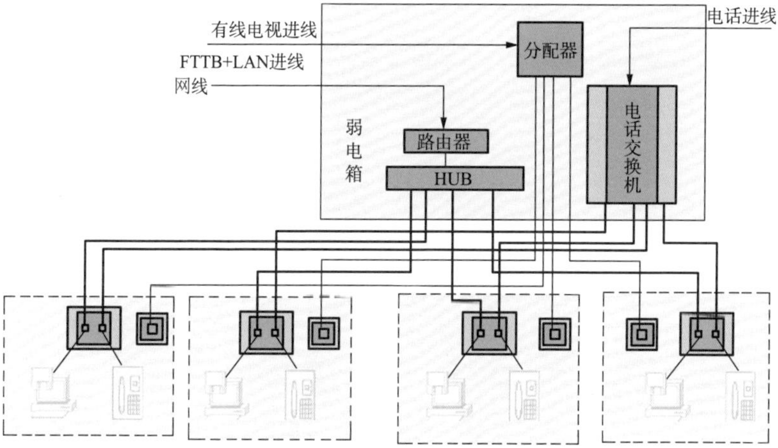
有线电视进线
FTTB+LAN进线
网线
分配器
电话进线
弱电箱
路由器
HUB
电话交换机

图 6-3 FTTB + LAN 方式接入布线

弱电系统施工的基本知识见表 6-1。

表6-1 **弱电系统施工的基本知识**

项目	图例与解说
弱电装饰施工程序	弱电装饰施工程序如下图所示 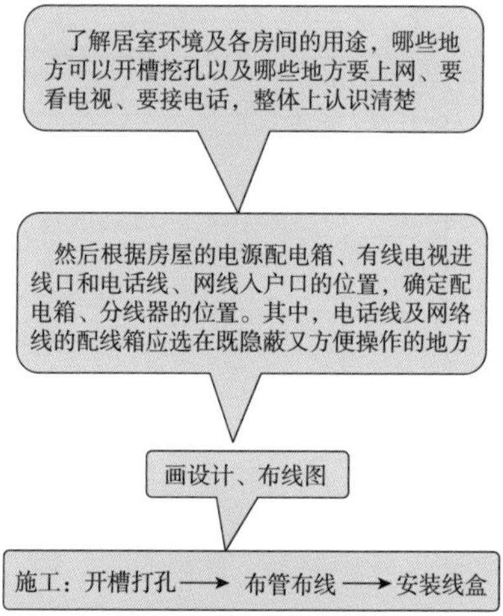 了解居室环境及各房间的用途，哪些地方可以开槽挖孔以及哪些地方要上网、要看电视、要接电话，整体上认识清楚 然后根据房屋的电源配电箱、有线电视进线口和电话线、网线入户口的位置，确定配电箱、分线器的位置。其中，电话线及网络线的配线箱应选在既隐蔽又方便操作的地方 画设计、布线图 施工：开槽打孔 → 布管布线 → 安装线盒 弱电装饰施工程序

续表

<table>
<tr><th>项目</th><th>图 例 与 解 说</th></tr>
<tr><td>弱电进户</td><td>房屋开发商一般已经把弱电及其相关连接线引入户内，有的直接接在户内的弱电箱上，有的是接在相应接线盒或者面板上。右图就是把弱电线引入户内的图例：
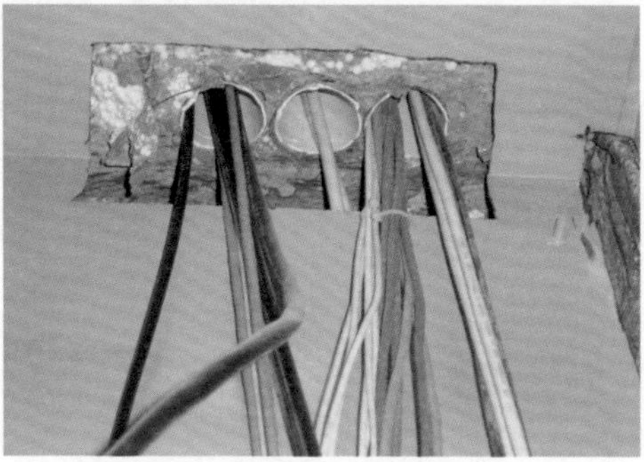
弱电线引入户内
因此，家装弱电布线、布管一般不涉及户外弱电的有关布线、布管等工作。
家装弱电引入户内弱电箱后以及弱电箱是否需要改造就是家装弱电面临的事情。例如采用并联布线方式，电话线与网络线分管布置图例如下
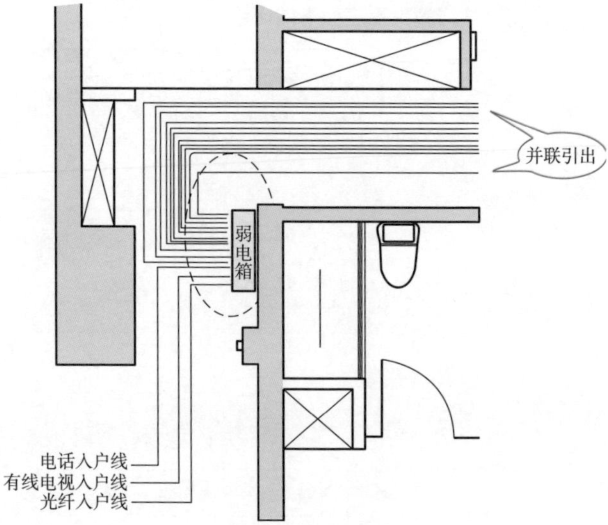
并联引出
弱电箱
电话入户线
有线电视入户线
光纤入户线
弱电箱后弱电的布局</td></tr>
</table>

续表

项目	图例与解说
户内弱电	户内弱电系统有两大中心点：弱电箱、客厅。弱电箱可以把外界弱电信息引入房屋内部，例如网络、电视、电话、门铃等布线以及这些弱电信息在房屋的分配与定位。客厅往往是内部弱电信息交换、控制的枢纽，不同的弱电信息系统带来客厅不同的弱电控制功能。 户内弱电施工的主要工作是选材，如弱电系统主要线路种类见右图，开槽、定位、稳固、布线、布管、安装接口插座面板等工序分别见下图所示

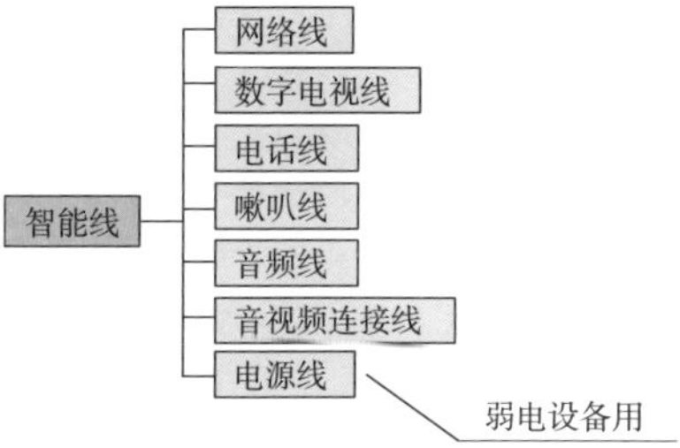
智能线
网络线
数字电视线
电话线
喇叭线
音频线
音视频连接线
电源线
弱电设备用

弱电系统主要线路种类

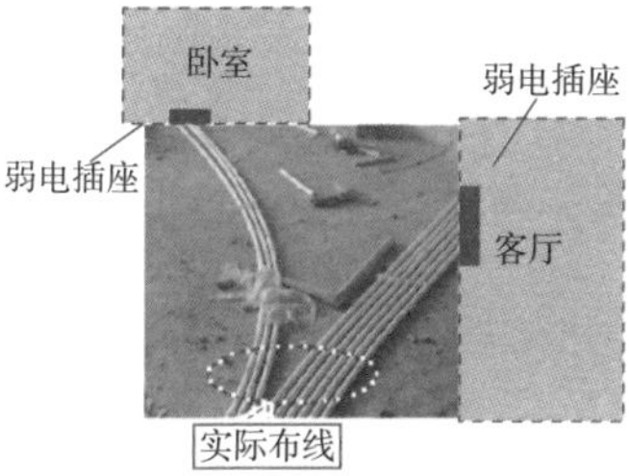
卧室
弱电插座
弱电插座
客厅
实际布线

布管（一）

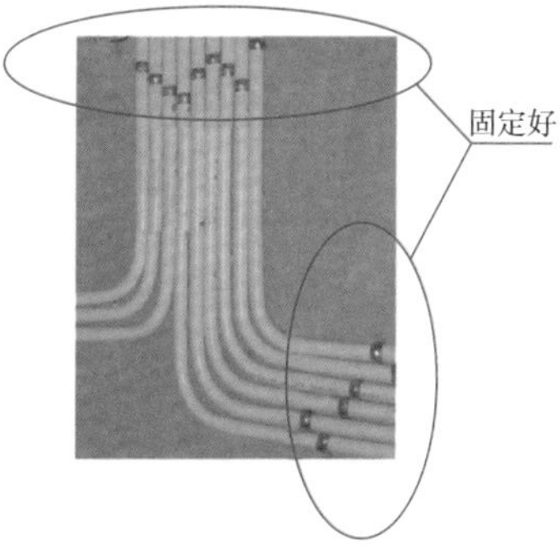
固定好

布管（二）

布管（三）

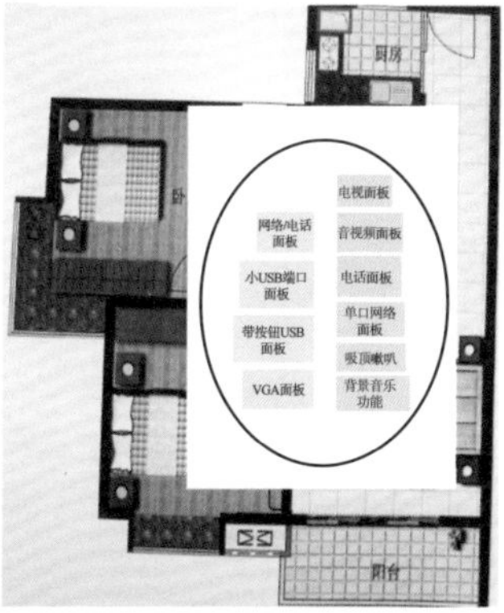
厨房
网络/电话面板
小USB端口面板
带按钮USB面板
VGA面板
电视面板
音视频面板
电话面板
单口网络面板
吸顶喇叭
背景音乐功能
阳台

弱电系统主要接口插座

续表

<table>
<tr><th>项目</th><th>图 例 与 解 说</th></tr>
<tr><td>户内弱电系统的种类</td><td>户内弱电系统的种类如下
<table>
<tr><th>类型</th><th>基本系统数字</th><th>特　点</th></tr>
<tr><td>基础型</td><td>四类基本系统：电话、网络、有线电视、数字电视</td><td>主要厅房内均安装电话、网络、有线电视、影音接口</td></tr>
<tr><td>增强型</td><td>五类基本系统：电话、网络、有线电视、数字电视、红外遥控</td><td>主要厅房内安装有线电视、影音接口、红外转发。居室间内均安装电话、网络接口</td></tr>
<tr><td>豪华型</td><td>六类基本系统：电话、网络、有线电视、数字电视、红外遥控、VGA</td><td>居室厅内需要与可能的位置均安装电话、网络、有线电视、影音接口、红外转发。主要厅房内安装 VGA 接口</td></tr>
</table>
</td></tr>
</table>

6.2 弱电箱

弱电箱是家装弱电工程必须用到的设备，其结构与选择是必须掌握的知识，具体内容见表 6-2。

表6-2　　弱电箱的结构与选择

<table>
<tr><th>项目</th><th>图 例 与 解 说</th></tr>
<tr><td>结构组成</td><td>弱电箱就是对所有弱电系统进行集中管理的一个箱子，家居弱电主要包括电话、网络、闭路电视、AV、红外、VGA 等，图例如下：

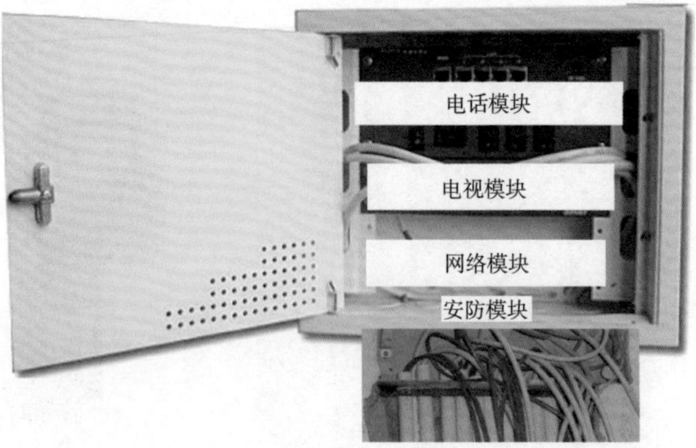
电话模块
电视模块
网络模块
安防模块

弱电箱（一）</td></tr>
</table>

续表

<table>
<tr><th>项目</th><th>图 例 与 解 说</th></tr>
<tr><td>结构组成</td><td>
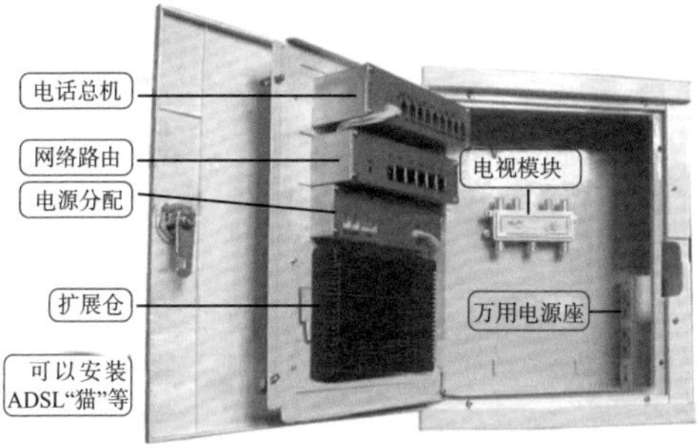
电话总机
网络路由
电源分配
扩展仓
可以安装ADSL“猫”等
电视模块
万用电源座

弱电箱（二）

弱电箱（三）
弱电箱内部模块因不同弱电箱具体种类有所差异，常用的模块如下：
（1）电视模块。电视模块主要用于电视信号的引入与分配，其接口如下图所示：
电视模块的应用操作就是连线、装设电视分配器插头等。
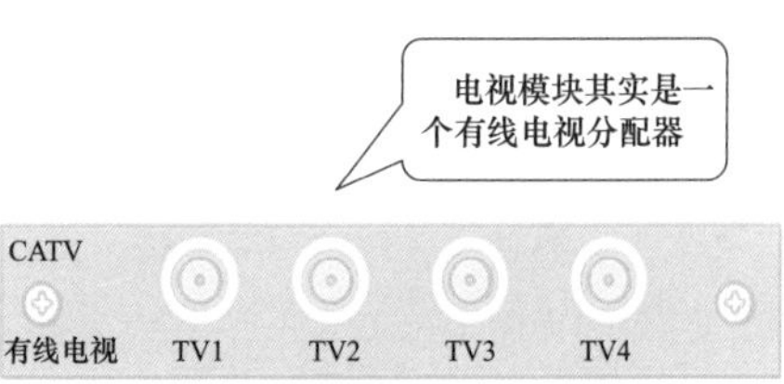
电视模块其实是一个有线电视分配器
CATV
有线电视
TV1
TV2
TV3
TV4

电视模块
</td></tr>
</table>

续表

项目	图例与解说
结构组成	（2）电话模块。电话模块主要用于电话信号的引入与分配，其接口如下图所示： 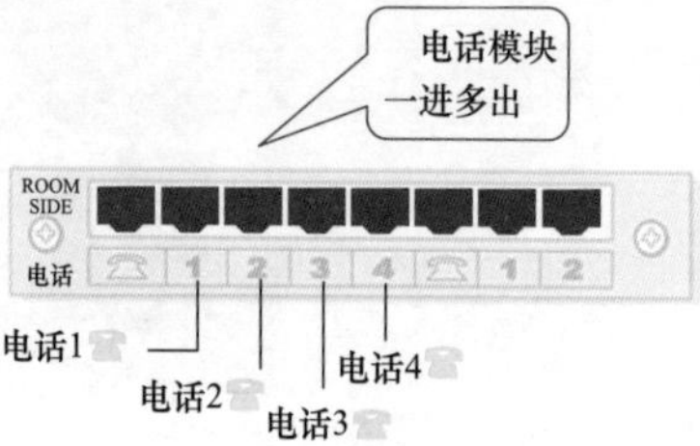 电话模块 一进多出 ROOM SIDE 电话 1 2 3 4 1 2 电话1 电话2 电话3 电话4 电话模块有1进4出、1进8出、2进8出、1进9出、带保密的、带程控功能的等种类。电话模块的应用操作就是连线、装设电话插头等。 （3）网络模块。网络模块主要是用于RJ45插头的接插，具有1进5出、5进5出等不同类型。有的还具有路由器模块（例如有1进4出、1进8出、有线的、无线的等）。交换机模块（例如有1进8出等）。 网络模块的外形如下图所示下： 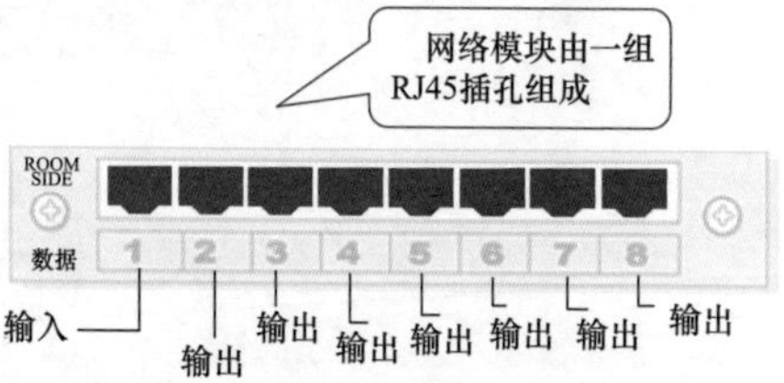 网络模块由一组 RJ45插孔组成 ROOM SIDE 数据 1 2 3 4 5 6 7 8 输入 输出 输出 输出 输出 输出 输出 输出 网络模块的外形 （4）智能AV（例如有4进8出等）。 （5）VGA模块。 （6）红外切换模块。 （7）电源模块。 （8）语音模块（有RJ45数据口、1进3出、1进2出等）。 （9）理线架条数。 其中（4）~（8）为不常见模块
位置	房屋开发商一般是将弱电箱与强电箱预埋在进门处，虽然有方便的一面，但是很不利于弱电箱信息交换方面功能的发挥。弱电箱应埋放在家庭信息集中点附近。 有的家装弱电箱可以放置在书房电脑桌子下

续表

项目	图例与解说
选择技巧	弱电箱选择技巧如下： （1）选择有足够空间散热的弱电箱。 （2）一般不应选择外壳太薄容易产生振动的弱电箱。 （3）采用具有合理、先进的理线方式，例如理线架的理线方式等。 （4）选择具有一定预留空间的弱电箱。 （5）选择质量稳定的弱电箱。 （6）模块要齐全。 （7）选择功能强的弱电箱。 （8）选择弱电箱注意要考虑后期维护与升级的便利。 （9）选择弱电箱要选择家庭装修用的弱电箱，不应选择工程用弱电箱。 弱电箱的种类如下： 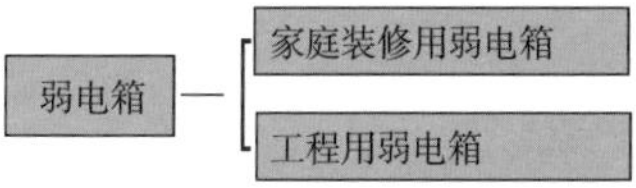 弱电箱 家庭装修用弱电箱 工程用弱电箱

6.3 门禁系统与对讲系统

门禁系统与对讲系统的组成与特点见表6-3。

表6-3　门禁系统与对讲系统有关的组成与特点

项目	图例与解说
门禁系统的概念及组成	门禁就是常讲的出入管理控制系统。它是一种管理人员进出的数字化管理系统。门禁系统的类型与组成如下： 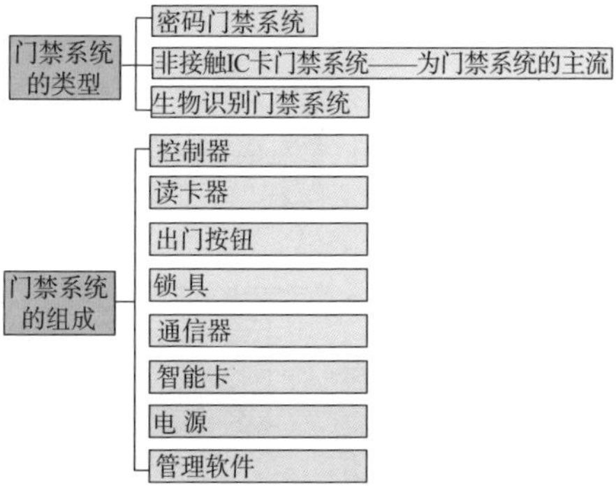 门禁系统的类型 密码门禁系统 非接触IC卡门禁系统——为门禁系统的主流 生物识别门禁系统 门禁系统的组成 控制器 读卡器 出门按钮 锁 具 通信器 智能卡 电 源 管理软件 门禁系统的类型与组成

续表

项目	图 例 与 解 说
门禁系统的概念及组成	各组成部分的特点、作用： 智能卡——在智能门禁系统中主要充当写入读取资料的介质。智能卡类型有许多种类，例如只读卡、读写卡、薄卡、厚卡、异形卡等。 读卡器——在智能门禁系统中主要负责读取卡的数据信息，并将数据传送到控制器。 控制器——在智能门禁系统中主要负责整个系统信息数据的输入、处理、存储、输出等功能。 锁具——在智能门禁系统中主要起执行作用。 电源——提供电能。 管理软件——在智能门禁系统中主要负责整个系统监控、管理和查询等功能
对讲系统的概念及组成	访客对讲系统就是指来访客人与住户间提供双向通话或可视通话，并且由住户遥控防盗门的开关及向保安管理中心进行紧急报警的一种安全防范系统。访客对讲系统的组成如下： 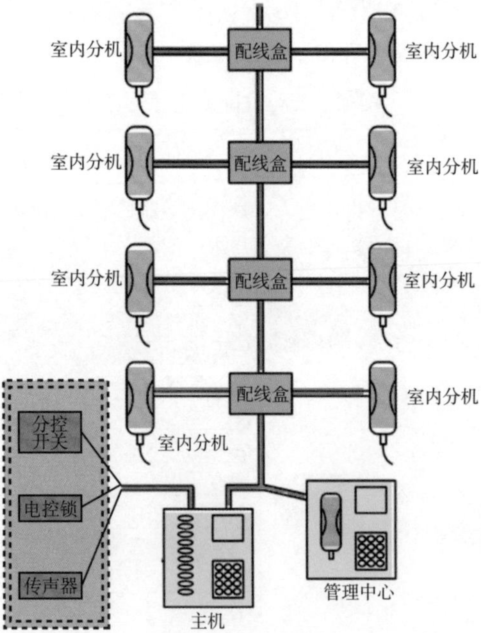 室内分机 配线盒 室内分机 分控开关 电控锁 传声器 主机 管理中心 访客对讲系统的组成

续表

项目	图例与解说
对讲系统的概念及组成	可视对讲系统具有对讲与视频信号传输功能，即户主在通话时可同时观察到来访者的情况。该系统比普通对讲系统需要增加微型摄像机与监视器。可视对讲系统图例如下： 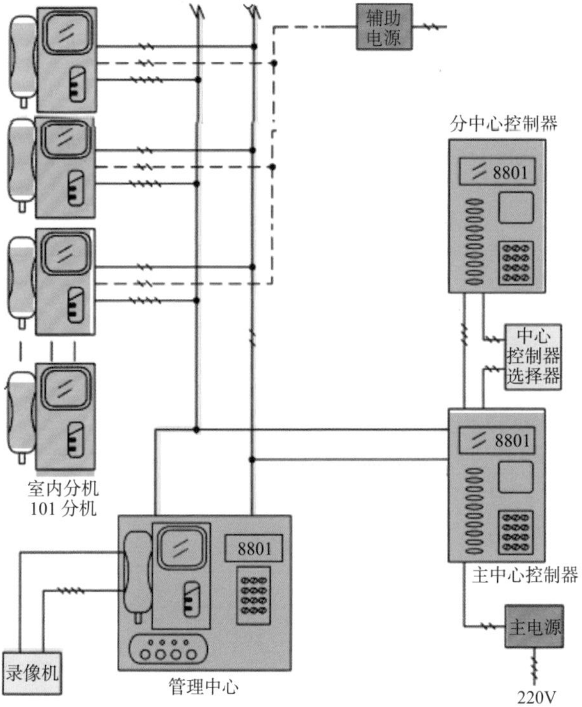 辅助电源 分中心控制器 8801 中心控制器选择器 8801 主中心控制器 主电源 220V 室内分机 101 分机 8801 录像机 管理中心 可视对讲系统 对于家居装饰装修的对讲系统主要是考虑连线与预留位置，有关图例如下： 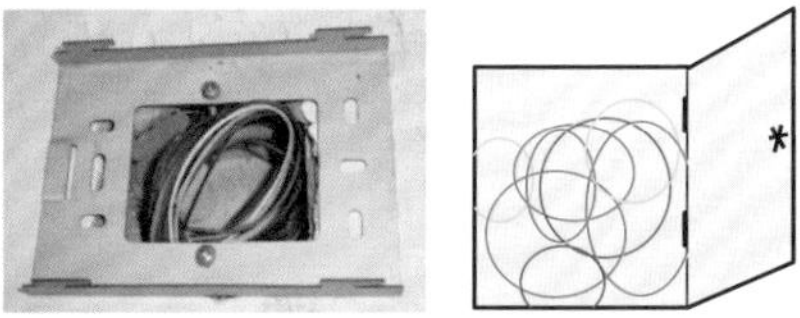 智能布线不能够乱，并且较昂贵的线头要及时保护对讲系统预留位置

6.4 电缆电视系统

电缆电视系统的构成和特点见表 6-4。

表6-4　　电缆电视系统的构成和特点

项目	图 例 与 解 说
电缆电视系统的概念及组成	电缆电视系统也称为共用天线电视系统，英文缩写为 CATV。其允许多台用户电视机共用一组室外天线来接收电视台发射的电视信号，再经过信号处理后通过电缆将信号分配给各个用户系统，其图例示意如下 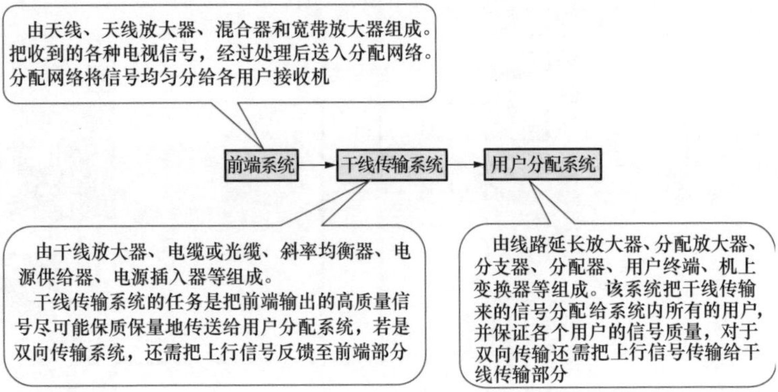由天线、天线放大器、混合器和宽带放大器组成。把收到的各种电视信号，经过处理后送入分配网络。分配网络将信号均匀分给各用户接收机 前端系统 干线传输系统 用户分配系统 由干线放大器、电缆或光缆、斜率均衡器、电源供给器、电源插入器等组成。 干线传输系统的任务是把前端输出的高质量信号尽可能保质保量地传送给用户分配系统，若是双向传输系统，还需把上行信号反馈至前端部分 由线路延长放大器、分配放大器、分支器、分配器、用户终端、机上变换器等组成。该系统把干线传输来的信号分配给系统内所有的用户，并保证各个用户的信号质量，对于双向传输还需把上行信号传输给干线传输部分 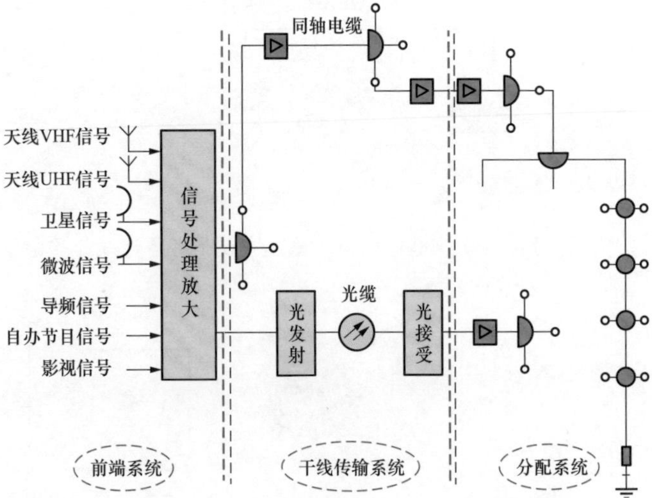同轴电缆 天线VHF信号 天线UHF信号 卫星信号 微波信号 导频信号 自办节目信号 影视信号 信号处理放大 光缆 光发射 光接受 前端系统 干线传输系统 分配系统 电缆电视系统

续表

<table>
<tr><th>项目</th><th>图 例 与 解 说</th></tr>
<tr><td>种类</td><td>
电缆电视系统的种类如下

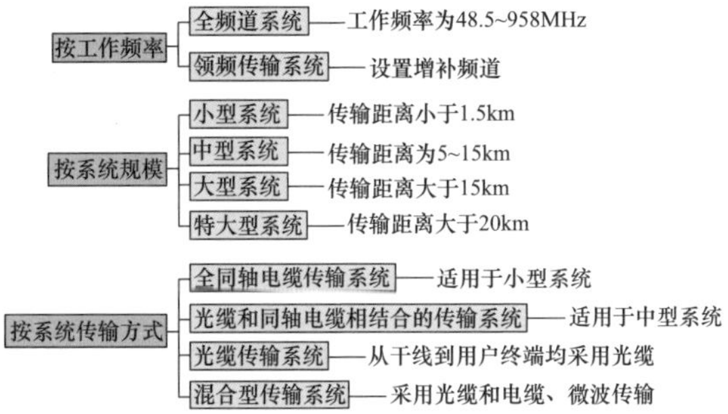
按工作频率
全频道系统
工作频率为48.5~958MHz
领频传输系统
设置增补频道
按系统规模
小型系统
传输距离小于1.5km
中型系统
传输距离为5~15km
大型系统
传输距离大于15km
特大型系统
传输距离大于20km
按系统传输方式
全同轴电缆传输系统
适用于小型系统
光缆和同轴电缆相结合的传输系统
适用于中型系统
光缆传输系统
从干线到用户终端均采用光缆
混合型传输系统
采用光缆和电缆、微波传输

电缆电视系统的种类
</td></tr>
<tr><td>分配网络的分配方式</td><td>
分配器的电气特性如下：
（1）输入阻抗与输出阻抗一般均为75Ω。
（2）驻波比（表示阻抗匹配的程度）。理想情况等于1，实际上大于1。
（3）隔离度。隔离度越大，相互影响越小，一般要求大于20dB。
（4）分配损耗（表示为输入电平与输出电平之差）。分配损耗一部分是等分信号的衰减＋分配器本身引入的衰减。
分支器的性能如下：
（1）插入损耗（等于输入端与输出端电平之差）。表示主路干线接入分支器后的能量损失。
（2）分支损耗（即为耦合损耗或者分支衰减）。等于分支器主路输出端电平与分支输出端电平之差，即表示支路从主路上耦合能量的多少。
（3）反向隔离（即为反向损耗或反向衰减）。
（4）分支隔离（即为相互隔离或分支输出间耦合衰减量）。
分配网络的分配方式如下：

1. 分配—分配方式

分配—分配方式图例如下：

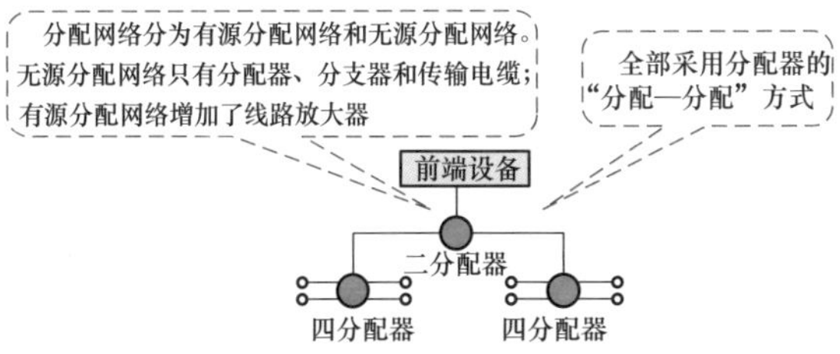
分配网络分为有源分配网络和无源分配网络。无源分配网络只有分配器、分支器和传输电缆；有源分配网络增加了线路放大器
全部采用分配器的“分配—分配”方式
前端设备
二分配器
四分配器
四分配器

分配—分配方式图例
</td></tr>
</table>

续表

项目	图例与解说
分配网络的分配方式	2. 全部采用分支器的“分支”方式 全部采用分支器的“分支”方式如下： 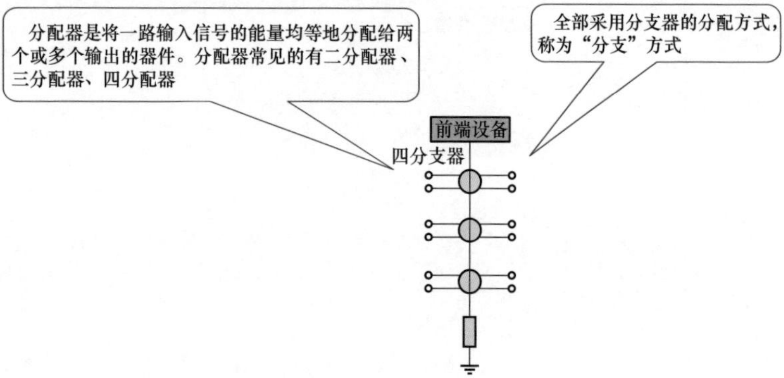 分配器是将一路输入信号的能量均等地分配给两个或多个输出的器件。分配器常见的有二分配器、三分配器、四分配器 全部采用分支器的分配方式，称为“分支”方式 前端设备 四分支器 全部采用分支器的“分支”方式 3. 全部采用分支器的“分支—分支”方式 全部采用分支器的“分支—分支”方式如下： 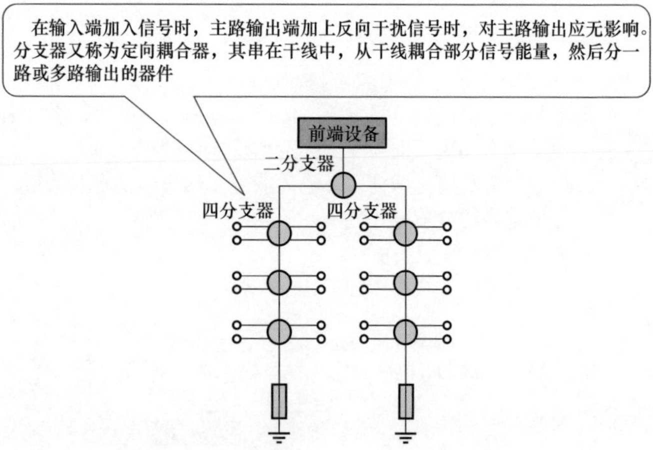 在输入端加入信号时，主路输出端加上反向干扰信号时，对主路输出应无影响。分支器又称为定向耦合器，其串在干线中，从干线耦合部分信号能量，然后分一路或多路输出的器件 前端设备 二分支器 四分支器 四分支器 全部采用分支器的“分支—分支”方式

续表

<table>
<tr><th>项目</th><th>图例与解说</th></tr>
<tr><td>分配网络的分配方式</td><td>

4. 分支—分配方式

分支—分配方式如下：

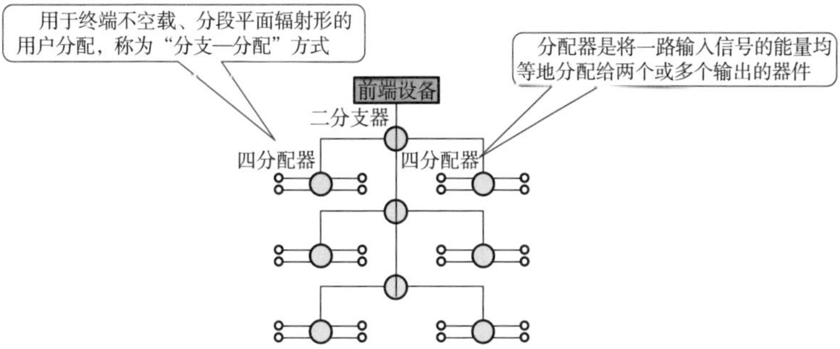
用于终端不空载、分段平面辐射形的用户分配，称为“分支—分配”方式
分配器是将一路输入信号的能量均等地分配给两个或多个输出的器件
前端设备
二分支器
四分配器
四分配器

分支—分配方式

5. 分配—分支方式

分配—分支方式如下：

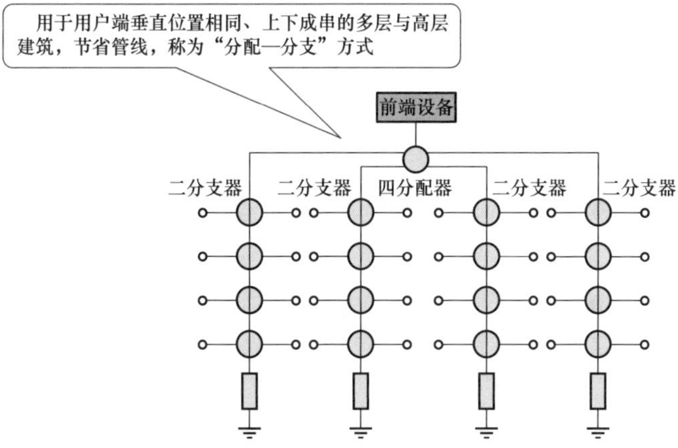
用于用户端垂直位置相同、上下成串的多层与高层建筑，节省管线，称为“分配—分支”方式
前端设备
二分支器
二分支器
四分配器
二分支器
二分支器

分配—分支方式

</td></tr>
</table>

续表

项目	图例与解说
分配网络的分配方式	**6. 串联分支方式** 串联分支方式如下 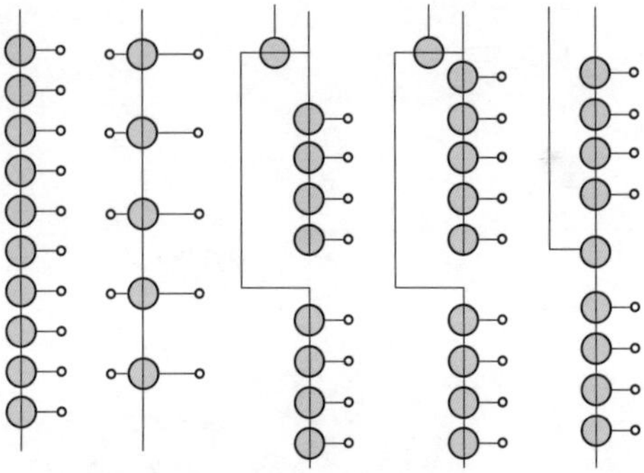 串联分支方式
传输电缆	电视系统的分配系统中各元件间一般是用馈线连接。根据馈线连接不同情况，分为主干线、干线、分支线等。其中，主干线是接在前端与传输分配网络间。干线一般用于传输分配网络中信号的传输，用于分配网络与用户终端的连接。 电视系统所用馈线有特性阻抗为 300Ω 的平行馈线与同轴电缆。家装户内电视系统传输电缆一般采用同轴电缆，同轴电缆外形如下图所示 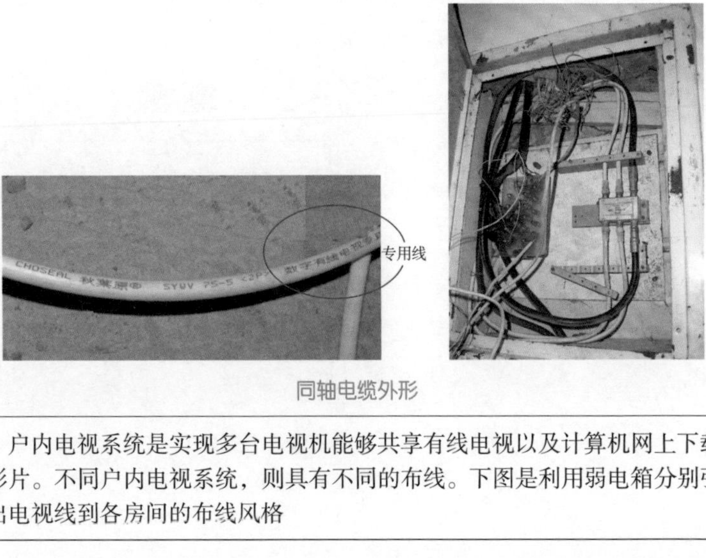 专用线 同轴电缆外形
户内电视系统	户内电视系统是实现多台电视机能够共享有线电视以及计算机网上下载影片。不同户内电视系统，则具有不同的布线。下图是利用弱电箱分别引出电视线到各房间的布线风格

续表

<table>
<tr><th>项目</th><th>图例与解说</th></tr>
<tr><td>户内电视系统</td><td>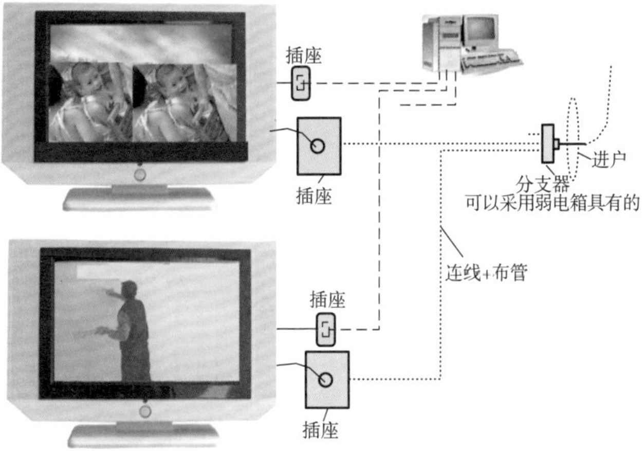
插座
插座
分支器
可以采用弱电箱具有的
进户
连线+布管
插座
插座
利用弱电箱分别引出电视线到各房间的布线风格一
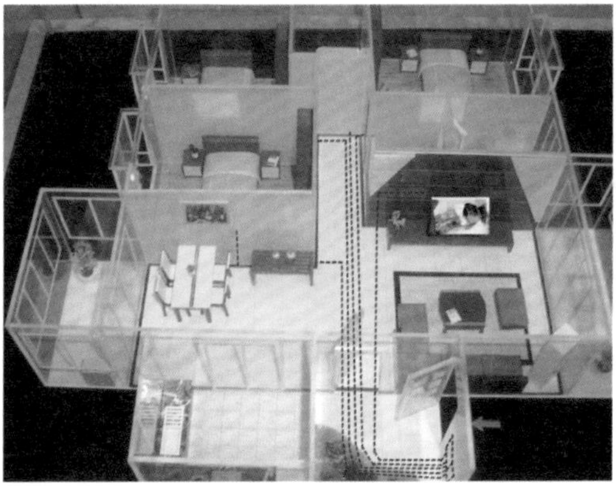
利用弱电箱分别引出电视线到各房间的布线风格二
（注：图中地面虚线表示电视布线布管走势）</td></tr>
<tr><td>电视插座</td><td>电视插座有的电视系统一般在房屋开发商交房屋时已经引入到屋内，并且预留了一插座。则家装电视改造就得从这一插座开始。
另外，电视系统的布局除了线路布设外，还有就是电视插座底盒与面板的安装。电视插座具有单孔盒与双孔盒之分。单孔盒仅输出电视信号，双孔盒既能输出电视信号又能输出调频广播的信号。电视插座用户终端有明装和暗装两种安装方式，图例如下：</td></tr>
</table>

续表

项目	图例与解说
电视插座	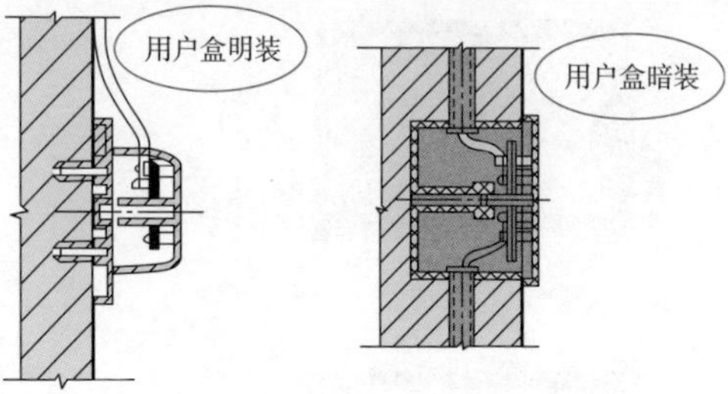 用户盒明装 用户盒暗装 电视插座 在一些高档、豪华类型的家居装饰中，需要考虑平板电视与普通电视双接口的采用，图例如下：  平板电视和普通电线双接口，以备日后选择 平板电视与普通电视双接口 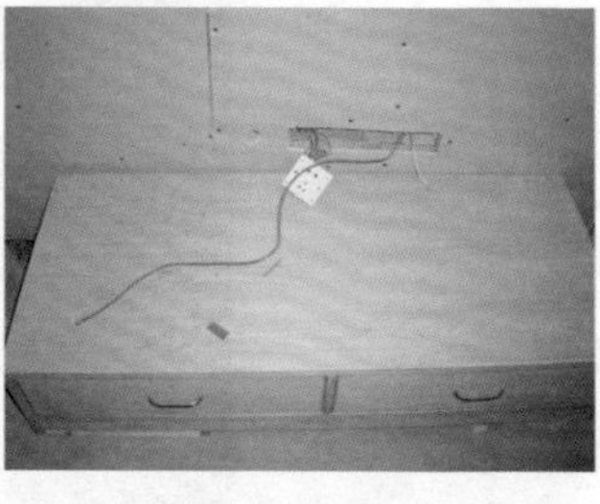 普通电视接口 如果是数字客厅（图例见下图），则电视插座与其他插座的关系一定要协调好 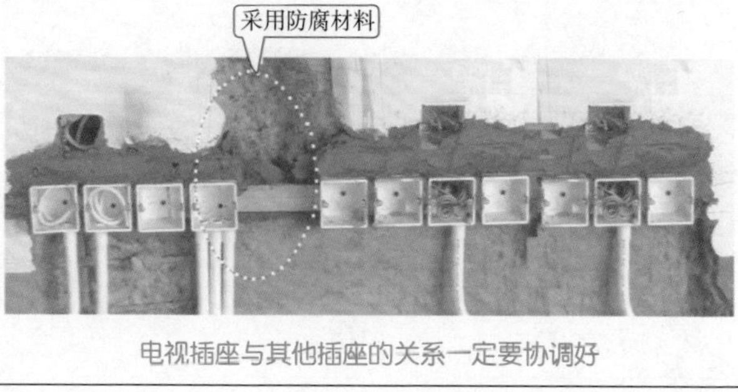 采用防腐材料 电视插座与其他插座的关系一定要协调好

续表

项目	图例与解说
家装电视线的安装要求	家装电视线的安装要求如下： （1）有线电视线必须采用符合要求的 75Ω 的同轴屏蔽电缆线。 （2）有线电视线严禁对接。 （3）TV 有线电视线严禁与网络线混穿一管敷设。 （4）电视线不能与电线平行走线。 （5）电视线的分支，需要采用分配器。 （6）电视线在走线过程中不能有接头。 （7）不方便穿电视线时，可将钢丝与电视线绞在一起，利用钢丝的韧性，带着电视线在管道里穿过去。 （8）电视线管道的转弯不超过 3 次，这样在穿线的时候阻力就不会太大，也有利于以后的维修

6.5 网络系统

网络系统可以采用有线上网、无线上网两种方式，它们各有各的优、缺点。下面将分别介绍它们的特点与应用。

6.5.1 有线上网

有线上网的有关特点及布线技巧见表 6-5。

表6-5 **有线上网的有关特点及布线技巧**

项目	图例与解说
网络要求	一般卧室、书房、客厅必须考虑均能上网，并且书房中要保证有 2 台电脑或者 2 台以上同时能够上网。如果考虑不周全，则只能够像下图所示，走明线 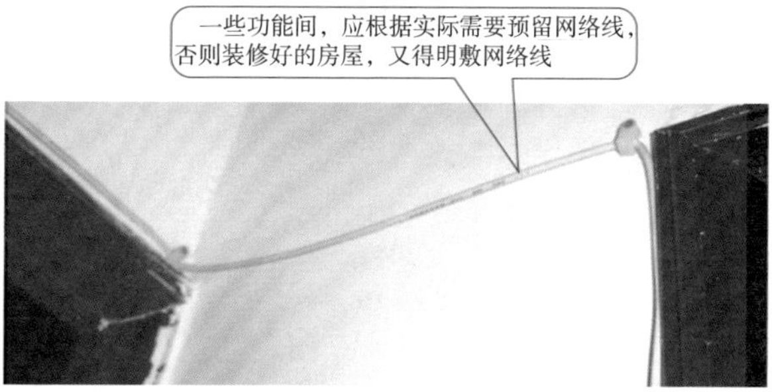 一些功能间，应根据实际需要预留网络线，否则装修好的房屋，又得明敷网络线 只能够走明线

续表

项目	图例与解说
房屋网络线的特点	目前，一般网络线是光纤到楼、网络覆盖本楼（见下图）等特点，而且房屋开发商往往把网线接到家门口，有的在个别房间也布置了接口。不过，这均是开发商根据一般性而设计的，很多并不能够符合业主的需要  光纤到楼、网络覆盖本楼
布线纲要	装饰装修一般只需要考虑户内网络的走线、布管、连插座、接面板等情况。 网络布线具有一定的程序纲要，具体如下： （1）明确需求与要求。 （2）确定入户点。 （3）确定接入点。 （4）采购线材与设备。 （5）根据确定入户点与确定接入点间开槽、布管布线、连接相应设备。 网络布线系统图例如下 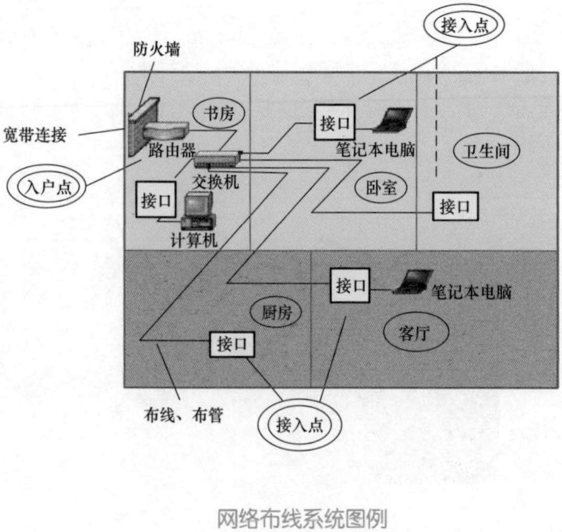 接入点 防火墙 书房 接口 宽带连接 路由器 笔记本电脑 卫生间 入户点 交换机 卧室 接口 接口 计算机 接口 笔记本电脑 厨房 客厅 接口 布线、布管 接入点 网络布线系统图例

续表

<table>
<tr><th>项目</th><th>图例与解说</th></tr>
<tr><td>水晶头的制作</td><td>
各房间的网线长度一般要求不超过 40m，中间不能有接头。另外，网线水晶头制作要正确规范。下面介绍网线水晶头制作方法：
（1）准备好材料，利用夹线器后端裁剪电缆，注意长度要适当，然后把护套层剥离，图例如下：
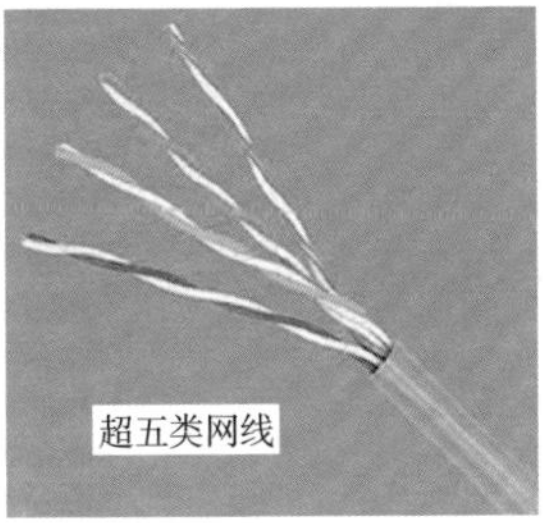
超五类网线
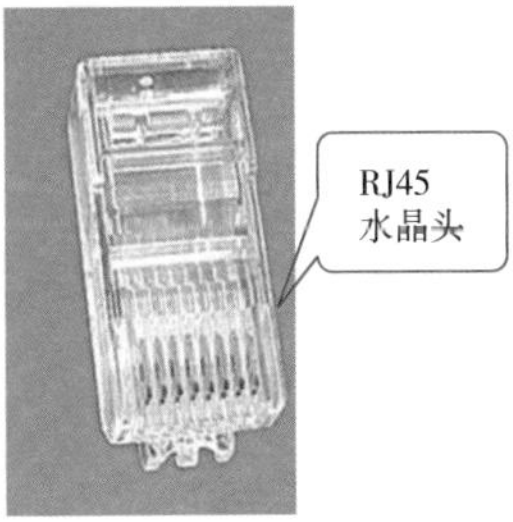
RJ45
水晶头
准备好材料
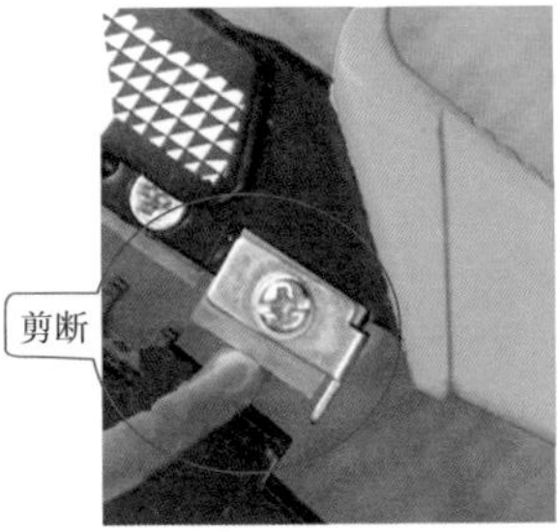
剪断
利用夹线器后端裁剪电缆
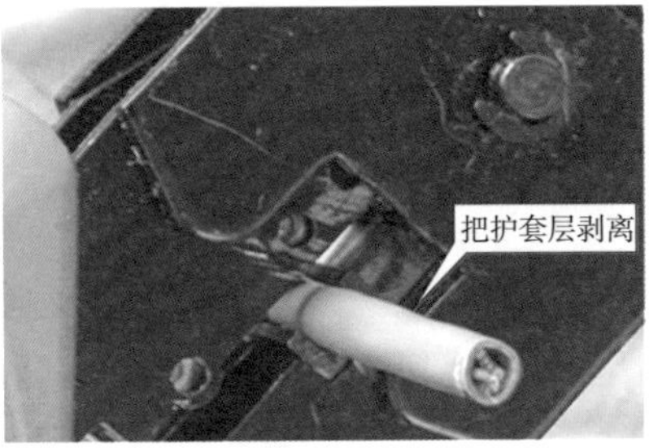
把护套层剥离
把护套层剥离
（2）按要求排列线心，注意线的颜色。尤其要注意绿色线分开，图例如下：
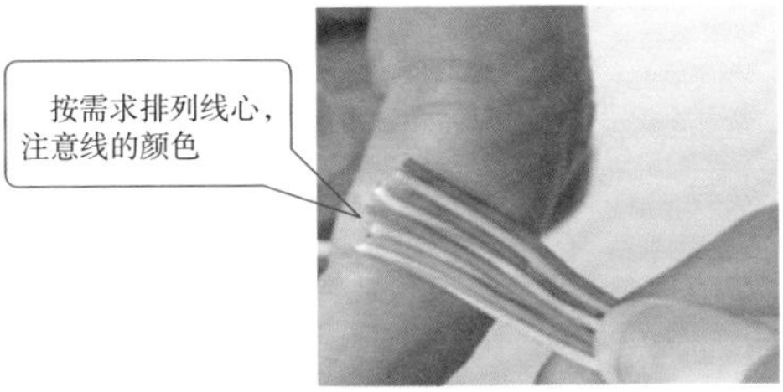
按需求排列线心，注意线的颜色
排列线心
（3）排好线后，用手捏紧，左右折一下，把网线弄直，并且紧紧地挨在一起。
</td></tr>
</table>

续表

项目	图例与解说
水晶头的制作	（4）剪掉多余的线，即剪齐。一般使得露在护套外的网线长度为 1.5cm 左右即可，图例如下：  剪掉多余的线 剪齐 （5）把水晶头有卡的向下。 （6）小心地将线心插入 RJ45 接头内，保证每根线都与里面的金属丝接触到，并且护套外层的皮，应插入水晶头内，以免水晶头松动。另外，要求每根线都要能紧紧地顶在水晶头的末端，图例如下： 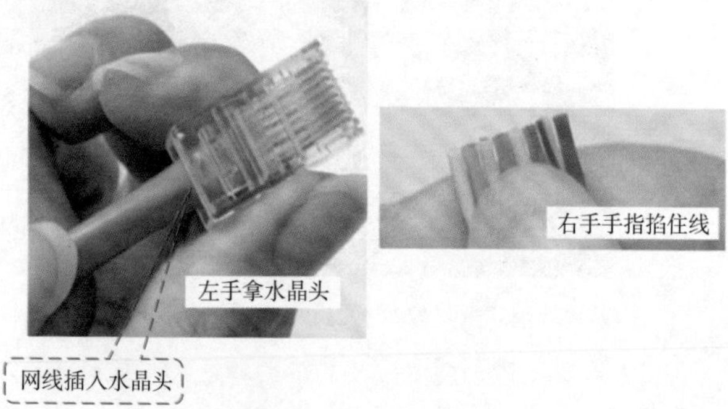 右手手指掐住线 左手拿水晶头 网线插入水晶头 RJ45 水晶头的正确接线图制作水晶头 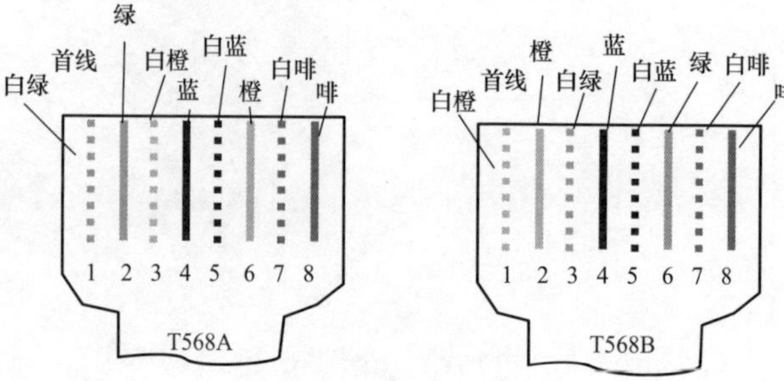 白绿 首线 绿 白橙 白蓝 蓝 橙 白啡 啡 1 2 3 4 5 6 7 8 T568A 白橙 首线 橙 白绿 蓝 白蓝 绿 白啡 啡 1 2 3 4 5 6 7 8 T568B 水晶头正确接线布线图

续表

<table>
<tr><th>项目</th><th>图 例 与 解 说</th></tr>
<tr><td>水晶头的制作</td><td>

（7）利用夹线器前端夹压 RJ45 接头，图例如下：

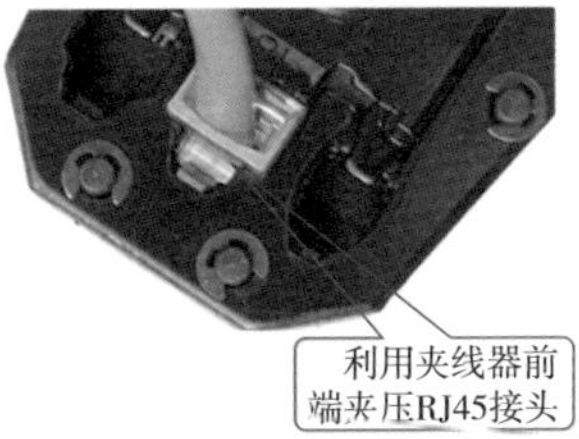
利用夹线器前端夹压RJ45接头

利用夹线器前端夹压 RJ45 接头

（8）测试检查，看是否合格。不合格，则需要重新制作，图例如下：

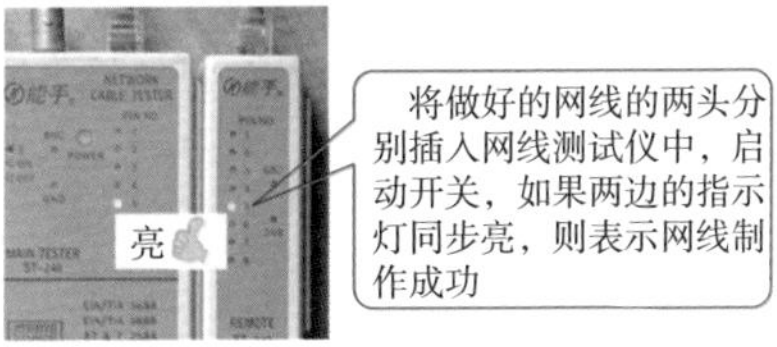
亮
将做好的网线的两头分别插入网线测试仪中，启动开关，如果两边的指示灯同步亮，则表示网线制作成功

测试检查

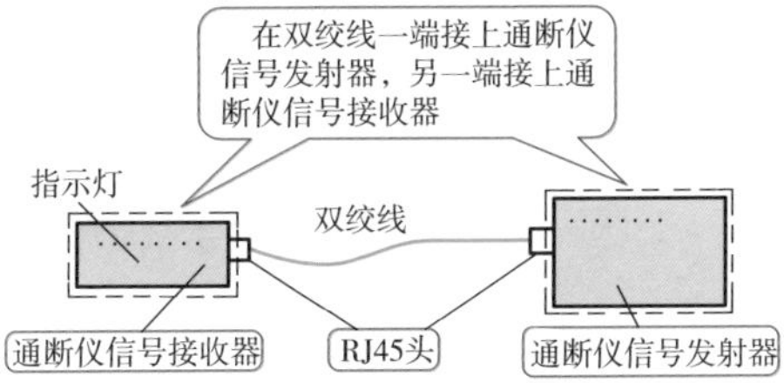
在双绞线一端接上通断仪信号发射器，另一端接上通断仪信号接收器
指示灯
双绞线
通断仪信号接收器
RJ45头
通断仪信号发射器

双绞线测试示意图

实战·技巧 **RJ45 水晶头接法。**

RJ45 水晶头接法分为 T568A 与 T568B，两种接线方法基本一样，主要差异在 T568B 的首线对是橙色，T568A 的首线对是绿色。

实战·技巧 **什么情况下是 T568A，还是 T568B 呢？**

如果通过网络集线器、网络交换机组网，网线两头接法应同为 T568A 或 T568B，一般采用 T568B 的接法。

如果直接用网线将两台 PC 用对等网连接，应采用的接法为一端为 T568A，另一端为 T568B

</td></tr>
</table>

续表

<table>
<tr><th>项目</th><th>图例与解说</th></tr>
<tr><td>水晶头选择技巧</td><td>
水晶头选择技巧见下表

水晶头选择技巧
<table>
<tr><th>项目</th><th>解说</th></tr>
<tr><td>刮</td><td>用小刀片轻轻刮水晶头的金属接触片，如果发现表面所镀的铜很容易掉，里面露出黑色部分，则肯定是假的。正品表面镀铜层通常不易掉，即使有少许脱落，里面所露出的金属触点也是洁白光亮的</td></tr>
<tr><td>看颜色</td><td>正品的接触铜片颜色光亮，比较粗厚。假货则相反了，颜色暗淡、金属接触片也比较细薄。时间比较长，还可能见到锈迹</td></tr>
<tr><td>钳压看可塑性</td><td>双绞线连接头在制作时要使用专用的夹线钳来制作，所以要求水晶头的材料应具有较好的可塑性，在压制时不会出现碎裂现象</td></tr>
<tr><td>听</td><td>水晶头反面的塑料弹片应具有很好的弹性，以保证水晶头与设备很好的接触。插入时听到清脆的响声，说明弹性较好</td></tr>
<tr><td>外观判断</td><td>水晶头的外形应与网卡或集线器上对应接口的连接相吻合。
水晶头前端的金属压线弹片不但应具有较强的硬度，还应具有很好的韧性</td></tr>
</table>
</td></tr>
</table>

6.5.2 无线上网

无线网络，就是利用无线电波作为信息传输的媒介构成的无线网。无线上网不需要任何布线费用、改造成本低等特点。其应用布局框图如图 6-4 所示。

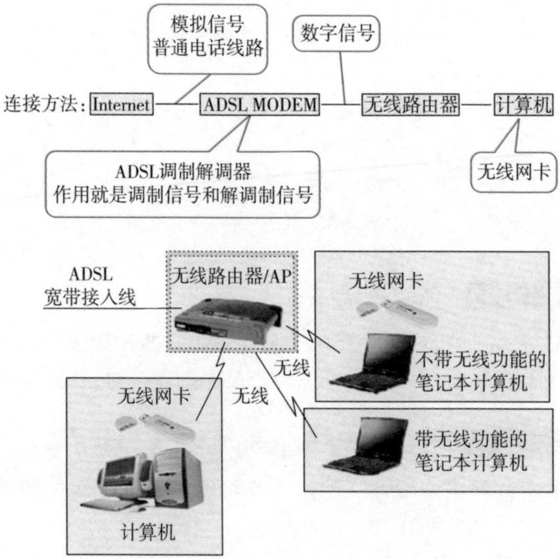
模拟信号
普通电话线路
数字信号
连接方法:
Internet
ADSL MODEM
无线路由器
计算机
ADSL调制解调器
作用就是调制信号和解调制信号
无线网卡
ADSL
宽带接入线
无线路由器/AP
无线网卡
不带无线功能的
笔记本计算机
无线
无线网卡
无线
带无线功能的
笔记本计算机
计算机

图 6-4　无线网络应用布局框图

无线环境需要的硬件设备——无线 AP、无线网卡。其中，AP 的全称为 Access Point，即为无线网络连接点、无线存取桥接器。它主要起到管理局域网内所有的无线节点并且与外部的有线网络进行数据交换，即不停地接收与传送数据的功能。国际无线电协会对 AP 的功率进行了一些限制，以避免对同频段内的其他无线设备造成干扰。AP 外形之一如图 6-5 所示。

ASUS

图 6-5　AP 外形之一

6.6　电话系统

电话线有关特点及布线技巧见表 6-6。

表6-6　**电话线有关特点及布线技巧**

项目	图 例 与 解 说
电话线安装主要步骤	电话线属于弱电，因此，电话线开线槽也需要遵从先强电槽后弱电槽，不得混淆。电话线开线槽首先也是在墙上弹墨线，然后，根据墨线开槽即可。 再布线布管、接面板与插头
电话线敷设	室内电话支线路分为明配和暗配两种。明配线需要在墙角或踢脚板处用卡钉敷设。暗敷设可采用钢管或塑料管埋于墙内及楼板内，或采用线槽敷设于吊顶内，管径的选择应符合电缆截面积不小于管子截面的 50%
家装电话线布局要求	家装电话线布局要求如下： （1）电话线安装之后，必须用万用表与专用绝缘电阻表进行通线试验。 （2）电话一定采用专用电话线穿线管敷设，并且不得与其他线混穿一管敷设。 （3）电话线不能与电线平行走线。 （4）如果没有特殊要求，应将所有房间的电话线并接成一个号码。 （5）如果楼层有配号箱，应将电话线接通到配号箱内。 （6）多芯电话线的接头处，套管口子应用胶带包扎紧，以免电话线受潮，发生串音等现象。 （7）电话线接头必须为专用接头。 （8）电话线在走线过程中不能有接头。 （9） 电话线与电线不能放在同一个凹槽。电话线与电线放在同一个凹槽，会引发固定电话有莫名的杂音、上网速度不稳定等现象。一般要求电话线与电线两者间隔必须保持 10cm 以上，如右图所示 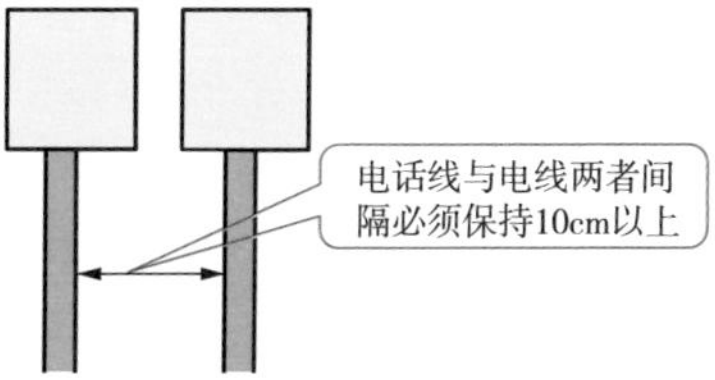电话线与电线两者间隔必须保持10cm以上 电话线与电线的间距

续表

项目	图 例 与 解 说
家装电话线布局要求	（10）电话线也要考虑预留，否则像下图一样需要走明线： 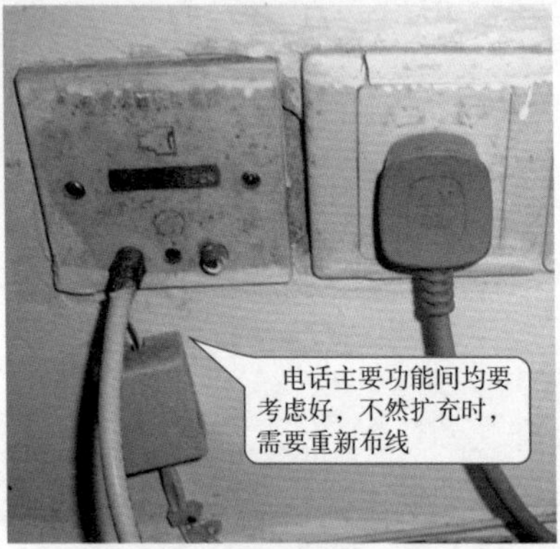 电话主要功能间均要考虑好，不然扩充时，需要重新布线 走明线
	（11）电话机要考虑是否要安装电源插头，图例如下： 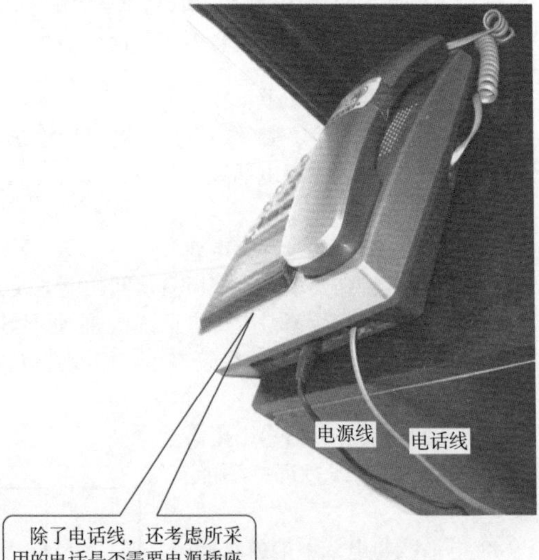 电源线 电话线 除了电话线，还考虑所采用的电话是否需要电源插座 电话机要考虑是否要安装电源插头 （12）电话线用管，如果一段管路长度为30m有一个弯或长度为20m有两个弯时，需放大一号管径的管

6.7 数字客厅

数字客厅的有关特点及线路布局等知识见表 6-7。

表6-7　　　　数字客厅的有关特点及线路布局

项目	图 例 与 解 说
概念、特点和材料	数字客厅的核心就是能够实现客厅液晶电视的电脑显示屏幕化，以及客厅键盘、鼠标的控制化，而电脑主机往往布置在书房。另外，客厅的DVD、音响还能够控制其他功能间的音、视频。 因此，鼠标、键盘需要从书房引线到客厅，并且具有接口插座——USB接口。从书房引线到客厅的显示器连线与插座——VGA 接口。 常见 USB 接口、VGA 接口外形如下图所示：  小USB端口面板  带按钮键USB面板 客厅的鼠标、键盘通过插座、连线到书房主机，可以实现对电视机显示器的即时控制、上网操作等功能 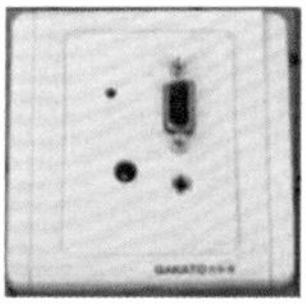 单口VGA面板  双口VGA面板 可以实现显示器的“电视机”  GAKATO USB 面板(带开机按钮) 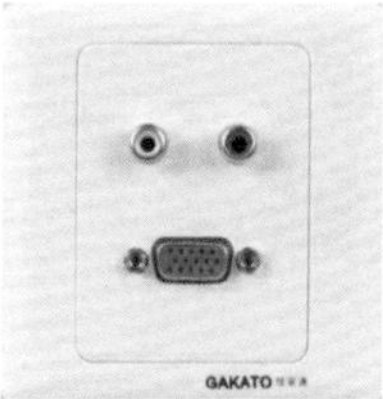 GAKATO VGA  GAKATO VGA  USB 常见 USB 接口、VGA 接口外形

续表

<table>
<tr><th>项目</th><th>图例与解说</th></tr>
<tr><td>概念、特点和材料</td><td>
音视频延长面板——单口 VGA 面板、双口 VGA 面板。
USB 延长面板——小 USB 端口面板、带按钮键 USB 面板组成。
数字客厅常采用的线材如下：

VGA 线
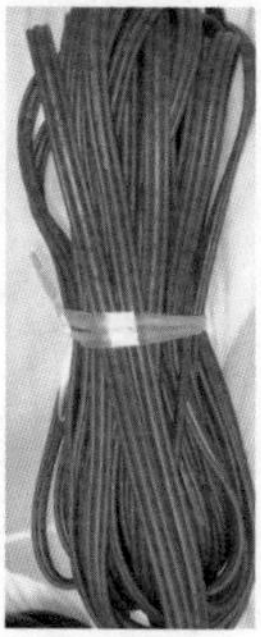
AV 线
数字客厅常采用的线材

实战·应用 常用视频线的特点。
常用视频线的特点见下表：

常用视频线的特点
<table>
<tr><th>名称</th><th>解　说</th></tr>
<tr><td>AV 线</td><td>其为传输模拟视频信号的视频线，其两端一般是莲花头。家居装修时不需要布这种线，其一般是电器设备所配置的明线</td></tr>
<tr><td>S 端子线</td><td>S 端子线接口是圆形的，比 AV 线质量好一些。目前，家居装修时很少采用这种线</td></tr>
<tr><td>三色差线</td><td>三色差线是一种传输模拟信号的线，比 AV 线、S 端子线质量均好一些。如果家居装修时布线较远，则一般选择该类传输模拟信号的线。色差线比较粗，一般不穿管，而是采用线槽，因此，铺砖时要考虑其高度。色差线目前没有相应插口，因此，线盒后应多留出 1m 的长度</td></tr>
<tr><td>VGA 线</td><td>VGA 线也是一种模拟信号视频线，如果布线太长可能会有雪花等不良现象</td></tr>
<tr><td>DVI 线</td><td>为数字视频线，其接口有 24+1（DVI – D）、24+5（DVI – I）两种。DVI 比较粗，一般不穿管，而是采用线槽，因此，铺砖时要考虑其高度。DVI 线目前没有相应插口，因此，线盒后应多留出 1m 的长度</td></tr>
<tr><td>HDMI 线</td><td>HDMI 线是比 DVI 线更新的一种数字视频线，其最高传输速度是 3.95Gbit/s，其还可以支持八声道 96kHz 或单声道的 192kHz 数码音频传送</td></tr>
</table>
</td></tr>
</table>

续表

<table>
<tr><th>项目</th><th>图例与解说</th></tr>
<tr><td>概念、特点和材料</td><td>

实战·类型 常用音频线的特点

常用音频线的特点见下表

常用音频线的特点

<table>
<tr><th>名称</th><th>解说</th></tr>
<tr><td>音频线</td><td>一套音频线一般是左右两个声道线，其端头一般采用莲花头</td></tr>
<tr><td>同轴线</td><td>可以传输多声道信号，比普通音频线粗一些</td></tr>
<tr><td>光纤线</td><td>可以传输多声道信号</td></tr>
<tr><td>话筒线</td><td>为两芯的同轴线</td></tr>
</table>

</td></tr>
<tr><td>应用方案</td><td>

数字客厅设计应用方案比较多，下图就是其中一例

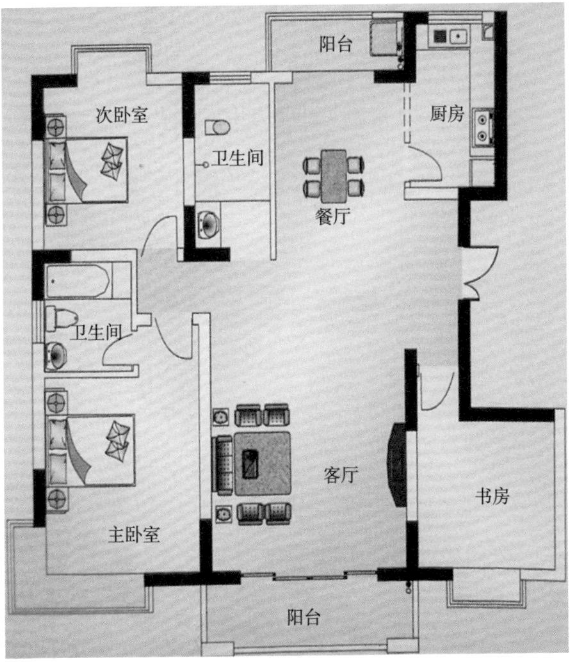
阳台
次卧室
卫生间
厨房
餐厅
卫生间
客厅
书房
主卧室
阳台

整体平面图

</td></tr>
</table>

续表

项目	图例与解说
应用方案	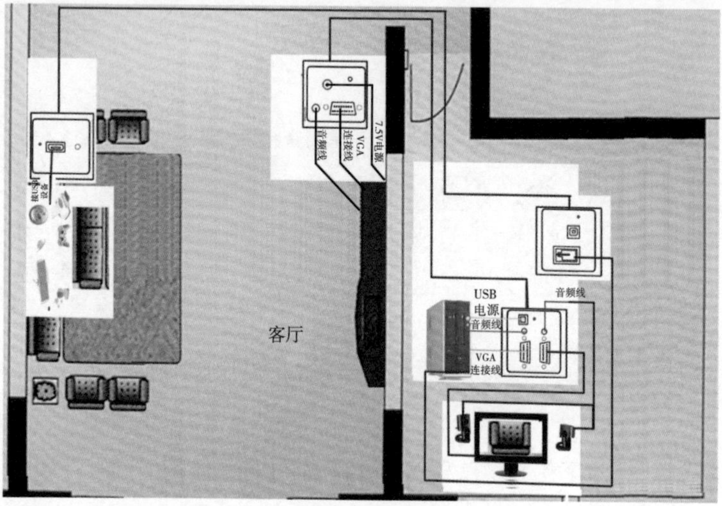 7.5V电源 VGA连接线 音频线 客厅 USB 电源 音频线 VGA连接线 音频线 客厅数字化表意图
TRS 接插件连接特点	TRS 接插件分为 TRS 插头与 TRS 插座。TRS 插头俗称大三芯，即正极信号芯、屏蔽接地芯、负极信号芯。TRS 接插件外形如下图所示 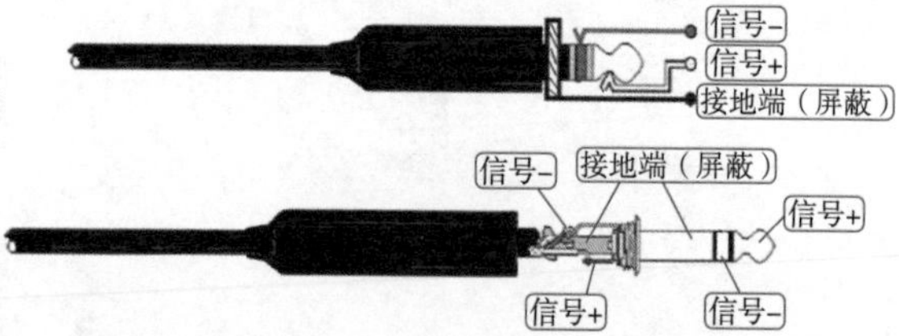 信号- 信号+ 接地端（屏蔽） 信号- 接地端（屏蔽） 信号+ 信号+ 信号- TRS 接插件
音频插头	音频插头类型如下图所示  屏蔽网线 同轴信号线 非平衡模拟音频 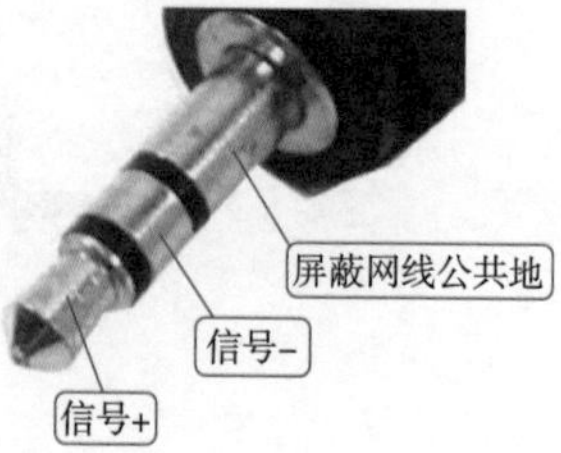 屏蔽网线公共地 信号- 信号+ 平衡式模拟音频

续表

项目	图例与解说

VGA 视频接头

VGA 视频接头如下图所示

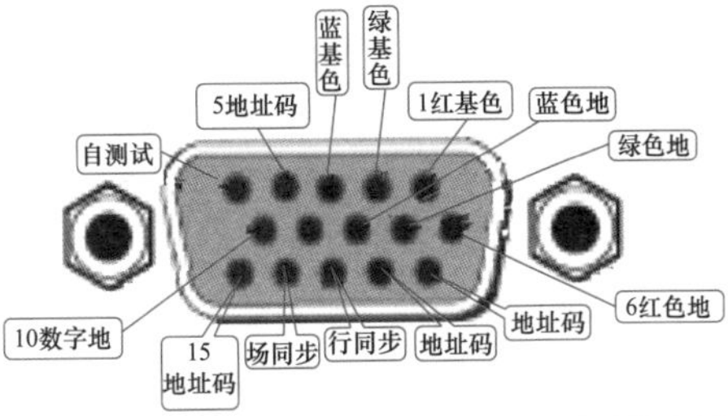
蓝基色
绿基色
5地址码
1红基色
蓝色地
自测试
绿色地
6红色地
地址码
10数字地
15 地址码
场同步
行同步
地址码

USB

USB 4 针母插定义见下表：

USB 4针母插定义

脚端	符号	脚端	符号
1	UCC	3	Data +
2	Data -	4	GND

USB 接口外形如下

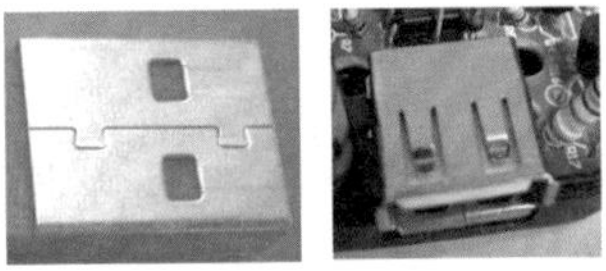

USB 接口

RJ45

以太网 10/100Base-T(RJ45) 定义如下：

10/100Base-T(RJ45)定义

脚端	符号	功能	脚端	符号	功能
1	TX+	发射信号 +	5	n/c	空脚
2	TX–	发射信号 –	6	RX–	接收信号 –
3	RX+	接收信号 +	7	n/c	空脚
4	n/c	空脚	8	n/c	空脚

RJ45 连接器外形如下

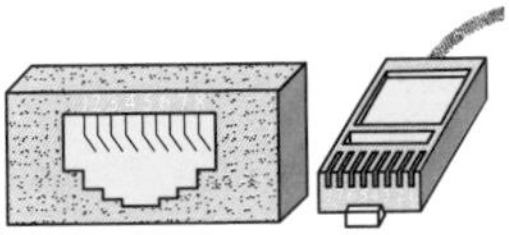

标准 RJ45 插座 / 连接头

6.8 AV中心

AV 中心的特点见表 6-8。

表6-8　　AV 中 心 的 特 点

项目	图例与解说
概念与特点	由于家庭影院的播放设备，例如机顶盒、影碟机、卫星电视接收机等一般均摆放在客厅或视听室内。如果其他房间想共享这些设备带来的有关节目，则需要设置 AV 中心才能够实现。AV 中心的作用就是实现客厅音、视频设备带来的有关节目能够与其他房间共享。 AV 中心方案的图例如下：  生活阳台 卫生间 卧室 厨房 餐厅 主卧室 卧室 电脑输入 电脑 DVD输入 MP3、CD输入 机顶盒输入 AV中心 音视频面板　吸顶喇叭　背景音乐功放 AV 中心方案图例 需要注意的是，施工前要先把家庭背景音响设备买好，因为各厂商的设备安装方式差异很大

续表

项目	图例与解说
背景音乐的控制	背景音乐的控制方法有：采用定压功放、采用独立功放。其图例如下 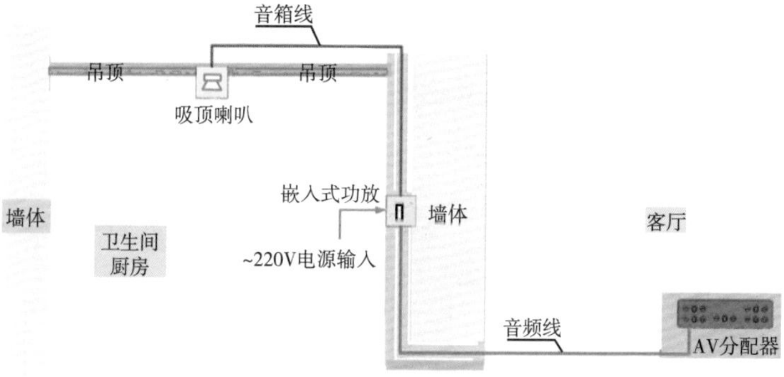 音箱线 吊顶 吊顶 吸顶喇叭 墙体 卫生间 厨房 嵌入式功放 ~220V电源输入 墙体 客厅 音频线 AV分配器 背景音乐控制线路

6.9 红外遥控转发系统

红外遥控转发系统的特点与安装见表 6-9。

表6-9　红外遥控转发系统的特点与安装

项目	图例与解说
作用	家庭卫星电视接收机、有线电视解码器、VCD/DVD 影碟机、摄录像机等音视频设备一般摆放在客厅，为了实现主卧室、次卧室、客卧室等处也能够观赏或者收听这些视频或者音频信息，因此，家装设计中也可以把引线引到相应功能间。但是，主卧室、次卧室、客卧室一般无法在卧室里遥控到客厅的设备进行更换节目、换台等相关操作，只好从卧室走到客厅操作。为解决这一问题，就得实现“遥控的延长化”——红外遥控转发系统的应用。 从上面可以看出，红外遥控转发系统就是把客厅遥控器延伸到其他功能间，从而实现其他功能间也能够控制客厅遥控设备的作用
组成	红外遥控转发系统组成部分为：红外接收器、红外发射器。 红外接收器一般安装在主卧室、次卧室、客卧室等处，接收相应设备（如 VCD/DVD 影碟机）的遥控器发出信号。 红外发射器一般安装于客厅，把红外接收器接收到的信号进行转发射，使相应设备（如 VCD/DVD 影碟机）进行工作，达到在卧室等处对客厅设备的遥控操作

续表

项目	图 例 与 解 说
材料	连接线可以采用四芯电话线或网线（其中只用 3 根，往往是红、黄、蓝三线）。然后就是红外接收器、红外发射器面板。连接线保护管可以采用电工用的 PVC 管
接线	红外接收器、红外发射器接线方法如下图所示： 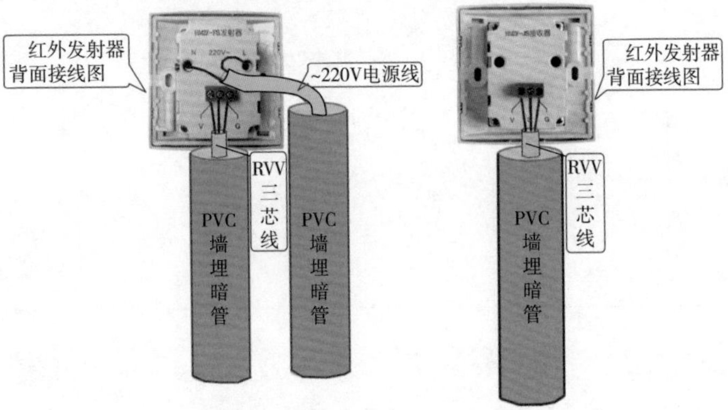 红外发射器 背面接线图 ~220V电源线 RVV 三 芯 线 PVC 墙 埋 暗 管 PVC 墙 埋 暗 管 红外发射器 背面接线图 RVV 三 芯 线 PVC 墙 埋 暗 管 红外发射器接线方法　　红外接收器接线方法 红外遥控转发系统具有不同的连线方式，具体如下： **1. 并联方式** 用网线（利用了 3 根线），从发射器端分别连到几个接收器处。同时发射器端连接上交流 220V 相线与中性线即可。图例如下： 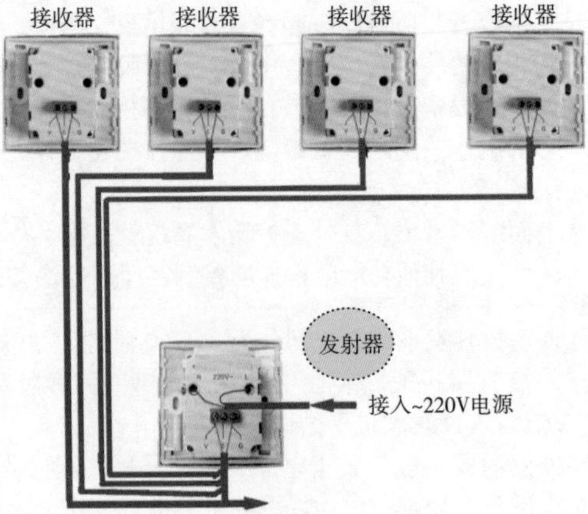 接收器 接收器 接收器 接收器 发射器 接入~220V电源 并联方式

续表

<table>
<tr><th>项目</th><th>图例与解说</th></tr>
<tr><td>接线</td><td>

2. 串接方式

用网线，先从发射器端连一根网线到第 1 个接收器端，再用第二根网线从第 1 个接收器端连到第 2 个接收器端，然后用第三根网线从第 2 个接收器端连到第 3 个接收器端……即可。同时发射器端连接上交流 220V 相线与中性线。图例如下：

3. 接口方式

用几根网线，分别从接收器端引出线到接口。发射器再分别引出一根网线到接口，再在接口把相应的线头都拧接在一起。同时发射器端连接上交流 220V 相线与中性线。图例如下：

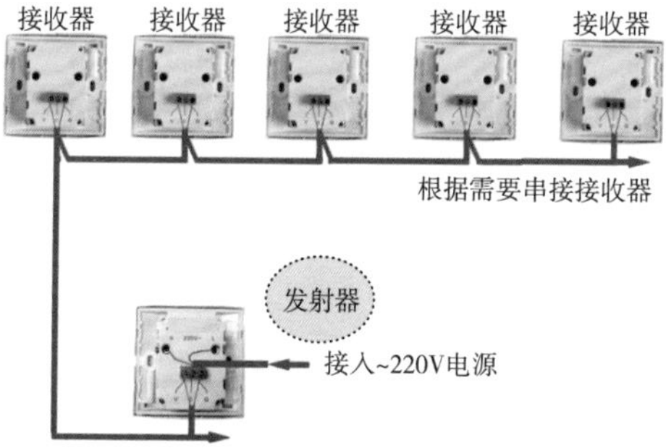
接收器
接收器
接收器
接收器
接收器
根据需要串接接收器
发射器
接入~220V电源

串接方式

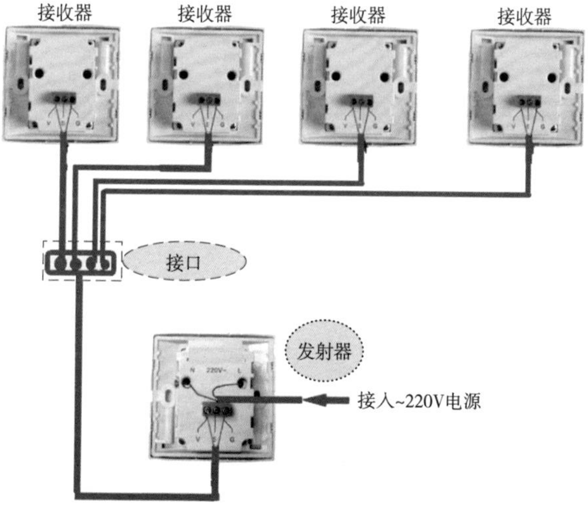
接收器
接收器
接收器
接收器
接口
发射器
接入~220V电源

接口方式

</td></tr>
</table>

续表

项目	图例与解说
红外遥控转发系统的注意点	红外遥控转发系统的注意点如下： （1）发射器需要在一定范围内部对应受控对象（如 VCD）的遥控接收器。因此，发射器的水平距离、垂直距离以及具体位置要正确。 （2）接收模块一般没有特别要求，只是要考虑方便遥控操作即可。 （3）连接线不要接错，同种颜色表示含义一样。 （4）发射器在接 220V 交流电源线接到其背面相应端子孔内时，应首先切断外部交流电源，再操作。 （5）红外接收器、红外发射器面板一般是装入暗盒里，并且固定好。 （6）安装完成后，一定要调试

6.10 弱电安装有关规定、要求

弱电安装有关规定、要求如下：

（1）闭路电视进线端一般设置分配器。

（2）闭路电视线应敷设到相应房间的终端。

（3）不破坏防水原则。

（4）不破坏原有强电原则。

（5）导线穿管完毕后进行通电、绝缘测试。

（6）电源线及插座与电视线及插座的水平间距不应小于 500mm，即弱电线槽与强电线槽大于或等于 500mm。

（7）吊平顶内的电话线按明配管的要求，不得将配管固定在吊架或龙骨上。

（8）布弱电路线遵循最短原则。

（9）强电、弱电的插座相隔距离应大于 30cm。

（10）强、弱电不得接入同一个接线盒。

（11）强、弱电严禁在同一根管内铺设。

（12）弱电导线与强电导线严禁共槽共管，但是有时弱电与强电可以在一个线槽内，但不能在一个线管内。

（13）弱电电缆应考虑横平竖直、少折弯。

（14）弱电线管选用 TC 管（镀锌管）敷设，可以防电磁干扰，或根据设计要求选用相应的材料。

（15）弱电子系统一般采用星形结构。

（16）弱电电视系统的一些检测点如下：

1）有线电视插座、宽带插座，是否具有插进去有松动或插不进等现象。

2）检查电话线路接口、电视的线路接口是否具备完好。

3）电话线与电视天线需要单独穿管，不得混合穿在一起。

4）电话线与电视天线相邻的线管之间保持大于或等于 15cm 的距离。

5）电话线与电视天线穿完线后要保证电线在线管中能拉动自如。

第7章

水 管 敷 设

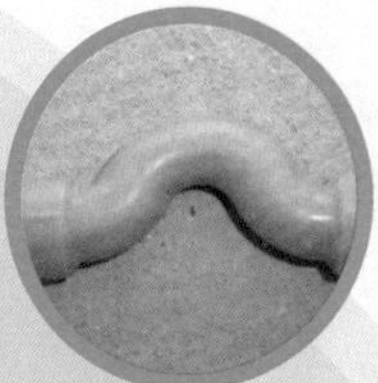

7.1 概述

家居装饰装修中水管敷设主要是在卫生间、厨房、淋浴间、阳台等。水管主要涉及给水管、排水管，图例如图 7-1 所示。

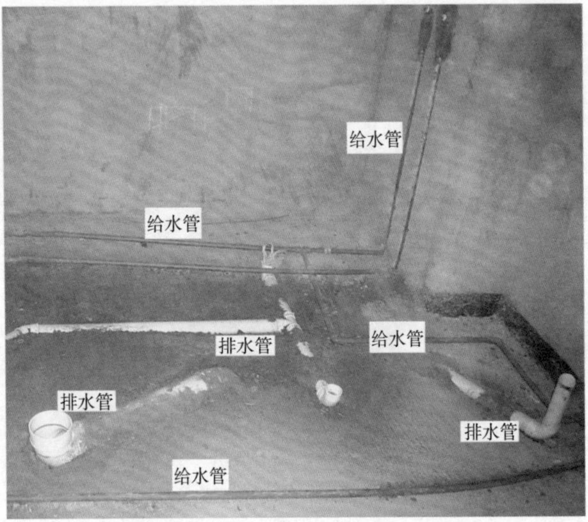
给水管
给水管
排水管
给水管
排水管
排水管
给水管

图 7-1 给水管、排水管

家居装饰装修之前一定要注意试水检查，特别是卫生间的下水系统。这样，一旦发现问题，涉及开发商的事项，将由开发商或者物业公司进行维修。例如图 7-2 所示的卫生间试水，发现存在漏水问题（见图 7-3），若未装饰动工之前发现此问题，则业主与装饰装修公司、装修电工不承担维修费用。

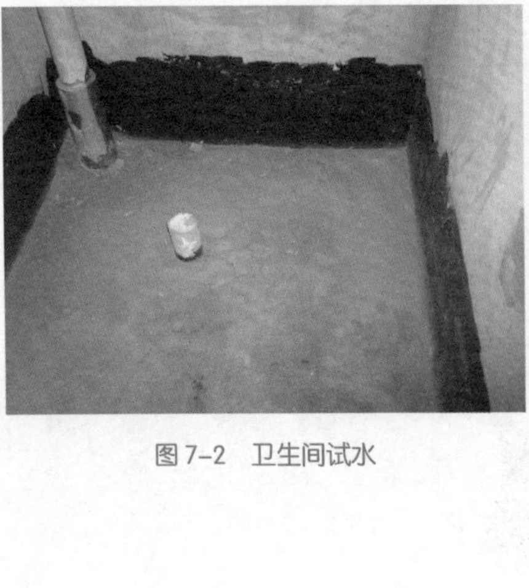

图 7-2 卫生间试水

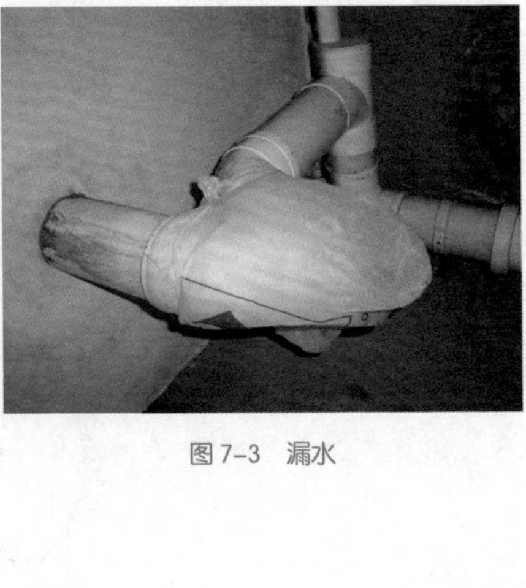

图 7-3 漏水

家居装饰装修中所用的给水管与排水管不能够混淆。给水管又可以分为热水管与冷水管。PPR 水管材料的规格见表 7-1。

表7-1　**PPR 管 材 规 格 表**

规格		外径（mm）	公称压力（MPa）	适用水温（℃）	壁厚（mm）	内径（mm）
热水管	D20	20	2.0	≤ 75	2.8	17.2
	D25	25	2.0	≤ 75	3.5	21.50
	D32	32	2.0	≤ 75	4.47	27.60
冷水管	D20	20	1.25	0 ~ 30	2.3	17.7
	D25	25	1.25	0 ~ 30	2.8	28.4
	D32	32	1.25	0 ~ 30	3.6	27.6

家居装饰装修中水管敷设可以根据家居装饰装修中水管图来进行，水管图如图 7-4、图 7-5 所示。

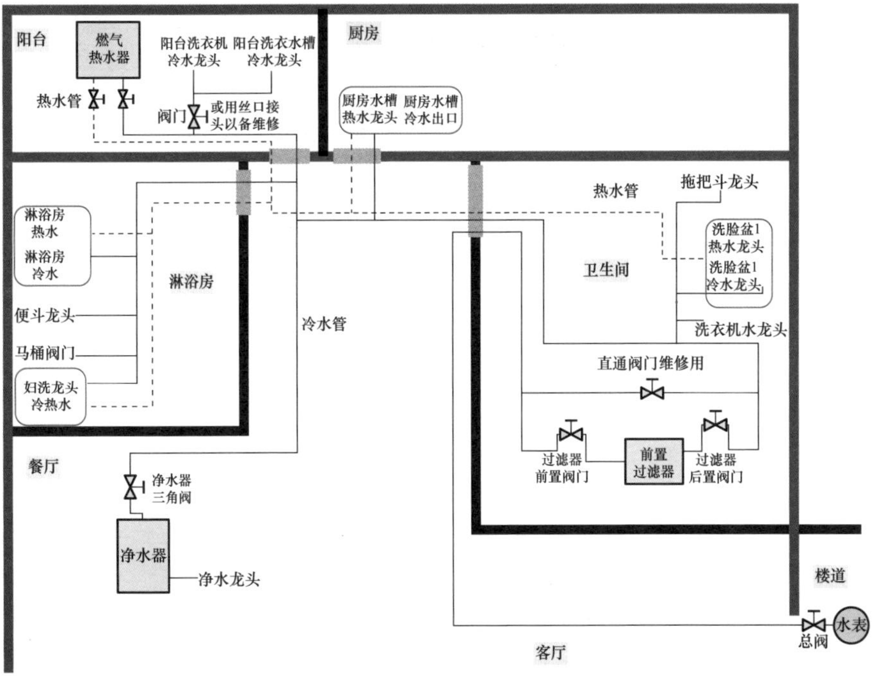

阳台
燃气热水器
阳台洗衣机冷水龙头
阳台洗衣水槽冷水龙头
热水管
阀门
或用丝口接头以备维修
厨房
厨房水槽热水龙头
厨房水槽冷水出口
热水管
拖把斗龙头
淋浴房热水
淋浴房冷水
淋浴房
洗脸盆1热水龙头
洗脸盆1冷水龙头
卫生间
便斗龙头
冷水管
洗衣机水龙头
马桶阀门
直通阀门维修用
妇洗龙头冷热水
过滤器前置阀门
前置过滤器
过滤器后置阀门
餐厅
净水器三角阀
净水器
净水龙头
楼道
水表
总阀
客厅

图 7–4　水管图（一）

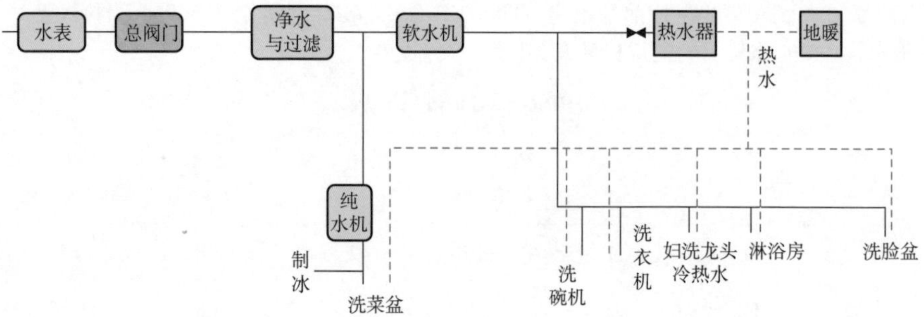
水表
总阀门
净水与过滤
软水机
热水器
地暖
热水
纯水机
制冰
洗菜盆
洗碗机
洗衣机
妇洗龙头冷热水
淋浴房
洗脸盆

图 7–5　水管图（二）

水管安装最主要是要水管保持畅通、不渗漏。另外，就是注意冷热混水龙头需要热水管、冷水管同时敷设。冷热混水龙头如图 7-6 所示。

对于冷热混水龙头一定要注意热水管、冷水管之间的距离。对于非混水龙头（见图 7-7），只要注意布管以及水龙头接口位置即可。

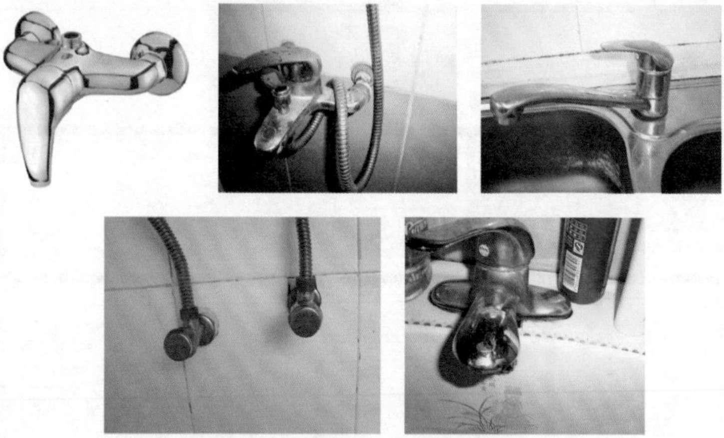

图 7–6　冷热混水龙头

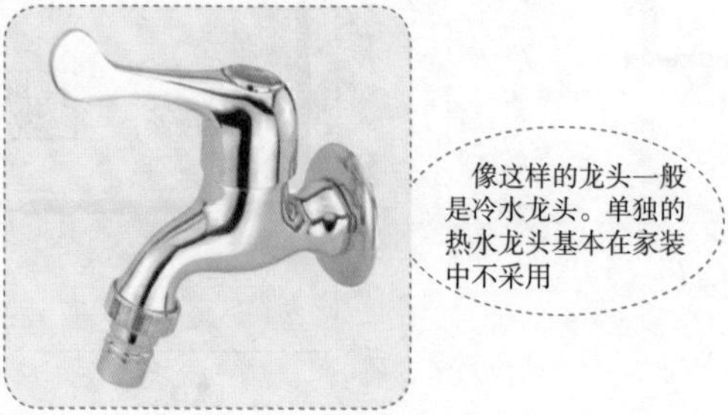
像这样的龙头一般是冷水龙头。单独的热水龙头基本在家装中不采用

图 7–7　非混水龙头

7.2 给水管

7.2.1 PPR水管

PPR 给水管的安装操作技巧见表 7-2。

表7-2 **PPR给水管的安装操作技巧**

项目	图例与解说
采用质量好的水管	水管开槽，与开电线槽基本一样，同时也要求管槽整齐通顺，槽内壁平整，不得有尖锐棱角，管槽应随管道折角转弯。布管、安装水管前，一定要看看水管质量，以免带来安全隐患。下图是检验水管质量参考方法：  水管具有一定的壁厚以及均匀性较好  具有一定的抗冲击性 另外，还可以观察水管是否破损、有砂眼、有裂纹等现象。 选择低劣水管，后患多多，示意图例如下：  低劣水管容易开裂 低劣水管 新工地开工当天进行蓄水试验，蓄水时间一般达 48h 以上
PPR 给水管的安装操作技巧	PPR 给水管操作基本程序：热熔器加热——熔接水管与接头——对接水管与接头。其步骤图例如下：

续表

项目	图例与解说
PPR 给水管的安装操作技巧	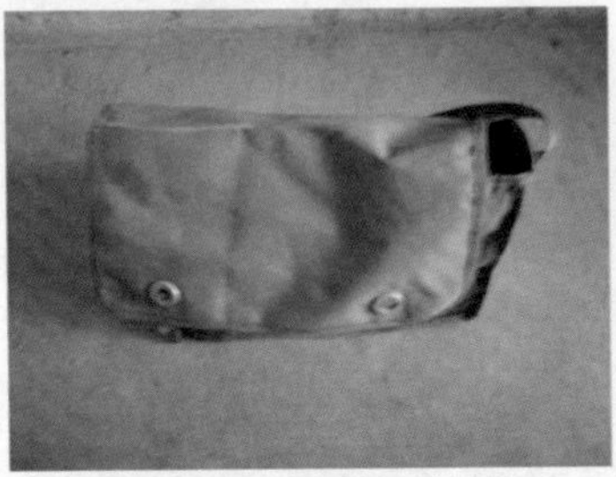 步骤图（一）  步骤图（二）  步骤图（三）  步骤图（四）  步骤图（五）  步骤图（六）  步骤图（七）

续表

项目	图例与解说
PPR给水管的安装操作技巧	实战·技巧 PPR配件的用途。 PPR配件的用途见下表： PPR配件的用途 （见下表） 实战·技巧 对热熔器操作时的穿戴要求。 对热熔器操作时的穿戴要求，手要戴工作手套，脚要穿工作鞋。如果像下图穿拖鞋操作、不戴工作手套操作，容易发生烫脚烫手的现象或者事故，以及影响熔接质量 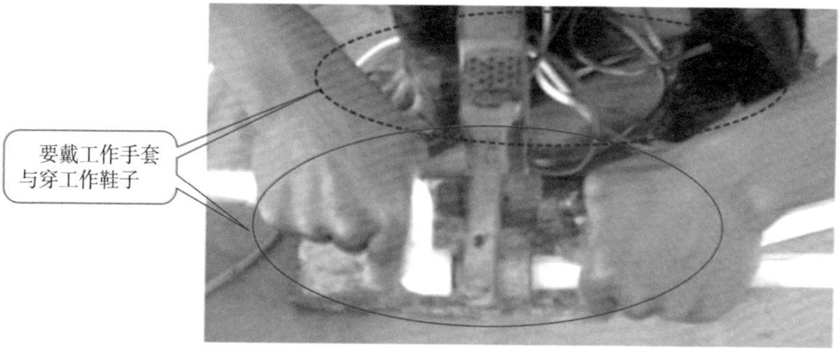 要戴工作手套 与穿工作鞋子 不规范的操作

PPR 配 件 的 用 途

名称	解说
大小头	主要用于连接管径不同的两根水管。一些三通、束节、弯头等配件均具有相应种类的大小头
堵头	用来暂时封闭出水口的“塞子”
内丝	丝扣在配件内部，没有外露，一般水龙头连接内丝
绕曲弯	主要用于在同一平面相交而不对接时使用的两根水管的其中一根绕过另一根
三通	主要用于连接3个方向的水管使用
束节	连接两根管道，主要用于管道的加长
外丝	丝扣在配件外部，一看外表就能够看到丝扣
弯头	主要用于水管拐角的地方使用，具有直角弯头、45°弯头等类型

PPR 给水管的安装操作规范与要求见表 7-3。

表7-3 **PPR给水管的安装操作规范与要求**

项目	图例与解说
选择水管注意水管的种类	前文提到水管有不同的种类，对于对水管知识了解不是很深的 DIY 用户而言，在经济比较宽裕的条件下，可考虑水管全部选择 PPR 热水管，图例如下 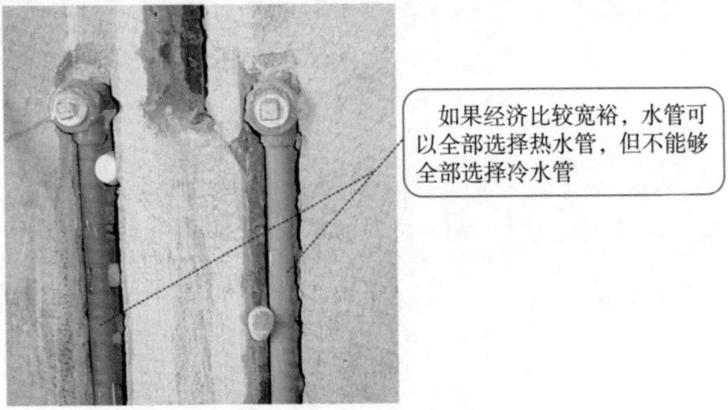 如果经济比较宽裕，水管可以全部选择热水管，但不能够全部选择冷水管 全部选择 PPR 热水管
水管槽敷设的深度与宽度要求	水管槽敷设的深度与宽度要求，与 PVC 电线管槽敷设的深度、宽度差不多，宽度一般为管径左右预留 10 ~ 20mm 即可，图例如下： 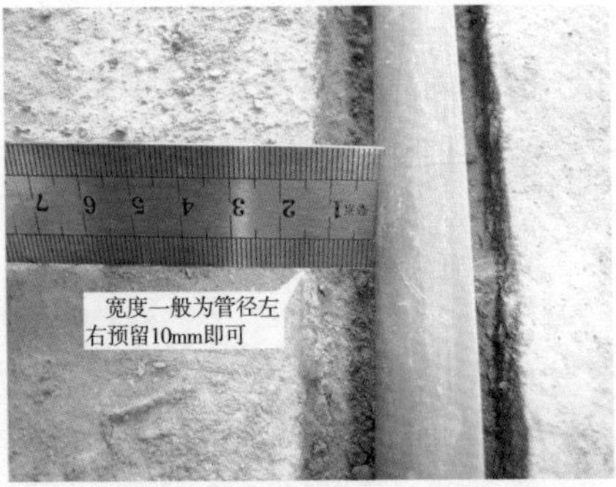 宽度一般为管径左右预留10mm即可 水管槽的宽度 水管槽的敷设深度要根据具体情况来定。如果是沿墙壁敷设，则根据墙壁的装饰特点来定。瓷砖铺贴，一般要求水管槽露管不能够太多，否则影响瓷砖铺贴的质量；如果是找平抹灰涂墙漆，则水管放入水管槽后不得高于墙壁面。如果敷设在地面，则根据地面装饰构造决定是否可以直接放地面或者水管槽的深度要求，图例如下：

续表

项目	图例与解说
水管槽敷设的深度与宽度要求	 免龙骨架木地板地面的水管敷设深度要求图例 **实战·技巧**　**管槽深度与宽度（n为水管的根数）。** 管槽高度不应小于：管径 ×n+30mm； 管槽深度不应小于：管径 ×n+20mm
水管的固定	安装管外径在25mm以下的给水管，在管道转角、水表、水龙头或角阀及管道终端的100mm处应设管卡。管卡安装必须牢固。管道采用螺纹连接在其连接处应有外露螺纹，安装完毕应及时用管卡固定。不可以采用鹅卵石塞一下或者抹一点水泥就了事了，其图例如下： 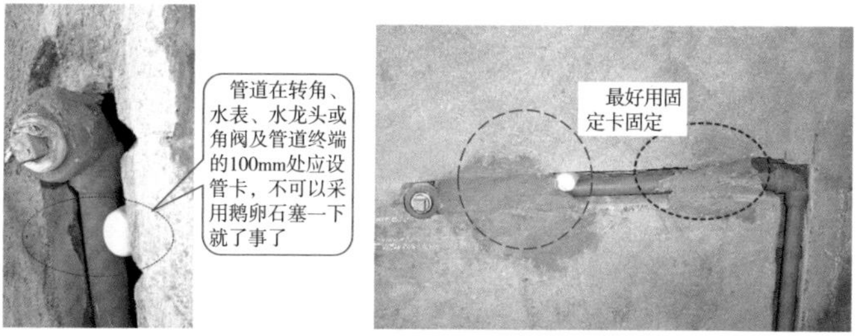 管道在转角、水表、水龙头或角阀及管道终端的100mm处应设管卡，不可以采用鹅卵石塞一下就了事了 最好用固定卡固定 水管固定要正确 如果水管管道经水压试验、标高复核、冷热水管间距检验合格后，也可以采用M10水泥砂浆将配水点、转弯管段浇筑牢固
水管接头的要求	水管连接不宜采用多个接头，如果接头太多，会留下日后漏水的隐患。一般埋在墙体内的管道不能有接头或者尽量不用，并且所开管道槽必须把弧线平整后做防水处理之后，才能够放管。下图为水管采用接头过多的图例

续表

项目	图例与解说
水管接头的要求	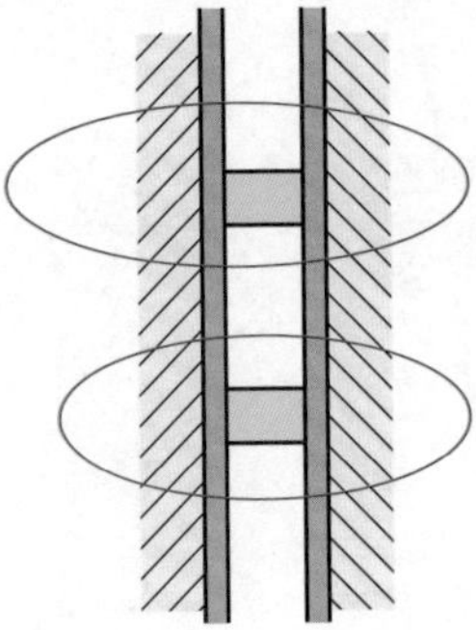 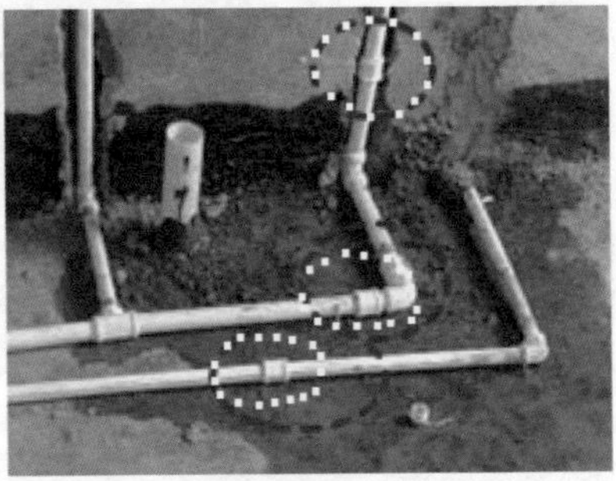 水管采用接头过多
热水管与电线管的距离	水管电线不但要分开走，而且热水管与电线管不能够紧连在一起，以免发生变形，引起短路等现象。电线管与水管及燃气管同一平面间距应大于或等于 10cm，不同平面距离应大于或等于 5cm。 热水管与电线管紧贴图例如下。注意水管附近的插座要采用防溅的（见下图）。 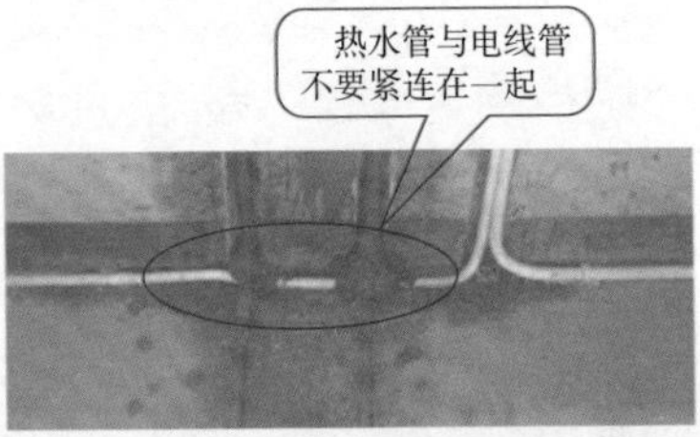热水管与电线管 不要紧连在一起 热水管与电线管紧贴图例  注意水管附近的插座要采用防溅的

续表

项目	图例与解说
水管熔接要求	水管本身一般不漏水，主要是熔接、连接处。因此，熔接、连接处一定要把握质量关。正常的熔接处图例如下：  堆积圆润、饱满、量适当  接口与水管不偏 以下是不正确的熔接处图例：  温度过高或者加热时间过长造成  堵塞管道——水管旋入管件过深，会造成水流截面变小，水流也就小了 热熔安装时要快，趁着温度没降下去的时候，应一次性对接好，如果反复作业则可能造成漏水隐患。下图中就是反复作业造成水管漏水的返修图例  水管漏水 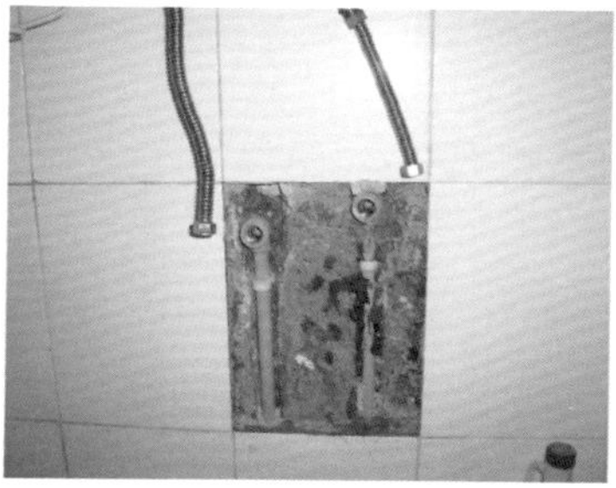 敲掉一块瓷砖，重新熔接漏水接口

续表

项目	图例与解说
水管熔接要求	 再补贴一块瓷砖，这块瓷砖还算好——色差不大
冷、热水接口中心距的规定	燃气热水器的预铺水管的冷、热水接口中心距一般为 0.18m。浴房预留管道，冷、热水接口中心距一般为 0.15m。其图例如下  冷、热水接口中心距有规定
冷、热水管敷设要求	冷、热水管一般是左热右冷走排，而且要平直，龙头接口高度一样，即要水平。冷、热水管上下平行安装时，热水管应在冷水管上方(上热下冷)，其图例如下 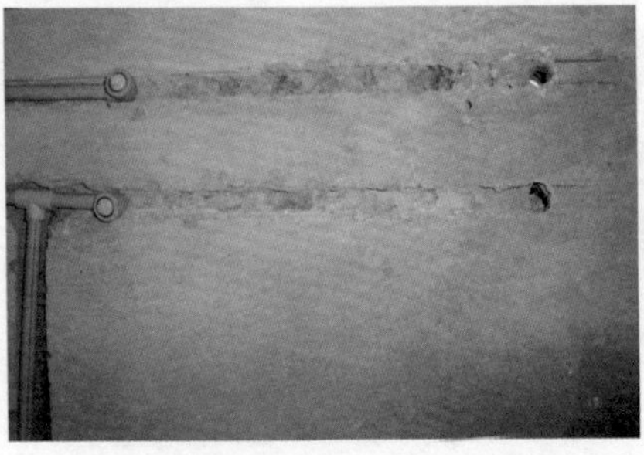 冷、热水管一般是上热下冷走排

续表

项目	图例与解说
水管出墙尺寸	安装厨房、卫生间水管时，水管出墙尺寸应小于墙砖贴好后的最终尺寸的 ±5mm，也就是管头出墙尺寸小于墙壁装饰面 ±5mm，其图例如下： 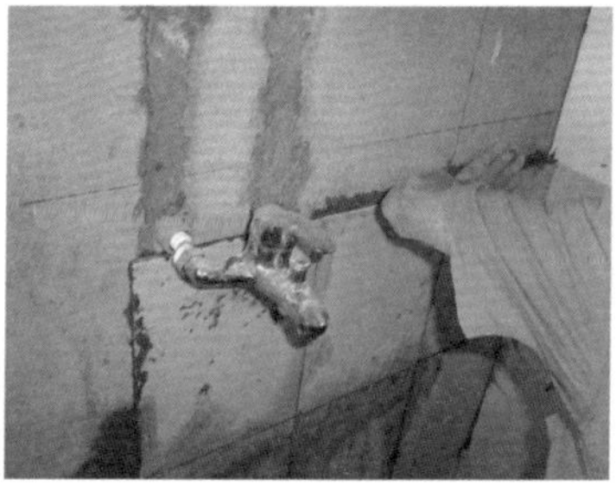 小于墙面最终尺寸 +5mm 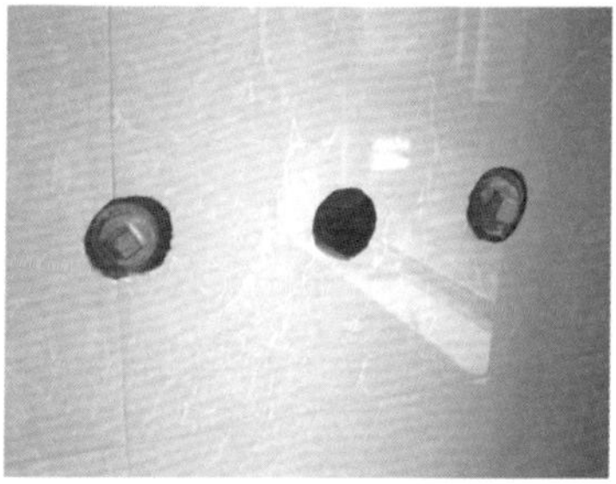 小于墙面最终尺寸 –5mm 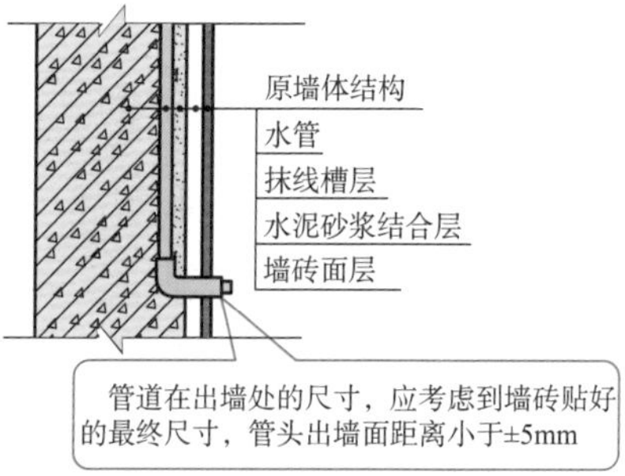 原墙体结构 水管 抹线槽层 水泥砂浆结合层 墙砖面层 管道在出墙处的尺寸，应考虑到墙砖贴好的最终尺寸，管头出墙面距离小于±5mm 水管头出墙面尺寸图例 最终效果：配水件连接的带内螺纹的终端管件端面应与建筑饰面相平（见下图）。  最终效果 **实战·技巧** **淋浴混水阀的位置。** 淋浴混水阀的左右位置正确，一般装在浴缸中间，高度为浴缸上中 150 ~ 200mm

续表

项目	图 例 与 解 说
安装堵塞、保护地漏	安装时，水管道口应安装堵塞，以防止垃圾落入管内，其图例如下： 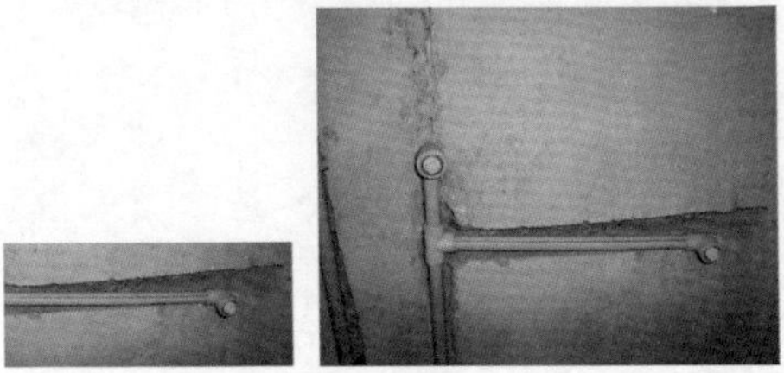 安装堵塞 水管道开槽时，一定要注意保护地漏或者下水管道，以免开槽的砖块掉进地漏里，图例如下  保护地漏或者下水管道
封槽	水管槽应采用 M10 水泥砂浆填补。一般分两次进行，第 1 次填补高度不应低于管中心，待初硬后，再进行第 2 次填补。第 2 次填补应补至与饰面相平。填补时的砂浆应密实饱满，并且管道不会产生位移等现象
一些设备对水管的要求	一些设备对水管的要求如下： （1）安装热水器进水时，进水的阀门与进气的阀门一定要考虑，并应安装在相应的位置，图例如下： 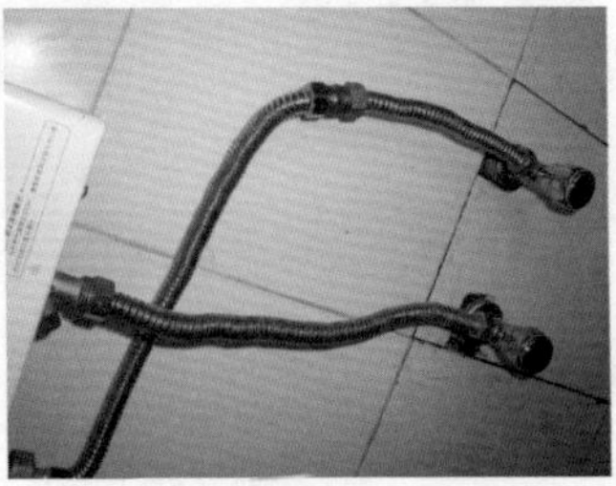 热水器进水

续表

项目	图例与解说

一些设备对水管的要求

另外，确定燃气热水器进出水位置的时候，还应充分考虑其良好的通风环境及排气要求。其中，排气管严禁与油烟管道、通风管道相连接。

（2）厨房洗涤盆处进水口离地高度一般为450mm。

（3）厨房内如果加装软水机、净水机、小厨宝等应考虑预先留好上、下水的位置及电源位置。

（4）安装浴缸前应检查防水是否完整，并且注意防水处理应高出浴缸100mm。

（5）台盆的下水管埋入墙内，进水管离地高度一般为500 ~ 550mm。

（6）立柱盆的冷、热水进水龙头离地高度一般为500 ~ 550mm。

（7）淋盆上的进水龙头的左右位置一定要装在浴盆中间，高度一般为浴缸上口150 ~ 200mm。

实战·技巧 **厨卫设备安装所需要材料与工具。**

厨卫设备安装所需要材料与工具如下：

所需的工具有——线坠、小线、手锯、活扳手、水平尺、手电钻、冲击钻、划规、盒尺、方锉、圆锉、管钳、螺丝刀、手锤等。

所需的材料有——八字门、水嘴、返水弯、排水口、螺栓、螺母、卫生洁具、皮钱截止阀、油灰、白水泥、白石灰膏、麻丝、石棉绳、螺钉等。

实战·技巧 **一些设备的一般安装高度。**

妇洗器一般安装高度为360mm。

水槽一般安装高度为800mm。

洗脸盆一般安装高度为800mm。

浴盆一般安装高度为520mm。

坐便器一般安装高度为470 ~ 510mm。

实战·技巧 **一些卫生器具给水配件安装高度。**

一些卫生器具给水配件安装高度见下表

卫生器具给水配件安装高度

卫生器具给水配件名称		给水配件中心地面高度（mm）	冷、热水龙头的间距（mm）
饮用器	立柱式饮水器上沿	760 ~ 800	按成品
	普通式饮水器上沿	1000 ~ 1100	—

续表

项目	图例与解说
一些设备对水管的要求	续表

卫生器具给水配件名称		给水配件中心地面高度（mm）	冷、热水龙头的间距（mm）
净水器	进水角阀（下配水）	150	100、160
	进水角阀（上配水、带电加热）	670 ~ 830	按成品
	住宅集中给水龙头	1000	
	室内洒水龙头	1000	
	儿童蹲式大便器进水角阀（从台阶面起算）	不低于 2400	
	儿童坐式大便器进水角阀（从上侧面进水）	520	
	儿童洗脸盆，洗手盆水龙头	700	
	儿童洗手槽水龙头	700	
蹲式大便器（从台阶面起算）	高水箱进水角阀或截止阀	2048	
	低水箱进水角阀	600	
	自闭式冲洗阀	800 ~ 850	
坐式大便器	低水箱进水角阀（下配水）	150 ~ 200	
	低水箱进水角阀（上配水）	500 ~ 750	
	低水箱进水角阀（上配水、儿童用）	520	
	连体水箱进水角阀（下配水）	60 ~ 100	
	自闭式冲洗阀	775 ~ 785	
	架空式污水池水龙头	1000	
	落地式污水池水龙头	800	
洗涤室	冷（或热）水龙头	1000	
	回转水龙头，混合水回转水龙头	1000	按成品
	肘式开关水龙头（单把）	1000	
	肘式开关水龙头（双把）	1075	按成品

续表

<table>
<tr><th>项目</th><th>图例与解说</th></tr>
<tr><td>一些设备对水管的要求</td><td>
续表
<table>
<tr><th colspan="2">卫生器具给水配件名称</th><th>给水配件中心地面高度（mm）</th><th>冷、热水龙头的间距（mm）</th></tr>
<tr><td rowspan="4">洗脸盆、洗手盆</td><td>冷（或热）水龙头（下配水）</td><td>800 ~ 820</td><td></td></tr>
<tr><td>混合式水龙头（下配水）</td><td>800 ~ 820</td><td>按成品</td></tr>
<tr><td>下配水进水角阀</td><td>450</td><td></td></tr>
<tr><td>普通水龙头（上配水）</td><td>900 ~ 1000</td><td></td></tr>
<tr><td rowspan="3">浴盆</td><td>混合式水龙头（带软管莲蓬头）</td><td>550 ~ 700</td><td>按产品</td></tr>
<tr><td>混合式水龙头（带固定莲蓬头）</td><td>550 ~ 700</td><td>按产品</td></tr>
<tr><td>冷、热水龙头</td><td>650 ~ 700</td><td>150</td></tr>
<tr><td rowspan="3">淋浴器</td><td>进水调节阀（明装）</td><td>1150</td><td>按成品</td></tr>
<tr><td>进水调节阀（暗装）</td><td>1100 ~ 1150</td><td>200</td></tr>
<tr><td>莲蓬头下沿</td><td>2100</td><td></td></tr>
</table>
</td></tr>
<tr><td>其他有关要求与规范</td><td>
其他有关要求与规范如下：
（1）装饰装修程序不要搞错，例如，泥工应该在水电工竣工验收后，才能进场工作。否则，贴完瓷砖后，则无法暗敷水管道（见下图）。

泥工
（2）装饰设计施工必须确保建筑物原有安全性、整体性，不得任意改变建筑物的承重结构，不得破坏建筑物外立面，若需开安装孔洞，在设备安装后应按原有外墙装饰效果修整。
</td></tr>
</table>

续表

项目	图 例 与 解 说
其他有关要求与规范	（3）装饰不得随意改变排水立管、给水管道、地漏、便器的位置，不得随意增设卫浴设施。像下图排水管一般不要改变。  排水管 （4）水管所有接头、阀门与管道连接处应严密，不得有渗漏现象。 （5）所有水管尽量走墙开槽，横平竖直，厨房、卫生间尽量走顶部。 （6）水管横向槽离地面一般应 300mm 以上。 （7）水管封槽之前，必须做给水压力试验，时间一般在 24 h，没有渗漏现象后，方可封闭给水管槽。 （8）水管连接配件的安装一定要牢固、无渗漏现象。 （9）天棚水管应采用专用金属扣件、骑马扣进行固定，并且充分考虑其伸缩间隙缝。图例如下： 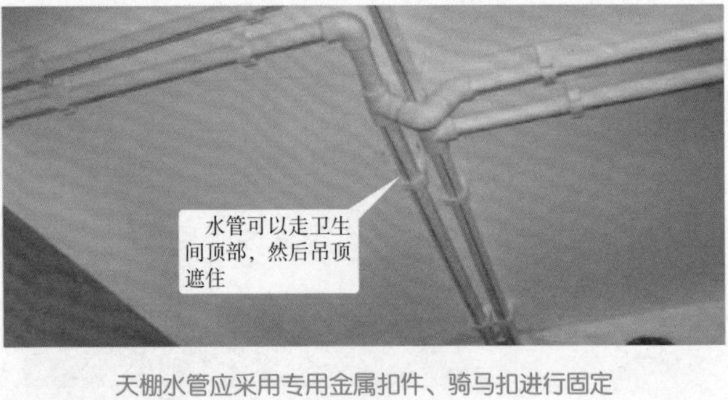 水管可以走卫生间顶部，然后吊顶遮住 天棚水管应采用专用金属扣件、骑马扣进行固定 （10）连接距离大于或等于 1m，原则上禁止使用软管作为水管。 （11）用软管作为水管时禁忌打死弯使用。 （12）冷水管在墙里要有 1cm 的保护层，因此，槽要开得深。 （13）热水管在墙里要有 1.5cm 保护层，因此，槽要开得深。

续表

项目	图例与解说
其他有关要求与规范	（14）热水管密封必须使用麻丝。 （15）连接主管到洁具的管路大多为蛇形软管。如果软管质量低劣、安装时拧得太紧，软管容易爆裂。 （16）如果水管明装，注意要采用管卡固定，图例如下： 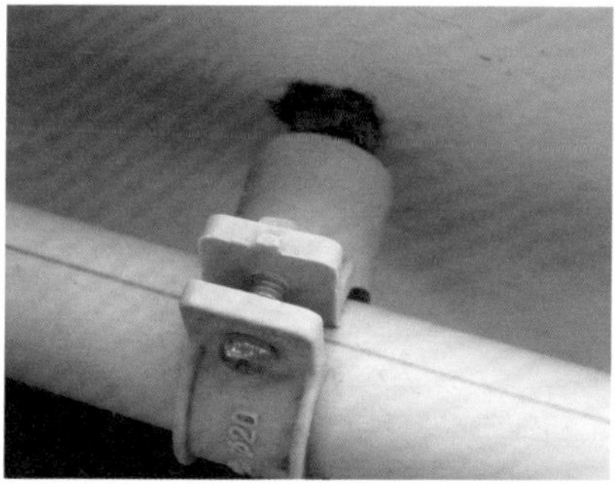 水管明装，则注意要采用管卡固定 （17）冷、热水管入墙不能同槽。 （18）冷、热水供水系统采用分水器供水时，一般采用半柔性管材连接。 （19）分水器到用水点的配水管道应在分水器与配水点连接件安装结束后再敷设。 （20）分水器到用水点的配水管道上不得有连接管件。 （21）经木地栊或吊顶的长距离热水管需做保温处理。埋于强化地板下的热水管也必须经保温处理。 （22）经移位的水表处应加装便于检修拆卸的带伸缩的阀门或接头。 （23）通往阳台的水管必须加装阀门，中间尽量避免有接头。 （24）水管过地面地栊时应凿掉找平层埋入地面。 （25）安装三角阀与水龙头时应先放水冲刷管道，去除杂物，再进行安装

7.2.2 铜水管

铜水管是目前最贵的水管，常见的安装方式有焊接式与卡套式连接式。

1. 焊接式

焊接式又可以分为铜焊式、锡焊式。它们主要差异在于使用的金属填料不同：铜焊式为铜，锡焊式为锡。它们的相同之处均是在接头处加热、溶解焊料、焊

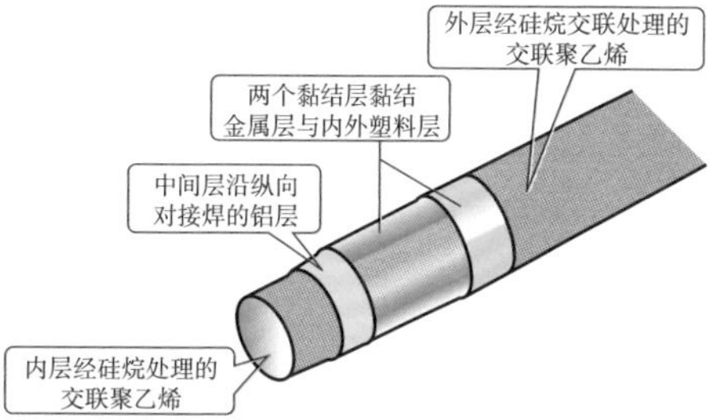
外层经硅烷交联处理的交联聚乙烯
两个黏结层黏结金属层与内外塑料层
中间层沿纵向对接焊的铝层
内层经硅烷处理的交联聚乙烯
图 7-8　铝塑多层复合管的内部结构

接冷却、去除多余焊料等操作步骤。

2. 卡套式连接

卡套式连接就是通过压缩管子上的密封或压环用机械方法进行的一种连接方式。

7.2.3 铝塑多层复合管

铝塑多层复合管的内部结构如图 7-8 所示，其安装方法如图 7-9 所示。

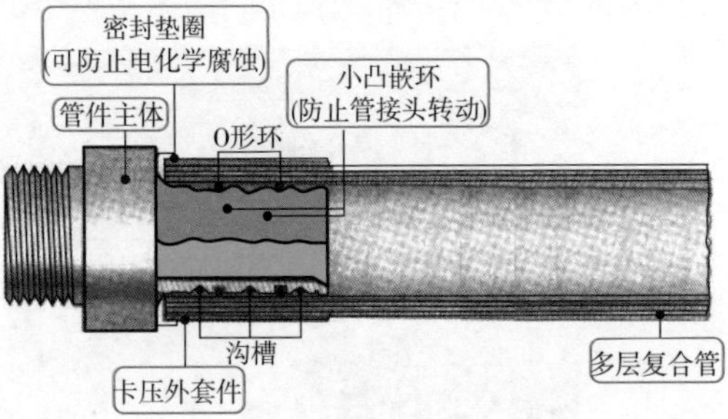

密封垫圈
(可防止电化学腐蚀)
小凸嵌环
(防止管接头转动)
管件主体
O形环
沟槽
多层复合管
卡压外套件

图 7-9　铝塑多层复合管安装方法

7.3 排水管

目前，除了高层建筑排水管道仍用铸铁管材外，其他多层建筑排水管一般使用了 PVC 管材或 PVC-U 管材作为排水管。

装饰装修水电工有关一些排水要求、规范、特点如下：

（1）卫生洁具排水管径的选择：

妇洗器一般采 50mm 排水管。

洗脸盆水槽一般采用 50mm 排水管。

浴盆一般采 50mm 排水管。

坐便器一般采 100mm 排水管。

（2）卫生洁具管道最小坡度一般为 0.02。

（3）按摩浴缸根据型号进行出水口预留。混水阀孔距一般保持在 150mm（暗装），100mm（明装）。

（4）连杆式淋浴器要根据房高与业主需要来确定出水口位置。

（5）立柱盆的下水道一定要装在立柱内。

（6）台盆的下水管建议埋入墙内。

（7）经改动的 PVC- U 下水管必须胶黏严密，坡度按照每米 3 ～ 5cm。

（8）排水管一般应采用硬质聚氯乙烯排水管材。

（9）排水管道应在施工前对原有管道临时封口，避免杂物进入管。

（10）排水管道安装完后，必须先做排水试验，当没有渗漏、没有倒溢后才能封管。

（11）下水管道需要配备存水弯防臭。

（12）改动下水时破坏了防水层，做好防水处理并试水后才能做下一步工作。

7.4　水的景观特效

在一些高档的、豪华的家居装饰中，可以利用“水”做一些特效，例如图 7-10 中的别墅就可以利用房屋地面层打造一处“水竹”景观（见图 7-11）。

图 7-10　别墅

图 7-11　“水竹”景观

该景观的水管道布设、安装与前面讲述的基本一样，也就是有进水、出水。进水大小可调利用水龙头实现控制。出水具有两个出水口，一个是位于水池底部，一个位于防水“溢出”位置，出水口具有阀门控制。其进水局部放大图如图 7-12 所示。

图 7-12 “喷水”局部图

第8章

灯具与电器

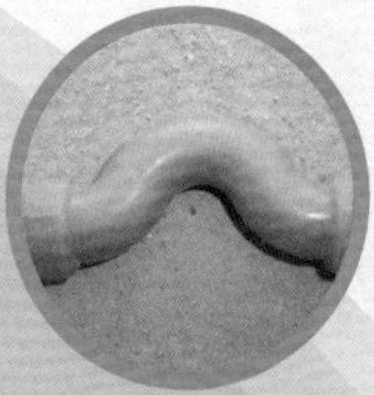

8.1 灯具

8.1.1 概述

室内灯具是室内照明的主要设施之一，为室内空间提装饰效果、照明功能、烘托室内气氛、改变房间结构感觉等作用。家居灯具装饰特效实例如图 8-1 所示。

图 8-1 家居灯具装饰特效实例

灯具装饰特效就是利用灯光光源的视觉效果来实现的。光源可以分为自然光源与人工光源。其中，人工光源又可以分为热发光光源、气体放电光源。人工光源就是常讲的电光源。电光源的具体种类如图 8-2 所示。

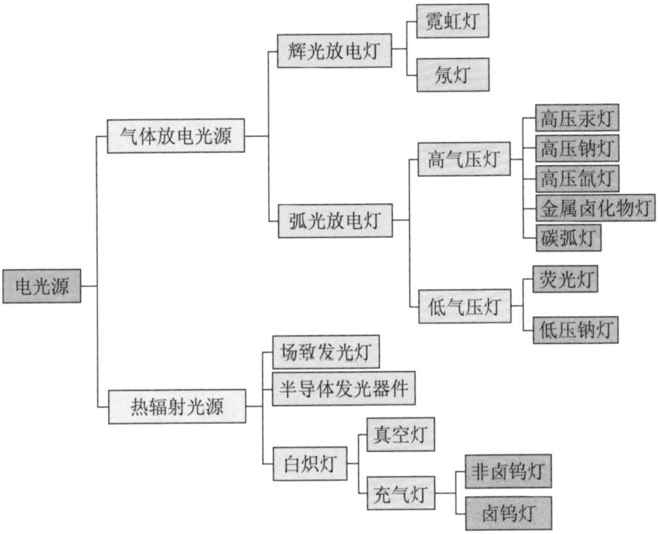
电光源
气体放电光源
辉光放电灯
霓虹灯
氖灯
弧光放电灯
高气压灯
高压汞灯
高压钠灯
高压氙灯
金属卤化物灯
碳弧灯
低气压灯
荧光灯
低压钠灯
热辐射光源
场致发光灯
半导体发光器件
白炽灯
真空灯
充气灯
非卤钨灯
卤钨灯

图 8-2 电光源的具体种类

家装照明的基本知识见表 8-1。

表8-1 **家装照明的基本知识**

项目	图例与解说
家装光源类型	家装中常见的光源类型见下表 **家装中常见的光源类型** **类型**：辅助式光源 —— 该类型的光源主要可以调和光差，光呈散性 **类型**：普照式光源 —— 该类型的光具有提升一定亮度的作用，一般属于主照明、主灯 **类型**：集中式光源 —— 灯光的特点:直射照射在某一区域。该类型的光源有利于集中注意等作用。该类型的光源所用灯一般具有遮盖物或冷却风孔，而且所用灯罩一般为不透明的。因此，在书房、用餐、烹调等功能间一般要设计采用该类型的光源。但是要明确长时间在这种光源下，眼睛容易疲劳

家装中常见的光源类型

类型	解　说
辅助式光源	该类型的光源主要可以调和光差，光呈散性
普照式光源	该类型的光具有提升一定亮度的作用，一般属于主照明、主灯
集中式光源	灯光的特点:直射照射在某一区域。该类型的光源有利于集中注意等作用。该类型的光源所用灯一般具有遮盖物或冷却风孔，而且所用灯罩一般为不透明的。 因此，在书房、用餐、烹调等功能间一般要设计采用该类型的光源。但是要明确长时间在这种光源下，眼睛容易疲劳

续表

<table>
<tr><th>项目</th><th>图例与解说</th></tr>
<tr><td>照明方式</td><td>常见的照明方式见下表

常见的照明方式

<table>
<tr><th>照明方式</th><th>解说</th></tr>
<tr><td>直接照明</td><td>该照明方式是光线通过灯具射出，其中 90% ~ 100% 的光通量到达工作面上。该照明方式具有强烈的明暗对比</td></tr>
<tr><td>半直接照明</td><td>该照明方式是半透明材料制成的灯罩罩住光源上部，60% ~ 90% 以上的光线集中射向工作面。该照明方式常用于较低的房间的一般照明。该照明方式可以产生较高的空间感</td></tr>
<tr><td>间接照明</td><td>该照明方式是将光源遮蔽而产生的间接光的照明方式 90% ~ 100% 的光通量通过天棚或墙面反射作用于工作面，10% 以下的光线则直接照射工作面。该照明方式与其他照明方式配合使用，可得到一些特殊效果</td></tr>
<tr><td>半间接照明</td><td>该照明方式是半透明的灯罩装在光源下部，60% 以上的光线射向平顶，10% ~ 40% 部分光线经灯罩向下扩散。该照明方式能够产生比较特殊的照明效果。该照明方式可应用于家装中小空间照明</td></tr>
<tr><td>漫射照明方式</td><td>该照明方式是利用灯具的折射功能来控制眩光，将光线向四周扩散漫散。该照明方式可以应用于卧室的照明</td></tr>
</table></td></tr>
<tr><td>照度</td><td>照度就是被光照的某一面上其单位面积内所接收的光通量。照度的单位是勒克斯（lx）。
不同作业工作面的照度要求见下表

不同作业工作面的照度要求

<table>
<tr><th>照度范围（lx）</th><th>类型</th><th>举例</th></tr>
<tr><td>20 ~ 50</td><td>室外入口</td><td></td></tr>
<tr><td>50 ~ 100</td><td>交通区</td><td></td></tr>
<tr><td>100 ~ 200</td><td>非连续工作房间</td><td>储藏、衣帽间</td></tr>
<tr><td>200 ~ 500</td><td>有简单视觉要求</td><td>粗加工、讲堂</td></tr>
<tr><td>300 ~ 750</td><td>中等视觉要求</td><td>办公室、控制室</td></tr>
<tr><td>500 ~ 1000</td><td>较高视觉要求</td><td>缝纫、绘图室</td></tr>
<tr><td>750 ~ 1500</td><td>难度很高视觉作业</td><td>精密加工、颜色辨别</td></tr>
<tr><td>1000 ~ 2000</td><td>特殊要求的作业</td><td>手工雕刻</td></tr>
<tr><td>>2000</td><td>极精细视觉作业</td><td>微电子装配、外科手术</td></tr>
</table></td></tr>
</table>

续表

<table>
<tr><th>项目</th><th>图例与解说</th></tr>
<tr><td>光源颜色</td><td>
光源颜色选择需要根据室内空间的功能要求结合来选择，一些地方的光源颜色的选择见下表
光源颜色的选择
<table>
<tr><th>空　间</th><th>光　源</th><th>空　间</th><th>光　源</th></tr>
<tr><td>办公室</td><td>冷色光源</td><td>剧院</td><td>暖色光源</td></tr>
<tr><td>教室</td><td>冷色光源</td><td>舞厅</td><td>暖色光源</td></tr>
<tr><td>病房</td><td>冷色光源</td><td>寒冷的地区</td><td>暖色光源</td></tr>
<tr><td>温暖的、炎热的地区</td><td>冷色光源</td><td>—</td><td>—</td></tr>
</table>
</td></tr>
<tr><td>显色指数</td><td>
人工光源的光色，一般以显色指数（Ra）表示：
Ra 最大值为——100。
显色性优良——Ra 为 80 以上。
显色性一般——Ra 为 79 ~ 50。
显色性差——Ra 为 50 以下。
常用照明灯具的显色指数见下表
常用照明灯具的显色指数
<table>
<tr><th>类　型</th><th>显色指数（Ra）</th><th>类　型</th><th>显色指数（Ra）</th></tr>
<tr><td>白炽灯</td><td>97</td><td>高压汞灯</td><td>20 ~ 30</td></tr>
<tr><td>白色荧光灯</td><td>55 ~ 85</td><td>氙灯</td><td>90 ~ 94</td></tr>
<tr><td>日光色灯</td><td>75 ~ 94</td><td>卤钨灯</td><td>95 ~ 99</td></tr>
<tr><td>高压钠灯</td><td>20 ~ 25</td><td>—</td><td>—</td></tr>
</table>
</td></tr>
<tr><td>灯具布置方式</td><td>
家装中灯具布置方式见下表
家装中灯具布置方式
<table>
<tr><th>布置方式</th><th>解　说</th></tr>
<tr><td>整体照明</td><td>光线比较均匀，能使空间显得明亮、宽敞、耗电量较大等特点</td></tr>
<tr><td>局部照明</td><td>在工作区设置局部灯光。具有节能，不干扰其他区域等特点</td></tr>
<tr><td>装饰照明、整体与局部混合照明</td><td>装饰照明是为创造视觉上美感而采取的特殊照明方式。
整体与局部混合照明就是在整体照明的基础上，加上局部照明与装饰照明。使整个照明环境具有一定的亮度、适应工作需要、节约电能、舒适视觉等特点。一般是将 90% ~ 95% 的照明用于工作面，5% ~ 10% 的照明用于环境</td></tr>
<tr><td>成角照明</td><td>利用特别设计的反射罩，使光线射向主要方向</td></tr>
</table>
</td></tr>
</table>

续表

<table>
<tr><th>项目</th><th>图例与解说</th></tr>
<tr><td>灯的附件</td><td>灯的常见附件见下表

灯的常见附件
<table>
<tr><th>名称</th><th>英文</th><th>特点</th></tr>
<tr><td>灯头</td><td>cap</td><td>主要工作是将光源固定在灯座上，使灯与电源相连接的灯的一种部件</td></tr>
<tr><td>螺口式灯头</td><td>screw cap</td><td>灯头的一种，主要特点是用圆螺纹与灯座进行连接，一般用“E”标志</td></tr>
<tr><td>插口式灯头</td><td>bayonet cap</td><td>灯头的一种，主要特点是用插销与灯座进行连接，一般用“B”标志</td></tr>
<tr><td>插脚式灯头</td><td>pin cap</td><td>灯头的一种，主要特点是用插脚与灯座进行连接，一般双插脚与多插脚灯头用“G”表示，单插脚灯头用“F”标志</td></tr>
<tr><td>灯座</td><td>lampholder</td><td>主要作用是保持灯的位置，能够使灯与电源相连接</td></tr>
<tr><td>防潮灯座</td><td>moisture-proof lampholder</td><td>可以供潮湿环境以及户外使用的灯座</td></tr>
<tr><td>启动器</td><td>starter</td><td>启动器一般是启动放电灯的附件。它使灯的阴极得到必需的预热，并与串联的镇流器一起产生脉冲电压使灯启动</td></tr>
<tr><td>镇流器</td><td>ballast</td><td>为使放电稳定而与放电灯一起使用的器件。镇流器有电感式、电容式、电阻式、电子式等</td></tr>
<tr><td>电子镇流器</td><td>electronic ballast</td><td>电子镇流器可实现变频等作用。另外，也兼有启动器、补偿电容器的作用</td></tr>
<tr><td>触发器</td><td>ignitor</td><td>主要作用是产生脉冲高压使放电灯启动的附件</td></tr>
</table></td></tr>
<tr><td>开关与灯具</td><td>灯具要通过开关来控制，因此家装照明施工不仅要知道灯具如何安装，更要知道开关如何控制。开关与灯具图例如下</td></tr>
</table>

续表

<table>
<tr><th>项目</th><th>图例与解说</th></tr>
<tr><td>开关与灯具</td><td>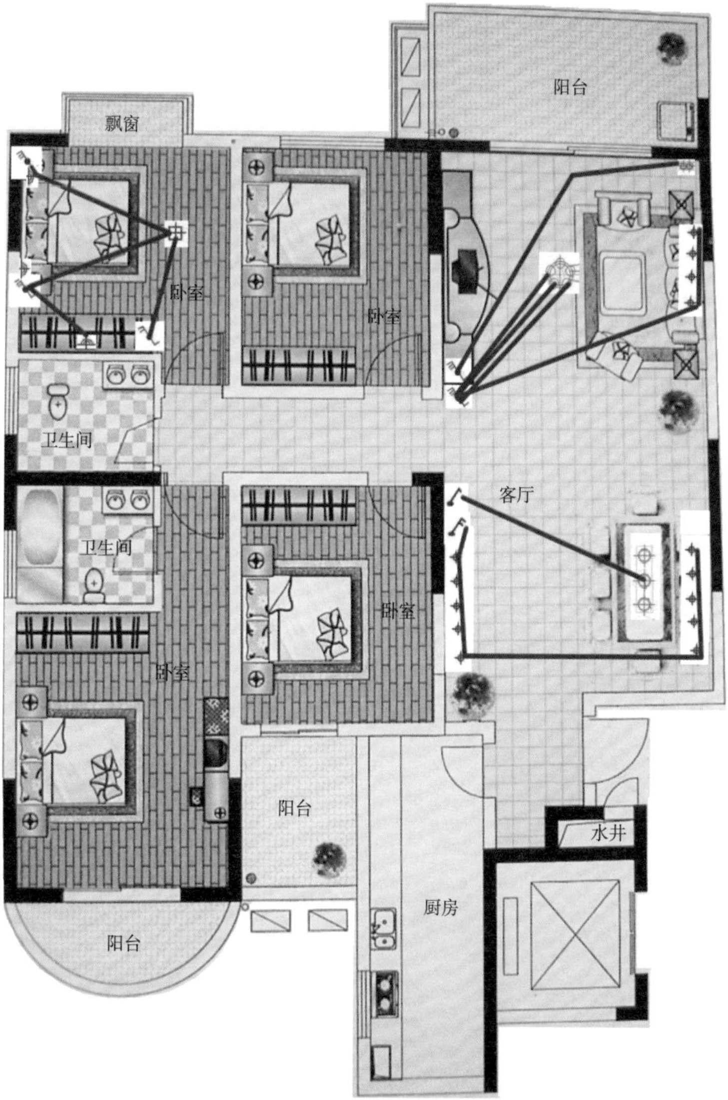
阳台
飘窗
卧室
卧室
卫生间
客厅
卫生间
卧室
卧室
阳台
水井
厨房
阳台
客厅、餐厅灯具与开关</td></tr>
</table>

续表

<table>
<tr><th>项目</th><th>图例与解说</th></tr>
<tr><td>开关与灯具</td><td>
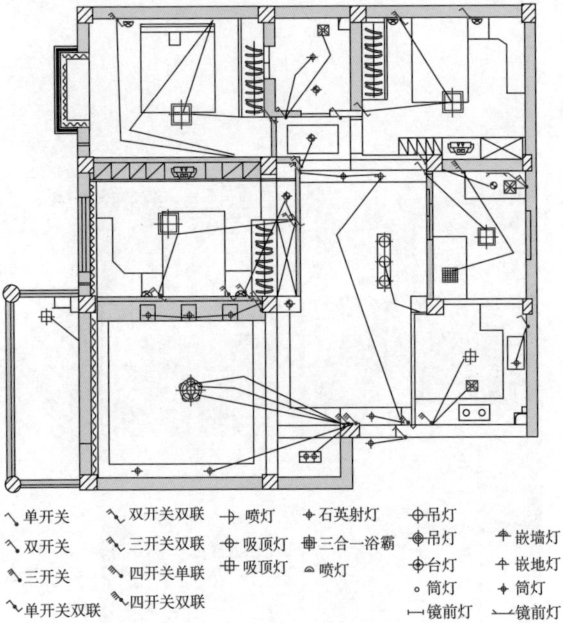

单开关
双开关
三开关
单开关双联
双开关双联
三开关双联
四开关单联
四开关双联
喷灯
吸顶灯
吸顶灯
石英射灯
三合一浴霸
喷灯
吊灯
吊灯
台灯
筒灯
镜前灯
嵌墙灯
嵌地灯
筒灯
镜前灯

开关与灯具平面图例
</td></tr>
<tr><td>灯具安装程序</td><td>
灯具安装程序如下

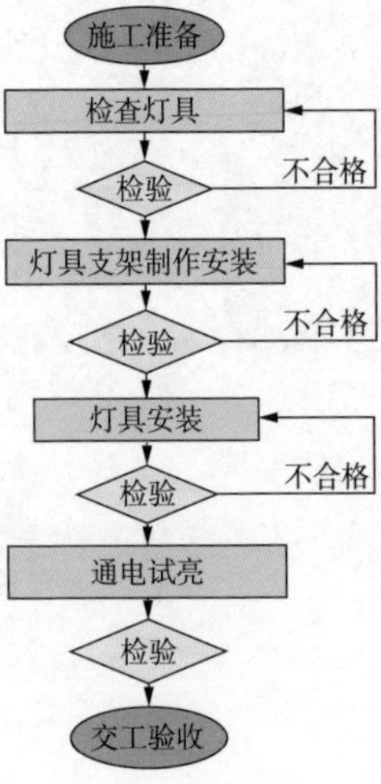

施工准备
检查灯具
检验
不合格
灯具支架制作安装
检验
不合格
灯具安装
检验
不合格
通电试亮
检验
交工验收

灯具安装程序
</td></tr>
</table>

续表

项目	图例与解说
灯具的安装材料	灯具的安装材料如下： 水泥——一般每个开关盒、暗插座需要。 木螺钉——每个壁灯、射灯一般需要两只木螺钉，每个日光灯盘一般需要 4 只木螺钉，吸顶灯一般需要 6 只木螺钉。 膨胀螺栓——每个普通吊灯两只膨胀螺栓，每只照明灯源控制箱 4 只膨胀螺栓。 另外，还需要具有管卡子、圆钢条、电焊条、镀锌铁丝、铝条、圆锯片、机油、黑电工胶布、穿电线用细铁丝等

灯具的安装要求见表 8-2。

表8-2 **灯具的安装要求**

项目	图例与解说
安装要牢靠	目前，家居灯饰在满足基本功能外越来越追求美观、漂亮。因此，灯具的重量，特别是吊灯重量不轻，灯具的固定一定要牢固、防爆、安全不漏电等要求。常见灯具的外形如下图所示：  灯泡不重，灯罩越来越具有美感，因此安装一定要牢靠  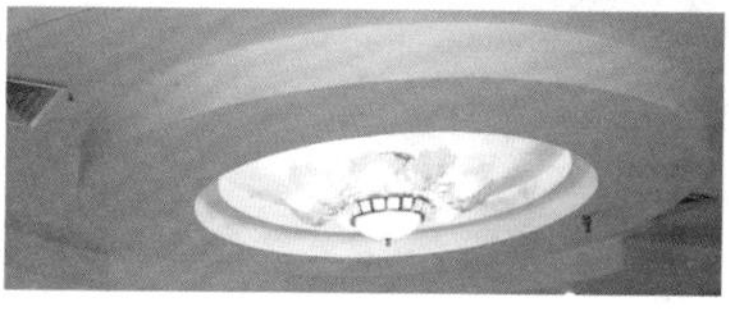 常见灯具的外形

续表

项目	图例与解说
安装要牢靠	灯具大于 2kg 时，应采用膨胀螺栓或预埋吊钩稳固，禁止使用木楔固定。另外，灯具价格不菲，因此，所有灯具安装前，应检查验收灯具以及灯具配件是否齐全、玻璃是否没有破碎等，最好要求业主到场
灯具的安装位置和数量一定要充分考虑	灯具安装位置、数量一定要充分考虑好，并且注意预留接口与扩充需要，如下图所示： 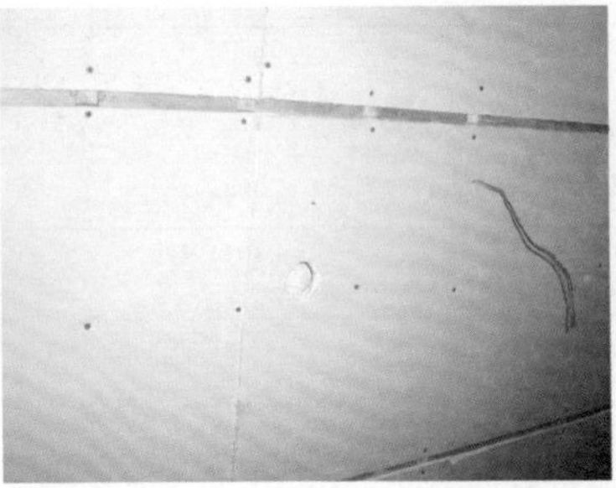  预留接口与扩充需要 如果，没有预留接口与预留扩充需要，则明装灯具线路影响美观，也不安全，图例如下  夹线王固定，特别在转弯处一定要采用 明装灯具

续表

项目	图例与解说
装饰性灯具的安装效果	对于装饰性的灯具，一定要注意其安装的效果，一些灯具效果如下图所示：  装饰性灯具的安装效果 因此，灯具安装完后，一定要调整灯罩角度，不同的角度，具有不同的效果
灯具上装饰物的安装要求	一些家居灯饰中，灯具上往往会悬挂一些装饰物品，下图就是其中一例：  灯具的安装除了考虑灯具本身外，还要考虑其他附属装饰物，因此，承重量要留一定余量 灯具上悬挂装饰物品

续表

项目	图例与解说
灯具上装饰物的安装要求	安装时还需注意：① 灯具组装必须合理、牢固；② 有玻璃的灯具，固定其玻璃时，接触玻璃处须用橡皮垫子，同时，螺钉不能拧得太紧；③ 灯具安装禁忌用木楔固定，应根据情况可采用膨胀螺栓、支架、塑料胀管固定；④ 安装高度小于 2.4m 的灯具金属外壳一定要做好保护接地措施
其他要求与规范	灯具安装的要点如下： （1）同一场所成排安装的灯具，一般先定位，再安装，中心偏差小于或等于 2mm。 （2）灯具导线接头必须牢固、平整。 （3）镜前灯一般要安装在距地 1.8m 左右。 （4）灯带的剪断应以整米为单位断口

8.1.2 白炽灯

白炽灯的特点与安装见表 8-3。

表8-3 **白炽灯的特点与安装**

项目	图例与解说
概述	白炽灯的发光是由于电流通过钨丝时，灯丝热至白炽化而发光的。一般 40W 以下的白炽灯内抽成真空，40W 以上白炽灯内部为惰性气体氩、氮或氩氮混合气。白炽灯主要特点：控光方便、可适于频繁开关、光效较低等特点。 白炽灯根据玻璃壳形状可以分为梨形、蘑菇形等。根据玻璃壳类型可以分为磨砂玻璃壳白炽灯（降低 3% 光通量）、内涂白色玻璃壳白炽灯（降低 15% 光通量）、乳白色玻璃壳白炽灯（降低 25% 光通量）等。 白炽灯的结构如下图所示 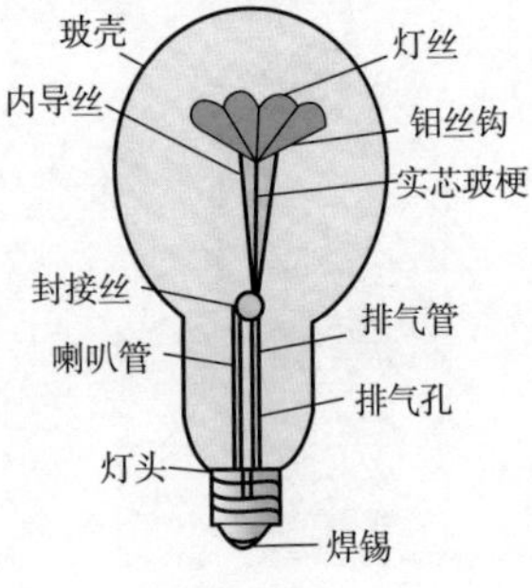玻壳 灯丝 内导丝 钼丝钩 实芯玻梗 封接丝 排气管 喇叭管 排气孔 灯头 焊锡 白炽灯的结构

续表

<table>
<tr><th>项目</th><th>图例与解说</th></tr>
<tr><td>特征与用途</td><td>
白炽灯的特征与用途见下表
白炽灯的特征和用途
<table>
<tr><th>种类</th><th>效率（lm/W）</th><th>显色性</th><th>耐震性</th><th>控制配关</th><th>寿命（h）</th><th>亮度</th><th>色温（K）</th><th>启动再启动时间</th><th>特性</th><th>使用场合</th><th>适用灯具</th></tr>
<tr><td>普通型（扩胶型）</td><td>10 ~ 15
低</td><td>优</td><td>较差</td><td>容易</td><td>1000
短</td><td>高</td><td>2800</td><td>瞬时</td><td>一般用途，易于使用，适用于表现光泽和阴影暖光色的气氛照明</td><td>卧室、起居室、客厅</td><td>吊灯、吸顶灯、壁灯、台灯、落地灯</td></tr>
<tr><td>反射型</td><td>10 ~ 15
低</td><td>优</td><td>较差</td><td>非常容易</td><td>1000
短</td><td>非常高</td><td>2800</td><td>瞬时</td><td>控制配光非常好，点光光泽，阴影和材质感表现力非常大</td><td>卧室、起居室、客厅</td><td>吊灯、吸顶灯、壁灯、台灯、落地灯</td></tr>
<tr><td>透明型</td><td>10 ~ 15
低</td><td>优</td><td>较差</td><td>非常容易</td><td>1000
短</td><td>非常高</td><td>2800</td><td>瞬时</td><td>闪耀效果，光泽和阴影的表现效果好。暖光色气氛照明用</td><td>卧室、起居室、客厅</td><td>吊灯、吸顶灯、壁灯、台灯、落地灯</td></tr>
<tr><td>球型（扩散型）</td><td>10 ~ 15
低</td><td>优</td><td>较差</td><td>稍难</td><td>1000
短</td><td>高</td><td>2800</td><td>瞬时</td><td>明亮的效果，看上去具有辉煌温暖的气氛照明</td><td>卧室、起居室、客厅</td><td>吊灯、吸顶灯、壁灯、台灯、落地灯</td></tr>
</table>
</td></tr>
<tr><td>正确安装</td><td>
灯具安装的一般步骤是画线定位、打孔、接线、固定件稳固、装灯泡与灯罩。
画线定位——画线定位就是根据电路图找位置、画尺寸定位置。
打孔——根据定位线打孔，然后根据实际将膨胀螺钉固定或者将胶塞敲进。
接线——接好控制线、中性线、相线等。
固定件稳固——固定灯架的固定件，将灯具固定在固定框架上。
注意，安装前断开电源。
</td></tr>
</table>

续表

<table>
<tr><th>项目</th><th>图例与解说</th></tr>
<tr><td>正确安装</td><td>白炽灯安装图例如下
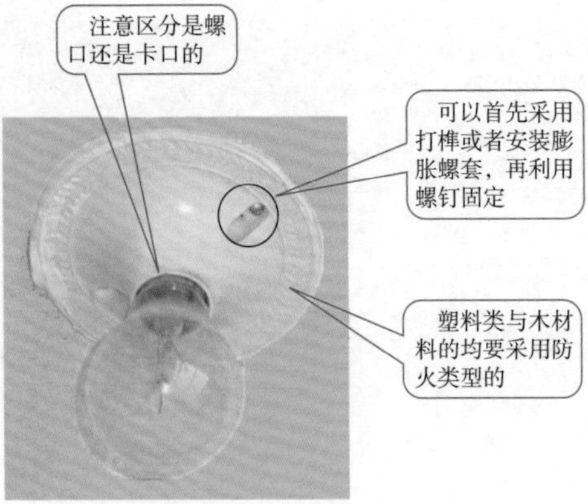
注意区分是螺口还是卡口的
可以首先采用打榫或者安装膨胀螺套，再利用螺钉固定
塑料类与木材料的均要采用防火类型的
白炽灯安装图例</td></tr>
<tr><td>错误安装</td><td>白炽灯最大的缺点是寿命短，寿命一般在 3000 ~ 4000h，差的白炽灯使用时间更小。白炽灯可以在餐厅、卧室等空间中采用。
（1）白炽灯的安装灯座要固定，不得悬空，下图就是错误的安装方式：
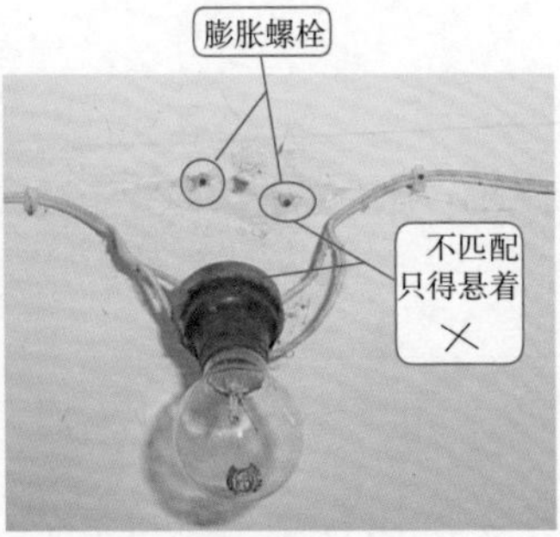
膨胀螺栓
不匹配只得悬着
×
（a）灯座未固定

（b）灯座固定
白炽灯的安装灯座要固定
（2）白炽灯的安装盒电线接头一定要做绝缘恢复处理，下图就是错误的图例：</td></tr>
</table>

续表

<table>
<tr><th>项目</th><th>图 例 与 解 说</th></tr>
<tr><td>错误安装</td><td>
电线接头未做绝缘恢复处理
（3）白炽灯的安装材料与相关接触材料要做防火处理，下图中的吊顶木龙骨一定要做防火处理

吊顶木龙骨要做防火处理</td></tr>
</table>

8.1.3 节能灯

节能灯的特点与选用见表 8-4。

表8-4　　节能灯的特点与选用

项目	图 例 与 解 说
特点	节能灯只需耗费普通白炽灯用电量的 1/5 ～ 1/4，光效 50 lm/W，具有节约大量的照明电能与费用。因此，一般光效达 50 lm/W 以上的灯均可以称为节能灯。 节能灯按灯管外形来分：H 形、2H 形、U 形、2U 形、3U 形、2D 形、O 形、T 形、螺旋形等。

续表

项目	图例与解说

特点

根据色光可以分为冷色光节能灯与暖色光节能灯。

根据生产地可以分为国产节能灯与进口节能灯。

目前，市面上的节能灯多属于紧凑型 CFL 节能灯，其插口与白炽灯具有统一互换性，无需改动原有线路，即可直接使用。节能灯外形与其灯座如下图所示

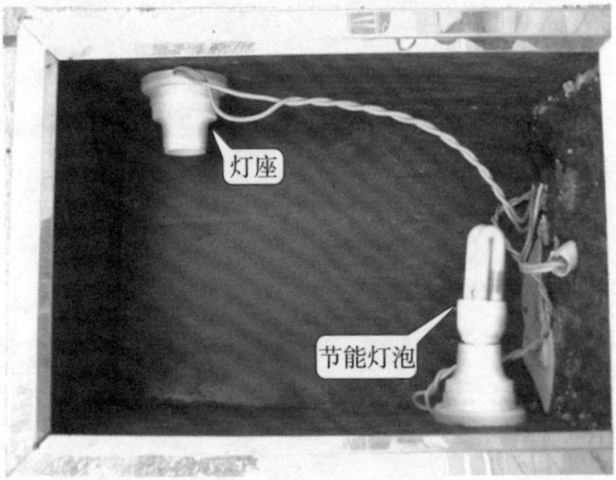
灯座
节能灯泡

节能灯外形与其灯座

种类与用途

节能灯的种类与用途见下表

节能灯特点与用途

种类	效率（lm/W）	启动再启动时间	耐震性	控制配关	寿命（h）	显色性	亮度	色温（K）	特性	使用场合	适用灯具
PC-C节能灯管（暖色）	44 ~ 70 高	较短	无	非常困难	8000 长	良	高	2700	亮度高，耗电少，用于全面性照明	卧室、起居室、客厅	嵌入灯
SL.节能灯泡（暖色）	40 ~ 50 较高	较短	有	容易	5000 较长	良	高	2700	亮度高，耗电少，可直接取代白炽灯泡使用	客厅、起居室、厕所	一般照明灯具

续表

<table>
<tr><th>项目</th><th>图 例 与 解 说</th></tr>
<tr><td>选购节能灯的方法</td><td>选购节能灯的方法见下表

选购节能灯方法
<table>
<tr><th>方法</th><th>解　说</th></tr>
<tr><td>选品牌</td><td>一般选购知名度较高品牌的产品，质量可靠性高些</td></tr>
<tr><td>启动性能</td><td>有灯丝预热电路的节能灯启动时会有 0.4 s 左右延时，则比“一次点燃”的灯管要好些</td></tr>
<tr><td>看工作状态</td><td>节能灯启动顺利后看其在高压下工作 5min 以上，是否具有闪烁等现象</td></tr>
<tr><td>看电磁兼容性</td><td>看是否具有通过国家电磁兼容性测试的标志。也可以采用放置中短波收音机在工作的节能灯附近，如果中短波无电台处发出的噪声越大，说明所测节能灯电磁兼容性不好</td></tr>
<tr><td>看工作后的表现</td><td>断开电源后，检测节能灯灯体的温度，越低越好。同时，测试后灯管根部会出现一段发黑的痕迹，此发黑段越长越黑，说明灯管寿命越短质量越差</td></tr>
<tr><td>外观验收</td><td>节能灯塑料壳采用工程塑料阻燃型比普通塑料的质量好些。
另外，外观上有接口间被撬过的痕迹、裂缝、松动等现象的节能灯不能够选择</td></tr>
</table>
</td></tr>
</table>

8.1.4 荧光灯

荧光灯的特点与应用见表 8-5。

表8-5　荧光灯的特点与应用

项目	图 例 与 解 说
特点	平时遇到的日光灯就是一种荧光灯（见下图）。荧光灯可以分为直管荧光灯、U 形荧光灯、圆形荧光灯。荧光灯的选择方法如下： （1）相同功率下日光灯，灯管细的比较省电。 （2）荧光灯灯管管端涂的荧光粉有普通卤粉与稀土三基色粉，其中稀土三基色粉的光效更好、更节电些

续表

项目	图例与解说
安装效果	荧光灯的安装效果如下图所示 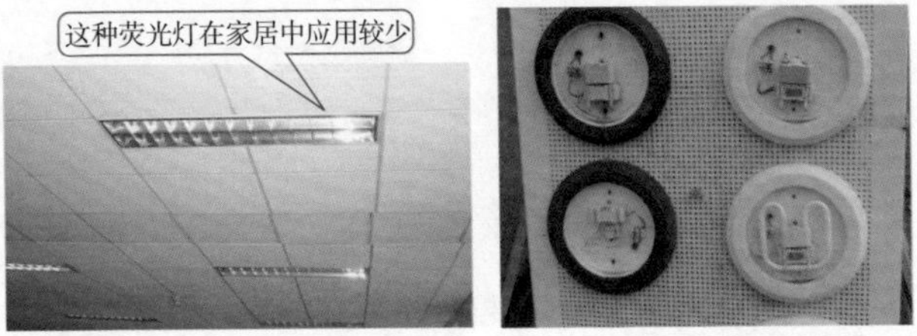 这种荧光灯在家居中应用较少 荧光灯
启辉器与镇流器	荧光灯的主要附件就是镇流器、启辉器。如果镇流器为电子镇流器，则可以不用启辉器。启辉器结构如下图所示： 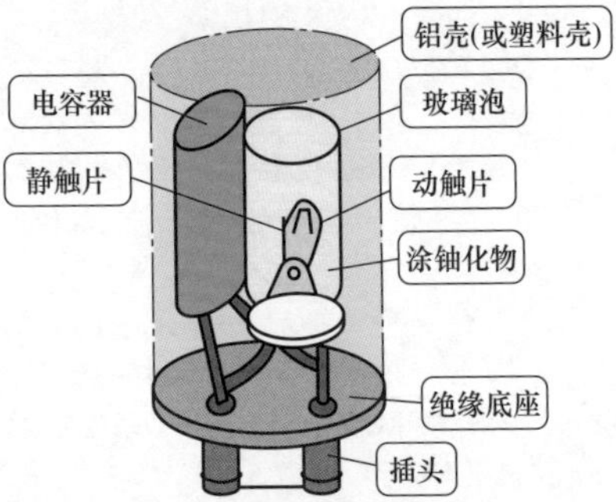 铝壳(或塑料壳) 电容器 玻璃泡 静触片 动触片 涂铀化物 绝缘底座 插头 启辉器结构 镇流器可以分为节能型电感镇流器、传统镇流器、电子镇流器。其中，节能型电感镇流器与传统镇流器应用特点区别就是节能型电感镇流器比传统镇流器“节能”：节能型电感镇流器自身功耗比传统电感镇流器低40% ~ 60%。另外，新颁布的国家标准规定直管荧光灯应采用电子镇流器或节能型电感镇流器，不再应用传统镇流器。 节能电感镇流器与一般传统电感镇流器的区别在于3个基本参数：镇流器功耗限定的上限值、最大启动电流、系统功率因素的最小值。怎样实现参数差异，这就通过制造、工艺、设计、选材等来实现。 节能型的电感镇流器有双功率镇流器、LC节能型的电感镇流器。节能电感镇流器的铁芯有环型铁芯，电感量可以进行变换，从而使灯的功率随之发生变化。下面简要比较一下传统镇流器与节能型的电感镇流器的特点，具体见下表

续表

<table>
<tr><th>项目</th><th>图 例 与 解 说</th></tr>
<tr><td>启辉器与镇流器</td><td>
传统镇流器与节能型的电感镇流器的特点
<table>
<tr><th>名称</th><th>特　点</th></tr>
<tr><td>传统镇流器</td><td>
传统镇流器实质上就是采用铜或铝质、漆包线圈绕在叠层矽钢片、硅钢片组成的一种设备。最常见的就是以前日光灯的镇流器，示意图如下：
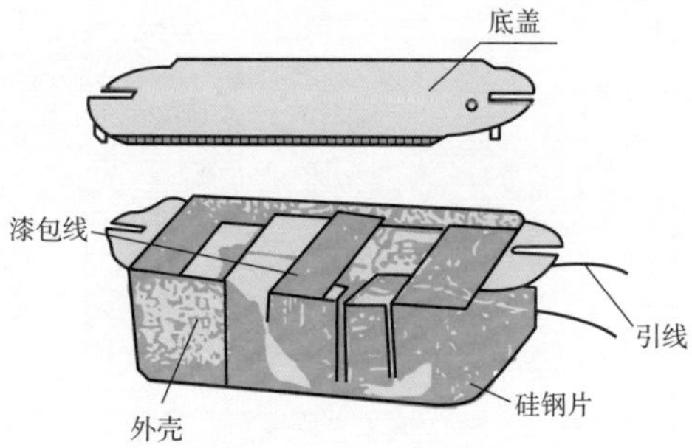
底盖
漆包线
引线
硅钢片
外壳
日光灯传统镇流器
日光灯电路如下图所示，由灯管、镇流器与启辉器组成。灯管为一根管内充有少量水银蒸气与惰性气体，内壁均匀涂有荧光物质，两端装有灯丝电极的玻璃管。镇流器是一个铁芯线圈。启动器是一个充有氖气装有两个电极的玻璃泡，起一个开关的作用。灯管在工作时，启动器可以认为是一个电阻负载。镇流器是一个铁芯线圈，可认为是一个电感很大的感性负载。
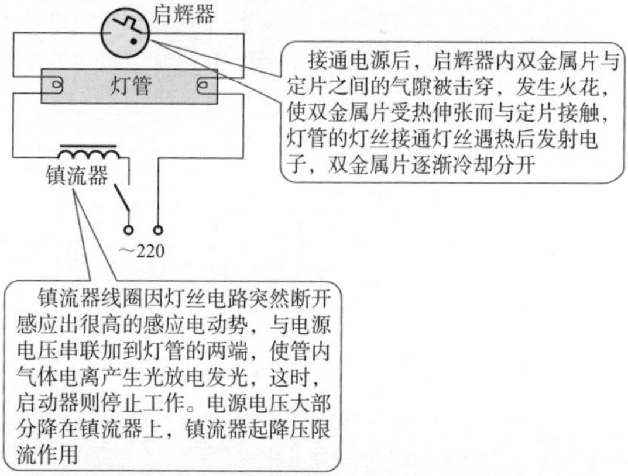
启辉器
灯管
镇流器
~220
接通电源后，启辉器内双金属片与定片之间的气隙被击穿，发生火花，使双金属片受热伸张而与定片接触，灯管的灯丝接通灯丝遇热后发射电子，双金属片逐渐冷却分开
镇流器线圈因灯丝电路突然断开感应出很高的感应电动势，与电源电压串联加到灯管的两端，使管内气体电离产生光放电发光，这时，启动器则停止工作。电源电压大部分降在镇流器上，镇流器起降压限流作用
日光灯电路
从上可以看出传统镇流器只是利用线圈的自感产生瞬时高压与利用线圈自感降压限流的作用工作，某种意义上讲就是单一电感的应用
</td></tr>
</table>
</td></tr>
</table>

续表

<table>
<tr><th>项目</th><th>图例与解说</th></tr>
<tr><td>启辉器与镇流器</td><td>

续表

<table>
<tr><th>名称</th><th>特　点</th></tr>
<tr><td>节能型电感镇流器</td><td>

节能型电感镇流器的一些电路形式如下图所示：

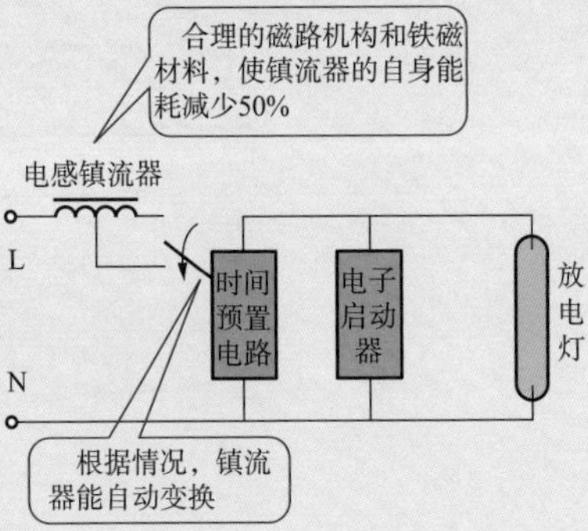
合理的磁路机构和铁磁材料，使镇流器的自身能耗减少50%
电感镇流器
L
N
时间预置电路
电子启动器
放电灯
根据情况，镇流器能自动变换

时间预置变换式节能电感镇流器

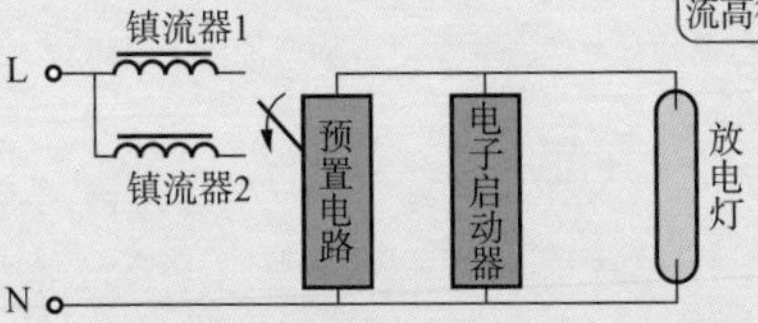
镇流器1
镇流器2
L
N
预置电路
电子启动器
放电灯

功率转换型

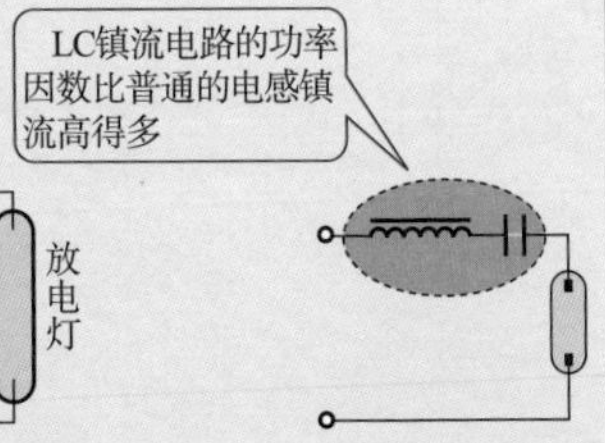
LC镇流电路的功率因数比普通的电感镇流高得多

LC 镇流器

对于时间预置变换式节能电感镇流器与功率转换型不难理解，因为它们具有自动调节、自动变换功能。对于 LC 镇流器主要是对功率因数的理解。在二端网络中，因为用电器总是在一定电压 U、一定有功功率 P 的条件下工作，由公式

$$I=\frac{P}{U\cos\varphi}$$

可知，功率因数过低，则需要用较大的电流来保障用电器的正常工作，并且造成输电线路上输电电流增大，也就造成线路上的损耗增大。另外，功率因数过低，可能使用电器工作电流超过额定值，降低设备使用寿命等。因此，采用 LC 镇流器比传统镇流器具有节能性

</td></tr>
</table>

</td></tr>
</table>

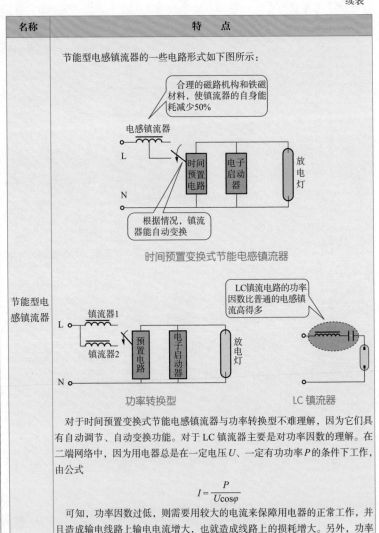

续表

项目	图例与解说
荧光灯的特点与用途	荧光灯的特点与用途见下表

荧光灯的特点与用途

种类	效率（lm/W）	显色性	控制配光	寿命（h）	亮度	色温（K）	启动再启动性	耐震性	特征	适用场合	适用灯具
直管型（暖色）	30 ~ 90 高	高	非常困难	10 000 非常长	偏低	2700	较短	较好	效率高，扩散光，难于产生物体的阴影。灯尺寸大，灯具大	书房、客厅、厕所、厨房	发光顶棚、吸顶灯
用电子镇流器的普通型（暖）	30 ~ 90 高	高	非常困难	10 000 非常长	偏低	2700	较短	11	效率高，扩散光，难于产生物体的阴影，节电，更适合家庭用	书房、客厅、厕所、厨房	发光顶棚、吸顶灯
环型 U 型	30 ~ 90 高	高	非常困难	10 000 非常长	偏低	2700	较短	较好	效率高，扩散光，难于产生物体的阴影	阳台、厕所、厨房、书房	吸顶灯、台灯

项目	图例与解说
荧光灯电路的形式	一些荧光灯的电路形式如下图所示

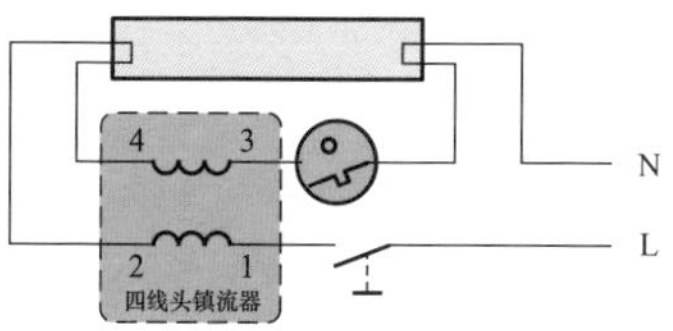
4
3
2
1
四线头镇流器
N
L
四线头镇流器 I 形荧光灯电路

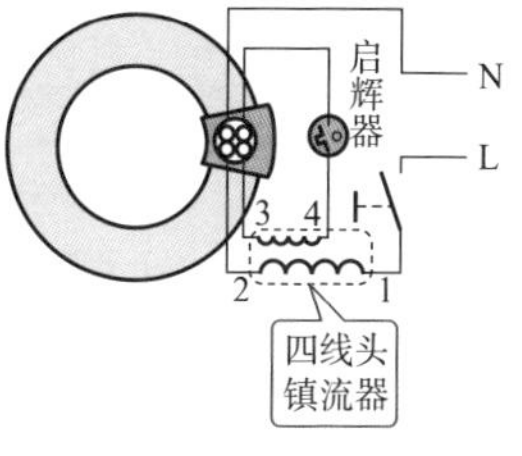
启辉器
N
L
3
4
2
1
四线头镇流器
四线头镇流器环形荧光灯电路

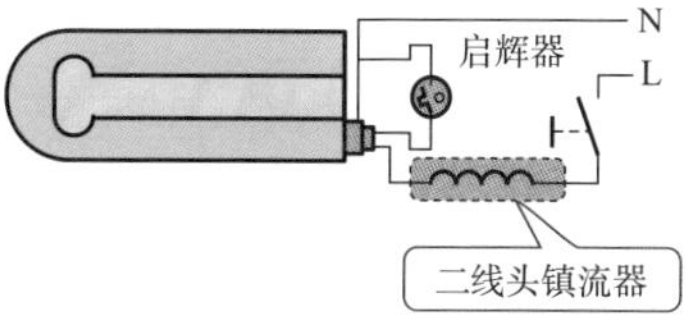
N
启辉器
L
二线头镇流器
二线头镇流器 U 形荧光灯电路

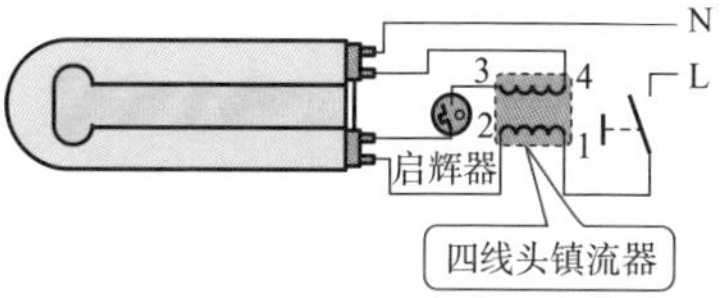
N
3
4
L
2
1
启辉器
四线头镇流器
四线头镇流器 U 形荧光灯电路

续表

项目	图例与解说
荧光灯的代换	荧光灯可以用白炽灯应急代换：去掉镇流器、启辉器，从引出的相线、中性线接一白炽灯灯座，固定之后，安上灯泡即可，图例如下  荧光灯可以用白炽灯应急代换

8.1.5 卤钨灯

卤钨灯的特点与应用见表 8-6。

表8-6　　卤钨灯的特点与应用

项目	图例与解说
卤钨灯	卤钨灯循环白炽灯简称卤钨灯。其是在白炽灯的基础上改进的。卤钨灯的特点：体积小、光色好、光效好、光通稳定、光率很小、寿命长、耐震性较差、价格较高、灯的工作位置有一定要求，灯表面清洁状况有一定要求等特点。 卤钨灯的分类如下图所示 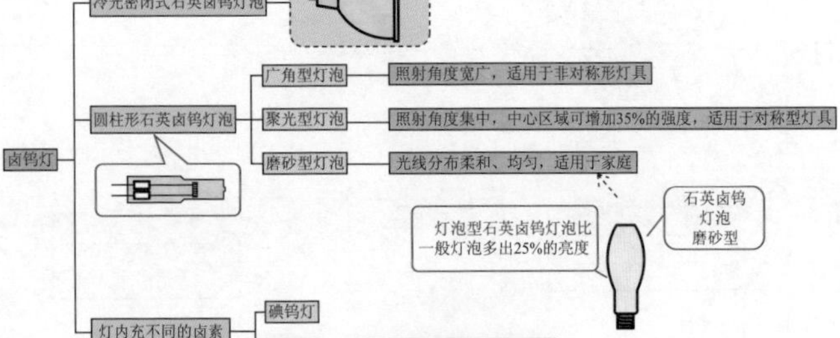 卤钨灯 冷光密闭式石英卤钨灯泡 圆柱形石英卤钨灯泡 广角型灯泡 照射角度宽广，适用于非对称形灯具 聚光型灯泡 照射角度集中，中心区域可增加35%的强度，适用于对称型灯具 磨砂型灯泡 光线分布柔和、均匀，适用于家庭 灯泡型石英卤钨灯泡比一般灯泡多出25%的亮度 石英卤钨灯泡磨砂型 灯内充不同的卤素 碘钨灯 溴钨灯 光效比碘钨灯约高4%～5% 卤钨灯的分类

续表

项目	图例与解说

特点与用途

石英卤钨灯的特点与用途见下表：

石英卤钨灯的特点与用途

种类	效率（lm/W）	启动再启动时间	耐震性	显色性	亮度	色温（K）	控制配光	寿命（h）	特征	适用场合	适用灯具
灯泡型	13 ~ 17 稍良	瞬时	差	优	非常高	2900	非常容易	2000 稍良	比一般白炽灯多出 25% 的亮度，可完全取代一般的白炽灯泡	一般空间、全面型照明	吊灯、吸顶灯、壁灯、台灯、落地灯
广角型	17 ~ 22 稍良	瞬时	差	优	非常高	3200	非常容易	2000 稍良	水平方向灯丝，照明角度宽广，适用于非对称型灯具	客厅、起居室、书房	台灯、嵌入灯、射灯、落地灯
磨砂型	17 ~ 24 稍良	瞬时	差	优	非常高	3200	非常容易	2000 稍良	光线分布柔和均匀	客厅、起居室、书房	台灯、嵌入灯、射灯、落地灯
密闭型	约 30 稍良	瞬时	差	优	非常高	3000	非常容易	2000 稍良	形状小，易于控制配光照射狭窄，重点照明用	客厅、起居室	嵌入灯、射灯
聚光型	17 ~ 22 稍良	瞬时	差	优	非常高	3200	非常容易	2000 稍良	垂直方向灯丝，照射角度集中，适用于非对称性灯具，重点照明用	客厅、起居室、书房	台灯、嵌入灯、射灯、落地灯

实战·技巧 **照明灯具与易燃易爆产品间必须保护一定的距离。**

照明灯具与易燃易爆产品之间必须保护一定的距离，其距离普通灯具为 300mm。碘钨灯、聚光灯等高热灯具与易燃易爆产品之间应大于 500mm，且不得直接照射易燃易爆物，当间距不够必须采取隔热措施

8.1.6 其他灯种

其他灯种的特点与应用见表 8-7。

表8-7　　其他灯种的特点与应用

<table>
<tr><th>项目</th><th>图 例 与 解 说</th></tr>
<tr><td>嵌入式灯具</td><td>
嵌入式灯具安装注意点如下：
（1）嵌入式灯具应固定在专设的框架上。
（2）嵌入式灯具导线在灯盒内应预留余地。
（3）嵌入式灯具的边框应紧贴顶棚面且完全遮盖灯孔，不得有露光现象。
（4）圆形嵌入式灯具开孔宜用锯齿型开孔器，不得有露光现象。
（5）嵌入式矩形灯具的边框应与顶棚的装饰直线平行，偏差小于或等于 2mm。
镶嵌灯的灯具选择见下表
镶嵌灯的灯具选择
<table>
<tr><th>名称</th><th>常见材料</th><th>功能特征</th><th>适用空间</th><th>安装要求</th><th>光源</th></tr>
<tr><td>平底筒灯</td><td>金属</td><td>光线范围受一定控制</td><td>客厅、起居室、阳台、走道</td><td>吊顶内</td><td>白炽灯</td></tr>
<tr><td>薄型镶嵌灯</td><td>金属</td><td>聚光范围较广</td><td>卫生间、储藏室、厨房、过厅</td><td>吊顶内</td><td>节能灯</td></tr>
<tr><td>发光顶棚</td><td>有机板、玻璃、金属</td><td>大面积发光，漫射性强</td><td>大面积的厅、卫生间、厨房</td><td>吊顶内</td><td>白炽灯、荧光灯</td></tr>
<tr><td>鹰眼筒灯</td><td>金属</td><td>聚光性较强</td><td></td><td></td><td></td></tr>
<tr><td>石英嵌入灯</td><td>金属</td><td>聚光性强，有明显热点</td><td>客厅、起居室、装饰棚内、走道</td><td>吊顶或家具内且留有一定空间</td><td>石英卤钨灯</td></tr>
<tr><td>霓虹灯</td><td>树脂</td><td>光线较弱，纯装饰性能</td><td>配合吊顶</td><td>吊顶内，可任意弯曲</td><td>本体（米泡）</td></tr>
</table>
</td></tr>
<tr><td>壁灯</td><td>
壁灯在家装中有应用，主要在客厅、卧室、餐厅、盥洗间等功能间应用。壁灯就是安装在墙壁上的一种灯具，图例如下：

壁灯
</td></tr>
</table>

续表

项目	图例与解说
壁灯	（见下）

壁灯所用灯泡功率一般在 15 ~ 40W、玻璃灯罩一般采用乳白色的。壁灯的种类也比较多：床头壁灯、镜前壁灯、吸顶灯、变色壁灯等。不同的壁灯，具有不同的应用领域。其有关选择见下表：

壁灯灯具的选择

名称	常见材料	功能特征	适用空间	安装要求	光源
摇臂灯	塑料、金属、玻璃	可适当变换位置的局部照明	卧室的床头	避开人头正上方，可配合调充开关使用	白炽灯、卤钨灯泡
墙壁灯	金属、玻璃、塑料	有较广泛的装饰作用	客厅、卧室、起居室、阳台、走道	不影响交通，间接光壁灯设置到人不能直接看到光源的高度	
镜前壁灯	玻璃、塑料、金属	局部照明	客厅、卫生间、装饰调上部	与镜框或画框平行	白炽灯、荧光灯、节能灯

壁灯的类型与尺寸的关系见下表：

灯 具 本 身 尺 寸

mm

类　型	高　度	灯罩的直径
大型	450 ~ 800	ϕ150 ~ ϕ250
小型	275 ~ 450	ϕ110 ~ ϕ130

壁灯安装注意事项如下：

（1）高度。安装高度一般略高于视平线即可，也就是大约 1.8m。

（2）颜色。主要是灯罩的颜色与发光颜色。其中灯罩的颜色主要根据墙面颜色与整体需要来定：

白色的墙，宜用浅绿、淡蓝的灯罩。

湖绿的墙，宜用淡黄色、茶色、乳白色的灯罩。

奶黄色的墙，宜用浅绿、淡蓝的灯罩。

天蓝色的墙，宜用淡黄色、茶色、乳白色的灯罩。

（3）参数。壁灯一般采用低瓦数灯泡，小型的壁灯一般使用 40、60W 白炽灯泡或者用紧凑型荧光灯。

续表

<table>
<tr><th>项目</th><th>图例与解说</th></tr>
<tr><td>壁灯</td><td>
实战·技巧 怎样选用壁灯与吸顶灯?
壁灯的选用参考见下表:
壁灯的选用参考
<table>
<tr><th>名　称</th><th>应用参考</th><th>名　称</th><th>应用参考</th></tr>
<tr><td>吸顶灯</td><td>楼梯、走廊过道一般选择的壁灯</td><td>床头壁灯</td><td>卧室</td></tr>
<tr><td>长明灯</td><td>卧室</td><td>镜前壁灯</td><td>盥洗间镜子附近</td></tr>
</table>
吸顶灯的选择见下表:
吸顶灯灯具的选择
<table>
<tr><th>名称</th><th>常见材料</th><th>功能特征</th><th>适用空间</th><th>安装要求</th><th>光源</th></tr>
<tr><td>多灯头组合吸顶灯</td><td rowspan="2">塑料、木质、玻璃</td><td>气氛较好，使用广泛</td><td>客厅、起居室、卧室</td><td rowspan="3">矩形灯每边与墙面平行</td><td>白炽灯、卤素灯泡</td></tr>
<tr><td>荧光吸顶灯</td><td>平静的气氛</td><td>客厅、厨房、卫生间、阳台</td><td>白炽灯、卤素灯泡</td></tr>
<tr><td>单灯罩白炽吸顶灯</td><td>玻璃、塑料</td><td>气氛平和</td><td>客厅、起居室、卧室</td><td>环形、直管型荧光灯</td></tr>
</table>
实战·技巧 功能间怎样选用壁灯?
功能间选用壁灯见下表
功能间选用壁灯
<table>
<tr><th>功能间</th><th>应用壁灯</th><th>功能间</th><th>应用壁灯</th></tr>
<tr><td>客厅</td><td>吸顶灯加落地灯、较低的壁灯、小型壁灯等</td><td>卧室</td><td>漫射灯罩壁灯等</td></tr>
<tr><td>餐厅</td><td>暖色色彩的壁灯等</td><td>盥洗间</td><td>防潮壁灯等</td></tr>
</table>
</td></tr>
<tr><td>射灯</td><td>射灯是一种高度聚光的灯具，其光线照射是具有可指定特定目标的。因此，它主要是用于特殊的照明，强调某个很有新意或者需要强调的地方。射灯灯具的选择见下表:</td></tr>
</table>

续表

<table>
<tr><th>项目</th><th>图例与解说</th></tr>
<tr><td>射灯</td><td>
射灯灯具的选择
<table>
<tr><th>名称</th><th>常见材料</th><th>功能特征</th><th>适用空间</th><th>安装要求</th><th>光源</th></tr>
<tr><td>导轨射灯</td><td>金属</td><td>有序列的点光，且每只灯可自由导向</td><td>客厅、起居室、卧室</td><td rowspan="3">距照射物较近</td><td rowspan="2">石英卤钨灯</td></tr>
<tr><td>单头射灯</td><td>金属</td><td>特定方向，较小范围的点光</td><td>客厅、起居室、卧室、卫生间</td></tr>
<tr><td>聚光电源灯</td><td>金属</td><td>有突出的聚光性</td><td>客厅、起居室、家具内、卧室</td><td>石英卤钨灯（加聚光装置）</td></tr>
</table>
射灯安装注意点如下：
（1）射灯应配备相应的变压器。
（2）当射灯安装空间狭窄或用 $\phi 40$ 的灯架时，一般应选用迷你型变压器。
（3）安装前，应检查灯杯或灯珠电压是否符合要求。
（4）射灯发热量大，应选择导线上套黄蜡管的灯座
</td></tr>
<tr><td>吊灯</td><td>
吊灯是家装一种常用的灯型。它的类型也比较多：
（1）直接光吊灯、间接光吊灯、下向照射光吊灯、均散光吊灯等灯型。
（2）欧式烛台吊灯、中式吊灯、时尚吊灯、锥形罩花灯、水晶吊灯、羊皮纸吊灯、尖扁罩花灯等。其中水晶吊灯又可以分为重铅水晶吹塑吊灯、低铅水晶吹塑吊灯、水晶玻璃中档造型吊灯、水晶玻璃坠子吊灯、水晶玻璃压铸切割造型吊灯、水晶玻璃条形吊灯等。
（3）单头吊灯、多头吊灯。
选择吊灯可以针对功能间来选择，具体见下表：
针对功能间选择吊灯
<table>
<tr><th>名称</th><th>解说</th></tr>
<tr><td>客厅</td><td>客厅根据需要可以选择欧式烛台吊灯、中式吊灯、水晶吊灯、羊皮纸吊灯、时尚吊灯、锥形罩花灯、尖扁罩花灯、多头吊灯等</td></tr>
<tr><td>卧室、餐厅</td><td>卧室、餐厅一般选择单头吊灯等</td></tr>
</table>
选购水晶灯时的注意点如下：
（1）品牌标志是否清晰、醒目。
（2）灯珠是否优质。
（3）垂饰。质量好：规格应统一、体形大小一样、垂饰孔无利边/磨损等。
（4）清晰度、透明度是否好。
</td></tr>
</table>

续表

项目	图例与解说
吊灯	吊灯的安装方法如下： （1）采用钢管作灯具吊杆时，钢管管壁厚度大于或等于 1.5mm，钢管直径大于或等于 10mm。 （2）灯具开关应串联在相线上，中性线严禁串联开关。 （3）吊灯的安装高度最低点应离地面不小于 2.2m。 （4）吊灯的大小与其灯头数的多少与房间的大小搭配好。 （5）吊灯光源中心距离开花板以 750mm 为宜。也可根据具体需要或高或低。 （6）吊灯严禁安装在木楔、木砖上，应在顶板上安装后置埋件，然后将灯具固定在后置埋件上。特别是自重大于或等于 3kg 的吊灯。 （7）吊灯一般离天花板 500 ~ 1000mm。 （8）吊链式灯具的灯线不受拉力，灯线的长度必须超过吊链的长度。 （9）一个回路所接灯头数不宜超过 25 个（花灯、彩灯等一些特殊灯具除外）。 （10）照明吊灯内布线一般要用三通、四通接线盒，以及接线盒内不应有接头。 （11）照明吊灯引入到接线盒的绝缘导线，一般采用黄蜡套管或金属软管等保护导线，不应有裸露部分 重型吊灯的安装如下图所示： 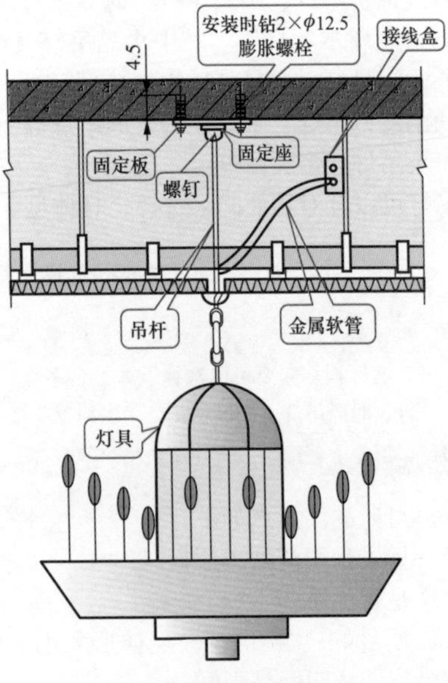 安装时钻2×φ12.5 膨胀螺栓 接线盒 4.5 固定板 固定座 螺钉 吊杆 金属软管 灯具 重型吊灯的安装

续表

<table>
<tr><th>项目</th><th>图 例 与 解 说</th></tr>
<tr><td>吊灯</td><td>

实战·技巧 软线吊灯是用吊链还是软线

软线吊灯是用吊链还是软线，需要根据具体情况来选择：
软线——吊灯的自重连塑料灯伞、灯头、灯泡在内重量不超过 0.5kg。
吊链——吊线灯的重量超过 0.5kg 时，需要用吊链

</td></tr>
<tr><td>筒灯</td><td>

筒灯是一种嵌入到天花板内光线下射式的一种照明灯具，其是相对于普通明装的灯具更具有聚光性的灯具。筒灯一般用于普通照明或辅助照明。吊平顶内的筒灯使用软管接到灯位的，长度一般不应超过 1m。顶内安装筒灯位置必须有线盒连接。

筒灯的尾端一般要用蛇皮管保护的，以便于其弯曲、移位的需要，图例如下：

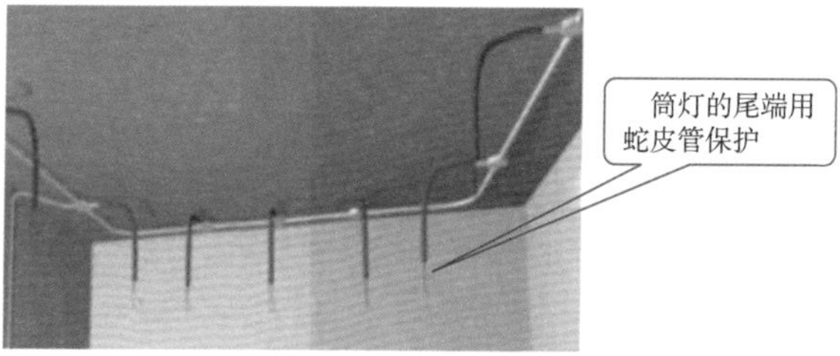
筒灯的尾端用
蛇皮管保护

筒灯尾端一般要用蛇皮管保护

筒灯

筒灯的种类如下：直置螺口式嵌入式筒灯，横置螺口式嵌入式筒灯，嵌入横置螺口式防雾筒灯，嵌入直置插拔式节能筒灯，嵌入横置插拔式节能筒灯，嵌入横置插拔式节能防雾筒灯，直置 / 横置螺口式明装筒灯，直置 / 横置插拔式节能明装筒灯，嵌入横置式方形筒灯 / 防雾筒灯，明装直置式方形筒灯

</td></tr>
<tr><td>台灯</td><td>

台灯主要是要预留插座。台灯的灯具选择技巧见下表

台灯的灯具选择

<table>
<tr><th>名称</th><th>常见材料</th><th>功能特征</th><th>适用空间</th><th>安装要求</th><th>光 源</th></tr>
<tr><td>装饰台灯</td><td>金属、塑料、陶瓷、玻璃</td><td>最富柔和，安静的美感</td><td>客厅，起居室，卧室</td><td>茶几，桌面上</td><td rowspan="2">白炽灯、卤钨灯、荧光灯</td></tr>
<tr><td>工作台灯</td><td>金属</td><td>可移动，充分增加工作面的照度</td><td>书房、工作室</td><td>不影响工作面</td></tr>
</table>

</td></tr>
</table>

续表

<table>
<tr><th>项目</th><th>图例与解说</th></tr>
<tr><td>落地灯灯具</td><td>落地灯灯具的选择技巧见下表

落地灯灯具选择
<table>
<tr><th>名称</th><th>常见材料</th><th>功能特征</th><th>适用空间</th><th>安装要求</th><th>光源</th></tr>
<tr><td>照明用高杆落地灯</td><td>金属</td><td>局部照明，光线柔和有突出气质</td><td rowspan="2">卧室、客厅、起居室</td><td rowspan="2">置于角落或靠墙</td><td>白炽灯、石英卤钨灯</td></tr>
<tr><td>辅助用装饰落地灯</td><td>玻璃、塑料、金属木质、纺织品</td><td>以艺术化装饰为主</td><td>白炽灯、石英卤钨灯、荧光灯、光导纤维</td></tr>
</table></td></tr>
<tr><td>室外灯具的选择</td><td>室外灯具的选择技巧见下表

室外灯具的选择
<table>
<tr><th>名称</th><th>常见材料</th><th>功能特征</th><th>适用空间</th><th>安装要求</th><th>光源</th></tr>
<tr><td>门壁灯</td><td rowspan="2">金属、玻璃</td><td>自动熄灭灯，对称放置具有迎接气氛</td><td>独立式别墅入口</td><td>防雨，防潮</td><td rowspan="5">白炽灯、节能灯、石英卤钨灯</td></tr>
<tr><td>庭院灯</td><td>范围较广的室外照明</td><td>室外、路边、庭院、角落</td><td>防雨，耐腐蚀</td></tr>
<tr><td>地灯</td><td>金属配以防爆玻璃</td><td>有新奇感的室外照明</td><td>室外路边、建筑物周边地面</td><td>灯罩面耐压，防雨</td></tr>
<tr><td>水池灯</td><td>塑料、金属</td><td>渲染水景，水下照明</td><td>水池</td><td>防渗漏电缆线接口，密封橡胶圈</td></tr>
<tr><td>草坪灯</td><td>金属、玻璃、石材</td><td>表现室外幽静之感，装饰性强</td><td>绿化中间、道路两侧、庭院角落、灯具不易太远</td><td>防雨，防潮</td></tr>
</table></td></tr>
</table>

8.2 电器

家用电器类产品一般采用插头、插座、转换器与电源连接。因此，电器安装、摆放位置对其插头、插座的类型，位置的设计，安装起到先决作用。

常见家用电器的特点、选择与应用等相关知识见表 8-8。

表8-8 常见家用电器的特点、选择与应用

项目	图例与解说
热水器	热水器有直排式热水器、烟道式热水器、平衡式热水器、室外式热水器、强排式热水器等种类。其中，直排式热水器、烟道式热水器、强排式热水器需要消耗室内氧气。室外式热水器与平衡式热水器不消耗室内氧气。 热水器根据使用的气源不同可以分为燃天然气热水器、燃液化气热水器、燃煤气热水器。热水器根据容量，还可以分为 8、10、16L 等。 电热水器功率一般比较大，因此，选择插座时不可只图便宜。另外，为了避免频繁的插拔热水器插头，因此，可以选择带开关的插座。电热水器的插座一般选择带防水盖的插座。 热水器安装注意点如下： （1）热水器安装高度一般为 165 ~ 175cm，以观火窗同人的视线平行为准。 （2）热水器安装位置四周应无可燃物。 （3）热水器不能安装在“箱体”内。 （4）热水器不能安装在空气对流较强的位置。 （5）热水器的安装要牢固。 （6）热水器的进水管、出水管应垂直安装。 （7）热水器的冷、热水管不宜采用软金属编织管与波纹管。 （8）热水器的煤引气管一般采用优质镀锌管，图例如下： 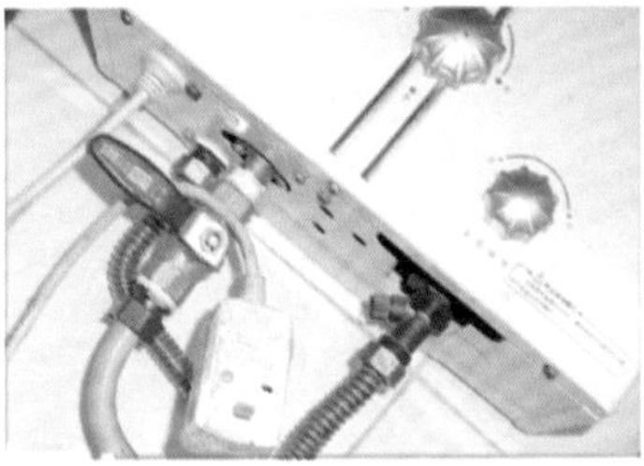 引气管一般采用优质镀锌管 （9）热水器的煤引气管安装后须试压以及致密性试验。 （10）热水器的煤引气管接头严禁用生带料作填充物。 （11）热水器的热水出水管不安装阀门，以免影响出水量。 （12）热水器电源插座应距离进水管、出水管 5cm 以上，而且应是带开关的插座。 （13）热水器废气排出洞不得采用公共排气洞，而是单独另开启。 （14）热水器煤气管接头不宜多。 （15）热水器煤气管接头通过橱柜、天棚的接头应采用环氧树脂或塑钢土封固。

续表

项目	图例与解说
热水器	（16）安装时应先把热水器安装就位，再从热水器开始逆向安装冷、热水管和煤气管。 （17）大功率热水器必须走 $6mm^2$ 以上的专线。 （18）热水器冷热水管布管时，应根据热水器的型号来布管。 （19）大功率用电器不得直接安装在可燃构件上。热水器排烟管应外排，如下图所示  热水器排烟管应外排 （20）总热水器一般安装到室外阳台处，这样即使出现煤气泄漏，因保持了绝对通风，也不会即时引发事故
浴霸	浴霸的种类如下图所示： 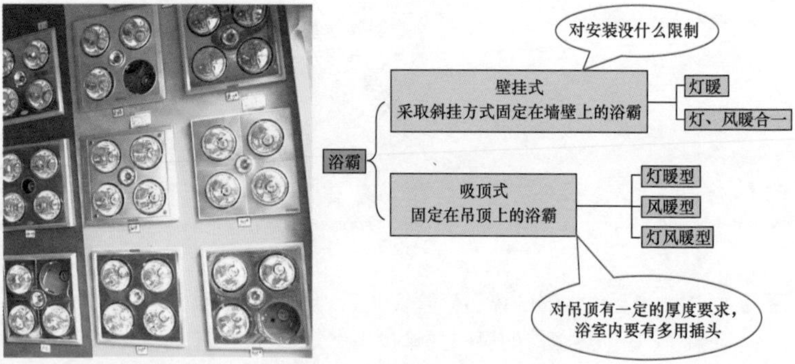 对安装没什么限制 壁挂式 采取斜挂方式固定在墙壁上的浴霸 灯暖 灯、风暖合一 浴霸 吸顶式 固定在吊顶上的浴霸 灯暖型 风暖型 灯风暖型 对吊顶有一定的厚度要求， 浴室内要有多用插头 浴霸的种类 安装与应用浴霸注意事项如下： （1）浴霸电源配线系统要规范。浴霸的功率最高可达1100W以上，因此，安装浴霸的电源配线必须是防水线，尽量采用不低于1mm的多股铜芯电线。电源配线尽量塑料暗管镶在墙内。浴霸电源控制开关带防水10A以上容量的合格产品。浴霸控制安装图例如下：

续表

项目	图例与解说
浴霸	 图例 1 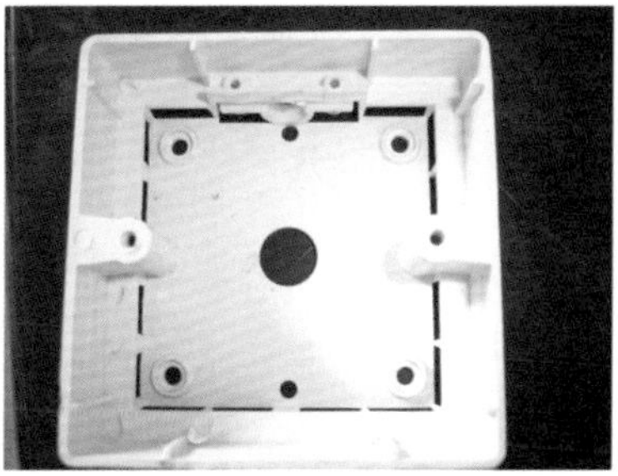 图例 2  图例 3  图例 4  图例 5  图例 6  图例 7

续表

<table>
<tr><th>项目</th><th>图例与解说</th></tr>
<tr><td>浴霸</td><td>（2）浴霸控制线应考虑是 4 根还是 7 根。
（3）选择的浴霸厚度不宜太厚。
（4）浴霸具有一定的红外线辐射，因此，不要长时间使用。
（5）浴霸工作时禁止用水喷淋。
（6）浴霸不可以频繁开关。
（7）浴霸运行中切忌有较大的振动。
（8）两种灯泡不要同时使用，安装不要过低。
（9）安装卫生间浴霸开关，记得多留几公分的位置，因为这个开关一般比灯的开关大一圈，若是就差一点点装不进去就麻烦了</td></tr>
<tr><td>无烟灶台</td><td>抽油烟机的种类及特点见下表：

抽油烟机的种类及特点
<table>
<tr><th>类型</th><th>解说</th></tr>
<tr><td>薄型抽油烟机</td><td>具有质量轻、体积小、易悬挂、电动机功率小等特点。具有不能够完全抽吸烹饪油烟等缺陷</td></tr>
<tr><td>深型抽油烟机</td><td>具有排烟率高、电动机功率强劲、质量比较重等特点</td></tr>
<tr><td>柜式抽油烟机</td><td>具有吸烟率高、不用悬挂、不存在钻孔、不需要考虑厨房墙体的承受能力、造型不够精致等特点</td></tr>
</table>
另外，还可以分为中式抽油烟机、欧式抽油烟机、直吸式抽油烟机、侧吸式抽油烟机、钛合金抽油烟机、铝合金抽油烟机等。抽油烟机的外形如下图所示

抽油烟机的外形</td></tr>
</table>

续表

<table>
<tr><th>项目</th><th>图 例 与 解 说</th></tr>
<tr><td>无烟灶台</td><td>抽油烟机的选择方法如下：
（1）选择品质有保证，售后服务周到的抽油烟机。
（2）考虑电动机功率。一般而言，电动机功率越大，排风量越大，排出的油烟也就越多。电动机应效果好、无噪声等。
（3）面板。精钢材质用磁铁不能够吸上，而一些劣质合金或者铁类则磁铁能够吸上。
（4）内腔。具有无缝、易清洁、能够保护线路、不易腐蚀等为好</td></tr>
<tr><td>排风扇</td><td>厨房的排风开关如果也要接在多联开关上，就放在最后一个，中间控制灯的开关不要跳开，这样功能分开，以后开启的时候，便于记忆。否则经常是为了要找到想要开的这个灯，把所有的开关都打开了。排风扇的外形如下图所示：

排风扇的外形</td></tr>
<tr><td>洗衣机</td><td>家用电器如果没有拔下电源线，尽管关掉了开关，但还是存在电量损耗。为避免洗衣机插头的频繁的插拔，洗衣机的插座应选择带开关的。
另外，洗衣机要考虑好是上排水还是下排水</td></tr>
<tr><td>电冰箱</td><td>电冰箱一般要单独走专线，并且在总开关之前作单独控制</td></tr>
<tr><td>空调</td><td>空调安装与设计电路要考虑的方面如下：
（1）空调电源一般采用 16A 的孔插座。
（2）空调洞要考虑向外倾斜，以免雨水进来。
（3）电源插座尽量靠近空调，以免一大堆电源线堆积在空调附近。
（4）室外机水平要安装平稳。
（5）室外机的出气口与进气口均要保持通畅。</td></tr>
</table>

续表

项目	图 例 与 解 说
空调	（6）室外机排出的热空气不能影响附近居户。 （7）室外机禁忌安放在多尘大风处。 （8）室外机、室内机禁忌安放在易燃气源处。 （9）室外机、室内机禁忌安放在热源处。 （10）室外机安放时前后、左右应有一定的空间，以便空气的流畅。 （11）室内机要安装平稳。 （12）室内机的进气口与出气口均要保持通畅。 （13）室内机离电视机大于 1m 以上距离，以免互扰现象产生。 （14）分体壁挂式室内外机连接管尽量不要超过 5m。 （15）小于四匹的分体立柜式室内外机连接管尽量不要超过 10m。 （16）五匹左右的分体立柜室内外机连接管尽量不要超过 15m。 （17）室内外机连接管不能有折扁处。 （18）连接管应该采用质优的产品
电视机	电视机的种类比较多，装饰电工主要考虑的是电源插座、音视频插座、数字客厅所需插座等。背投电视机如下图所示： 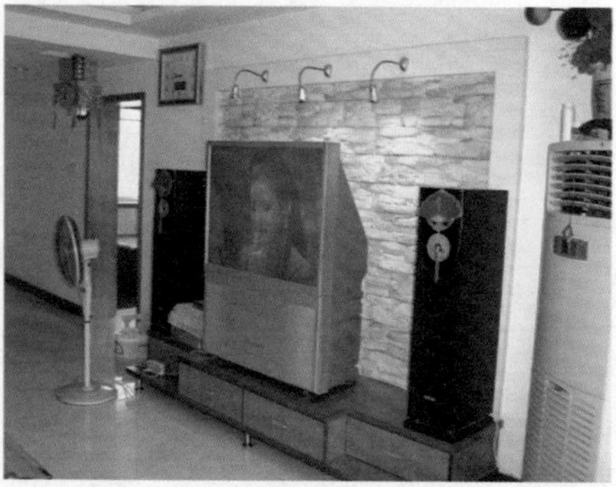 背投电视机 目前，挂式电视机应用比较广泛，挂式电视机注意应在电视机屏幕后以及下边底盒间预埋一根 ϕ 50mm 的线管，屏后及下边底盒出口处各做一个底盒

第9章

调试与检验

9.1 电调试与检验

电调试与检验分为布管、布线完工后，未封线槽前的调试与检验，以及开关面板、灯具全部竣工后的调试与检验，各阶段的特点见表9-1。

表9-1 电调试与检验各阶段的特点

名称	解说
未封线槽前的调试与检验	未封线槽前的调试与检验主要方法如下： （1）观察法。线槽是否规范、线盒安装是否符合标准、强弱电是否分开等能够直接通过人眼观察可发现是否要求。 （2）万用表检测。未封线槽前，电线一般不通电检测。因此，可以用万用表的电阻挡检测线路是否短路与断路、绝缘电阻是否符合要求、导线连接是否正确等。 （3）卷尺或者钢尺。卷尺或者钢尺主要检测距离是否达到要求，安装与管路设计图是否有差异、差异原因以及是否需要整改。 检验时，参考标准与规范要求以及检验项目可以参考前几章所介绍的要求与规范
全部竣工后的调试与检验	**1. 观察法** 直接通过人眼观察： （1）面板是否水平。 （2）安装开关、插座时是否碰坏墙面。 （3）暗装的插座面板紧贴墙面，四周是否有缝隙，安装是否牢固，表面是否光滑整洁、是否碎裂、是否划伤，装饰面是否齐全等。 （4）地插座面板是否与地面齐平或紧贴地面，盖板是否牢固，密封是否良好。 （5）暗装的开关面板是否紧贴墙面，四周是否无缝隙，安装是否牢固，表面是否光滑整洁，是否无碎裂，装饰帽是否齐全等。 **2. 通电试运行** 开关、插座、设备安装完毕，要送电试运行： （1）通电后，仔细检查与巡视是否有漏电。 （2）通电后，仔细检查与巡视开关是否掉闸。 （3）通电后，仔细检查与巡视插座接线是否正确。 （4）所有插座用验电器逐个检查。 （5）通电后，仔细检查与巡视所有灯泡与控制是否正确。 （6）通电后，仔细检查与巡视弱电与强电是否存在干扰等。 **3. 卷尺或者钢尺检测** 卷尺或者钢尺检测一些项目如下： （1）插座高度可以采用观察法和量尺。

续表

名称	解　说
全部竣工后的调试与检验	（2）暗装用插座距地面不应低于 0.3m。 （3）特殊场所暗装插座不应小于 0.15m。 （4）在儿童活动场所应采用普通插座时，其安装高度不应低于 1.8m。 （5）电视馈线线管、插座与交流电源线管、插座之间应有 0.5m 以上的距离。 （6）开关边缘距门边缘距离为 0.15 ～ 0.2m。 （7）开关距地面高度一般为 1.3m。 （8）拉线开关距地面高度 2 ～ 3m，层高小于 3m 时，拉线开关距顶板不小于 100mm。 （9）并列安装的拉线开关的距离相邻间距不小于 20mm 等。 **4. 设备检测** 绝缘电阻表检测每线路的绝缘电阻，试电笔检测是否带电等。 **5. 操作试验** 同一建筑物、构筑物的开关采用同一系列产品，开关的通断位置一致，操作灵活，接触可靠。电器设备均操作，看是否正常工作等

9.2 水管调试与检验

水管调试与检验也分为布管、布线完工后，未封线槽前的调试与检验，以及水龙头、卫生设备全部竣工后的调试与检验，各阶段的特点见表 9-2。

表9-2　**水管调试与检验各阶段的特点**

名称	解　说
未封线槽前的调试与检验	**1. 进水管道** 未封线槽前的调试与检验主要是水管试压。水压是水管内的水所受的压力数值，其测压的主要步骤与方法如下： （1）首先在水管里充满水，注意水管要封闭，用 PPR 或铸铁的塞子把一些水龙头接口塞住，热水管与冷水管可以接通，一并试压，如右图所示。 （2）将水管的一端连上试压机，另一端用塞子拧紧。 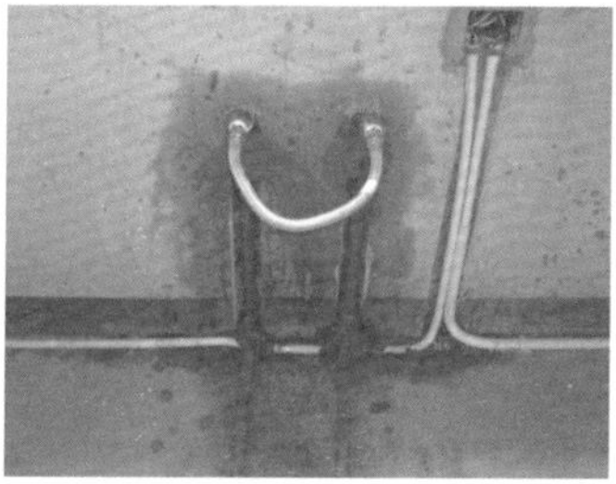 热水管与冷水管可以接通，一并试压 （3）察看水管的试压前，阀门关着，试压表正常的显示应为 0.0MPa，即水管里没有水压存在，图例如下：

续表

名称	解　说

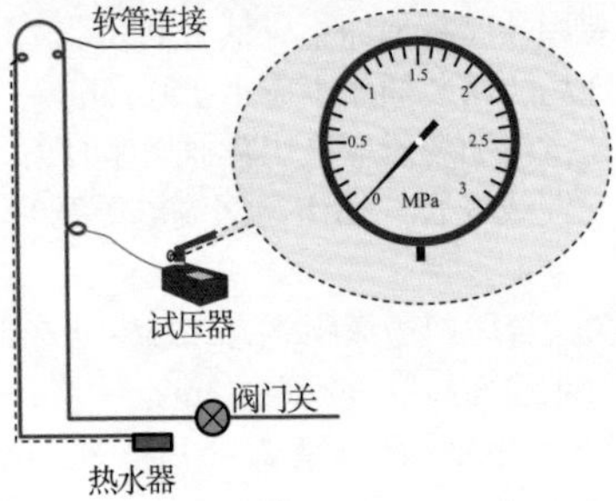
软管连接
1.5
1
2
0.5
2.5
0
MPa
3
试压器
阀门关
热水器

察看水管的试压前，阀门关着

（4）看看正常水压是否为 0.3MPa，0.3MPa 说明水管正常水压正常，图例如下：

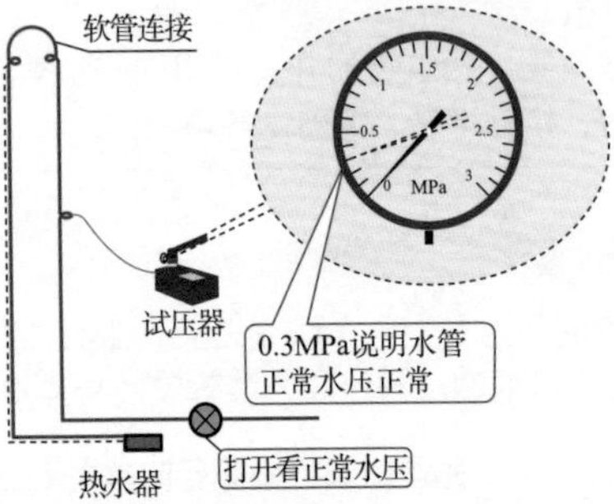
软管连接
1.5
1
2
0.5
2.5
0
MPa
3
试压器
0.3MPa说明水管
正常水压正常
热水器
打开看正常水压

正常水压

（5）然后压动试压机，等待压力表上升到 0.8MPa 时，停下来即可，图例如下：

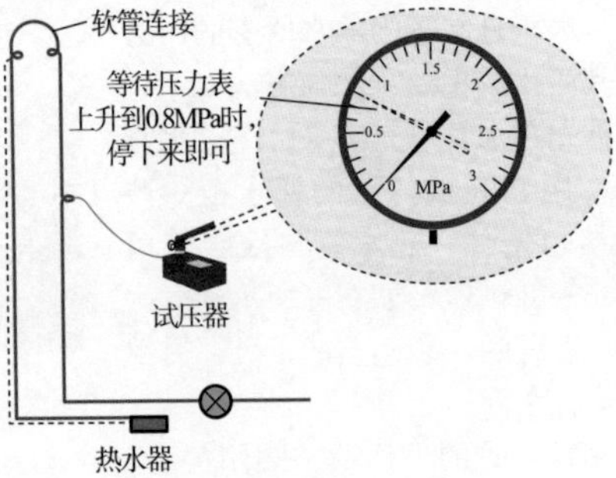
软管连接
等待压力表
上升到0.8MPa时，
停下来即可
1.5
1
2
0.5
2.5
0
MPa
3
试压器
热水器

压动试压机，等待压力表上升到
0.8MPa 时，停下来

名称：未封线槽前的调试与检验

续表

名称	解　说
未封线槽前的调试与检验	（6）试压机停下来后，仔细检查水管的每一处，重点检查接头处。 注意，不同水管试压的差异： 镀锌管——0.8MPa，保持压力 10min 无渗漏，无压降为合格。 铝塑复合管——0.3 ~ 0.5MPa，保持压力 10min 无渗漏，无压降为合格。 PPR 管——加压至 1MPa，保持压力 30min，压降小于或等于 0.2MPa 方为合格。 **2. 下水管道** 下水管道应检查是否漏水
全部竣工后的调试与检验	所有水龙头打开、关闭检测，所以卫生设备均要通水检测

附录A 相关尺寸

家装施工安装常见尺寸见附表 A-1。

附表A-1 家装施工安装常见尺寸

尺 寸	解 说
>150mm，<250mm	电线在单个底盒内留线长度应大于 150mm 且小于 250mm
≤ 1mm	开关面板垂直度允许偏差
≤ 5mm	同一水平线的开关偏差
≤ 1mm	成排安装开关的面板之间的缝隙宽度
0.15 ~ 0.2m	开关边缘距门框边缘的距离
0.5m 以上	电视馈线线管、插座与交流电源线管、插座之间的距离
1.2 ~ 1.4m	暗装开关距地面距离
1.5cm	热水管在墙里的保护层厚度
1.5m	地下室及公共用电房插座距地高度
1.8m	防水淋浴墙高度
1000mm	洗衣机插座高度
100mm	电线与暖气、热水、煤气管之间的交叉距离
10cm 以上	强电与弱电的距离
1200 ~ 1350mm	一般开关高度
1400mm	平开关板底边距地高度
150 ~ 180cm	电冰箱的插座高度
150mm	穿入配管导线的接头应设在接线盒内，线头要留有的余量
1800 ~ 2000mm	配电箱高度
1900mm	挂式消毒柜插座高度
1900mm	挂壁空调插座高度

续表

尺　寸	解　　说
190 ~ 200cm	排气扇插座距地面高度
1cm	冷水管在墙里要的保护层厚度
2.0m	空调插座距地高度
2 ~ 3m	拉线开关距地面高度
200 ~ 300mm	一般插座高度
20mm	并列安装的拉线开关的相邻间距
2100mm	脱排插座高度
30 ~ 50mm	插座离地高度
300mm	电源插座底边距地高度
300mm	电源插座底边距地高度
30cm	视听设备墙上插座一般距地高度
30cm	台灯墙上插座一般距地高度
500mm	电源线及插座与电视线及插座的水平间距
5mm	同一室内的电源、电话、电视等插座面板应在同一水平标高上，高度差偏差
650mm	电视机插座高度
70 ~ 75cm	通往灶具的煤气管，横向走管的高度
950mm	厨房插座高度
不小于 100mm	层高小于 3m 时，拉线开关距顶板不小于 100mm
不小于 20mm	安装的拉线开关的相邻间距
不应低于 1.8m	儿童活动场所插座安装高度
大于 0.2m	当插座上方有暖气管时的间距
大于 0.3m	插座下方有暖气管时的间距
大于 1.5m	潮湿场所采用密封型并带保护地线触头的保护型插座，安装高度
大于 200mm	冷热水管平行间距

附录B 常用术语

安全电流——安全电流就是电气线路中允许连续通过而不至于使电线过热的电流量。安全电流又称安全载流量。

安装盒——使用时，明装或暗装在墙壁、地板或天花板上，与固定式开关插座一起使用的盒子。有时也称为底盒。

变形缝——房屋受到外界各种因素的影响，会产生变形、开裂，甚至破坏。为防止房屋破坏，常将房屋分成几个独立变形的部分，使各部分能独立变形，互不影响，各部分之间的缝隙即为变形缝。

层高——相邻两层的地坪高度差。

插座保护门——装有插座里，用于在插头拔出时能自动地，至少将插套遮蔽直来的活动部件。

插座——具有设计用于与插头的插销插合的插套，并且装有用于连接软缆的端子的电器附件。

插座转换器——由一个插头部分和一个或多个插座部分，两者作为一整体 单元所构成的移动式电器附件。

沉降缝——为防止因荷载差异、结构类型差异、地基承载力差异等原因导致房屋因不均匀沉降而破坏的变形缝。

承重——指直接或间接支承风、雨、雪、人、物、房屋自重等荷载。

窗台——为窗洞下部的排水构造，主要是排除窗外侧流下的雨水与内侧的冷凝水。分为外窗台与内窗台。内窗台台面一般要高于外窗台台面。

窗——主要起采光、通风等作用。

地坪——底层房间与土层相接的部分，它承受底层房间的荷载。

电器附件——固定连接或开闭电路用的器件总称。

插头——指具有设计用于与插座的插套插合的插销，并且装有用于软缆进行电气连接和机械定位部分的电器附件。

定位轴线——确定承重构件相互位置的基准线。

断路器——其英文为 circuit-breaker。其为能接通、承载、分断正常电路条件下的电流，也能在所规定的非正常电路条件下接通、承载一定时间和分断电流的机械式开关。

额定电流——生产厂家给开关、插座等电器附件规定的使用电流。

额定电压——生产厂家给开关、插座等电器附件规定的使用电压。

防护——指防止风、沙、雨、雪、阳光的侵蚀或干扰。

防震缝——为防止因地震作用导致房屋破坏的变形缝。

负载——具体的用电设备，即对电能有消耗的器件。

构件面积——建筑构件所占用的面积。

构造柱——夹在墙体中沿高度设置的钢筋混凝土小柱。

过电流——超过额定电流的电流。过电流具有一定的危害。

过电压——超过额定电压的电压。过电压具有一定的危害。

过梁——墙体上开设洞口时，洞口上部的横梁。

横墙——沿建筑宽度方向的墙。

基础——为房屋最下面的部分，是承受房屋的全部荷载，并把这些荷载传给下面的土层的部分。

集中供热系统——为热源、散热设备分别设置，用管网将其连接，由热源向散热设备供应热量的供热系统称。

建筑面积——建筑所占面积 × 层数。

交通 —沟通房屋内外或上下交通。

交通面积——建筑物中用于通行的面积。

接线端子——指用于进行外导线电气连接的可重复使用的有绝缘作用的连接器件。

进深——纵墙之间的距离，以轴线为基准。

净高——构件下表面与地坪的高度差。

局部供热系统——为热源、输热管道、散热设备三个组成部分在构造上连在一起的供热系统。

绝对标高——青岛市外黄海海平面年平均高度为 +0.000 标高。

绝缘故障——是指绝缘电阻的不正常下降。

开关——设计用于接通或分断一个或多个电路里的电流的装置。

开间——横墙之间的距离，轴线为基准。

勒脚——为外墙外侧与室外地面接近的部位。

楼梯——二层及二层以上建筑的垂直交通设施，供人们上下楼层和紧急情况下疏散之用。楼梯应具有一定的强度与刚度、足够的通行能力、足够的防火能力、足够的防滑能力等特点。

门——主要供人们内外交通等作用。

内线工程——为室内照明线路与其他电气线路。内线工程施工主要指线路敷设、安装。

女儿墙——外墙从屋顶上高出屋面的部分。

排水沟——为将雨水集中排入下水道系统中去，是有组织的排水形式。

平面定位轴线——用于平面定位的定位轴线。

平面图——假想用经过门窗洞沿水平面将房屋剖开用，移去上部，由上向下投射所得到的水平剖视图。

墙裙——为踢脚板的延伸，墙裙的高度为 1200 ~ 1800mm，一般建筑采用水泥砂浆、水磨石或粘贴饰面砖等。

三相三线制——三相三线制就是只由三根相线所组成的输电方式称，一般在高压输电时采用的较多的一种方式。

三相四线制——由三根相线与一根地线所组成的输电方式称三相四线制，一般低压配电系统中采用该种方法。

散水——为将雨水散开到离房屋较远的室外地面上去，是自由排水的形式。

山墙——外横墙。

伸缩缝——防止因温度影响产生破坏的变形缝。

使用面积——房间内的净面积。

竖向定位轴线——用于竖向定位的定位轴线。

踢脚板——室内地面与墙面相交处的构造处理。

屋顶——建筑最上面的围护构件，主要起着承重、围护、美观等作用。

线电流——线电流就是流过每根相线上的电流。

线电压——三相负载的线电压就是两根相线之间的电压，也就是电源的线电压。

相电流——相电流就是流过每相负载的电流称为相电流。

相电压——每相负载两端的电压称为负载的相电压，在忽略输电线上的电压降时，负载的相电压就等于电源的相电压。

相对标高——建筑物底层室内地坪为 +0.000 标高。

隐蔽工程——施工过程中，完成上一道工序后，将被下一道工序所掩盖，全部完工后无法进行检查相应部位的一类工程。家装、公装中的隐蔽工程包含给排水工程、电线管线工程、地板基层、隔墙基层等，其中以水电工程显为突出重要。

正弦交流电——电压、电流的呈正弦规律变化的交流电。家庭生活用电就是正弦交流电。正弦交流电的电压与电流的方向是随时间而交变的。

中线电流——中线电流就是流过中线的电流。

住宅装饰装修——为了保护住宅建筑的主体结构，完善住宅的使用功能，采用装饰装修材料或饰物，对住宅内部表面与使用空间环境所进行的处理与美化的过程。

装饰施工图——反映建筑室内外装修做法的施工图，其有装饰设计说明、装饰平面图、装饰立面图、装饰详图等。

纵墙——沿建筑长度方向的墙。